3D 造型与 3D 打印

张　敏　陈　慧　周　吉　主编

科　学　出　版　社

北　京

内 容 简 介

随着 3D 打印技术在相关行业的普及与应用，中等职业学校学生越来越需要掌握这门新兴技术。2018 年教育部办公厅发布了《关于征求对新版〈中等职业学校专业目录〉意见的函》，在新增专业中就有增材制造技术应用。本书主要介绍以 CAXA 3D 实体设计软件为工具的 3D 造型技术，以及基于 FDM 桌面型 3D 打印机的 3D 打印技术。

本书共分 5 个项目。其中，项目一、项目二阐述 3D 造型和 3D 打印的入门基础知识；项目三系统地介绍 CAXA 3D 实体设计（3D 造型）知识，并在每个任务中完成 3D 打印实际操作；项目四介绍 CAXA 3D 实体设计的装配设计和运动仿真设计，方便对 3D 设计的结构和机器进行装配与运动仿真；项目五以喷气式发动机和齿轮减速器两个实例为载体进行综合实践与创新训练。全书内容安排从易到难、由浅入深、循序渐进，以任务驱动的方式展开讲述，并在每个任务中设置创新设计环节，充分训练学生的创新思维，提高学生的动手实践能力。

本书可作为中等职业学校 3D 造型和 3D 打印相关课程教材，也可作为 3D 造型和 3D 打印技术爱好者的自学用书。

图书在版编目（CIP）数据

3D 造型与 3D 打印 / 张敏，陈慧，周吉主编. —北京：科学出版社，2022.7
ISBN 978-7-03-072607-0

Ⅰ. ①3… Ⅱ. ①张… ②陈… ③周… Ⅲ. ①快速成型技术-中等专业学校-教材 Ⅳ. ①TB4

中国版本图书馆 CIP 数据核字（2022）第 108407 号

责任编辑：杨 昕 冯 涛 徐爱基 / 责任校对：王万红
责任印制：吕春珉 / 封面设计：东方人华平面设计部

科学出版社 出版
北京东黄城根北街 16 号
邮政编码：100717
http://www.sciencep.com
廊坊市都印印刷有限公司 印刷
科学出版社发行 各地新华书店经销
*
2022 年 7 月第 一 版 开本：787×1092 1/16
2022 年 7 月第一次印刷 印张：13 3/4
字数：326 000

定价：45.00 元

（如有印装质量问题，我社负责调换〈都印〉）
销售部电话 010-62136230 编辑部电话 010-62135397-2032

前　言

3D 打印技术是一种高科技技术，综合应用了 CAD / CAM 技术、激光技术等。随着技术的进步，3D 打印在产品设计、建筑设计、工业设计、医疗用品设计，以及影视动漫、气象、教育、外科医疗等领域也发挥着其独特的作用。

CAXA 3D 实体设计软件是一套工业三维设计软件，突出体现了新一代 CAD 技术以创新设计为发展方向的特点。它以 Windows 界面方式提供一套简单易学的全三维设计工具，是集创新设计、工程设计、协同设计于一体的新一代 3D CAD 系统解决方案。

中等职业学校现已广泛开展 3D 造型与 3D 打印教学，3D 造型和 3D 打印已成为机械专业进行机械设计、机械制图、CAM 加工不可缺少的技术手段。本书集 3D 造型（CAXA 3D 实体设计）和 3D 打印切片、3D 打印实操等内容于一体，根据 3D 造型和 3D 打印的学习过程编写 5 个项目，内容安排由易到难、由浅入深、循序渐进。根据学习过程的不同，将 5 个项目具体分为 21 个任务，涉及 3D 造型概述、3D 打印概述、详细的 3D 造型方法、3D 打印操作、产品装配与运动仿真设计、产品创新设计等内容。

本书的主要特点如下。

1）针对中等职业学校学生的学习特点，对版式及结构进行精心设计，使其整体清晰，更符合中等职业学校学生的认知规律，有助于培养学生的学习兴趣。

2）根据“工学结合”思想和“项目导向”“任务驱动”理念进行编写，并以“理实一体化”编写方法组织内容。

3）每个任务均有实际操作案例，实现理论与实际操作相结合。

4）每个任务均有创新设计环节，培养学生的创新意识。

5）综合运用 3D 造型、3D 打印、工业产品设计、虚拟运动仿真等知识，全面培养学生的产品设计与试制能力。

本书由张敏、陈慧、周吉主编。由于编者水平有限，加之时间仓促，书中不足之处在所难免，恳请广大读者批评指正。

编　者

前　言

目　录

项目一 3D 造型软件入门

3D 造型（又称 3D 建模）是计算机图形学中用于产生任何对象或表面的 3D 数字表示的技术。它是许多行业不可或缺的一项技术。例如，工程师和建筑师应用 3D 造型实现创意设计，动画师和游戏设计师依靠 3D 造型将想法变为现实。随着近年来计算机软件技术的快速发展，3D 造型技术已从原来的摸索阶段逐渐趋于成熟，在机械设计、珠宝设计、建筑、电子、艺术、教育等诸多领域得到了广泛应用。通过本项目的学习，读者可对 3D 造型软件有一个初步了解，为后续学习 3D 造型打下基础。

任务一 认识 CAXA 3D 实体设计软件

任务导读

早期的产品设计是指设计师将头脑中的产品设计思路绘制在图样上。产品设计过程是一个反复修改、逐步逼近的过程，往往需要花费大量的时间和精力。计算机辅助设计（computer aided design，CAD）诞生之后，设计师可以利用 CAD 软件将设计思路迅速表达出来，并且可以通过该软件进行渲染和运动仿真。接下来让我们一起感受 CAD 的魅力吧！

任务目标

1）了解国内外 3D 造型软件。

2）熟悉 CAXA 3D 实体设计 2018。

3）掌握 CAXA 3D 实体设计 2018 下载安装。

4）熟悉 CAXA 3D 实体设计 2018 界面。

5）掌握 CAXA 3D 实体设计 2018 基本命令（文件的打开和保存）。

任务内容

应用 CAXA 3D 实体设计 2018 打开五角星模型并输出该模型的 STL 文件。

知识链接

CAD 是指利用计算机及其图形设备帮助设计人员进行设计工作的软件。设计人员在计算机上使用 CAD 软件进行零部件设计，并对零部件数据进行管理，通过模拟设计结果验证设计思路，缩短设计时间，提高设计效率，节省成本，提高企业产品竞争力。

按照功能划分，CAD 软件可分为二维 CAD 软件和三维 CAD 软件。其中，二维 CAD 软件主要应用于产品加工制造或者施工环节，可生成零件或者其他物体的二维视图，通常有视图绘制、尺寸标注、图幅设置、标题栏设置、明细栏设置等功能；三维 CAD 软件主要应用于产品设计阶段和演示验证阶段，通常包含物体三维模型设计、渲染、装配、运动仿真，以及输出二维工程图等功能。由于在零件设计的整个过程中需要对其进行反复地修改和验证，在二维图和三维模型之间反复切换，因此现在大部分 CAD 软件都将二维功能和三维功能集成到同一个软件中。

1. CAD 软件概述

按照使用领域划分，CAD 软件可分为机械 CAD 软件、建筑 CAD 软件、服装 CAD 软件、电子 CAD 软件等。下面介绍几款较常见的机械 CAD 软件。

（1）UG

UG（Unigraphics NX）是西门子软件公司开发的一个产品工程解决方案，它针对用户的虚拟产品设计要求和工艺设计要求，为用户的产品设计及加工过程提供数字化造型和验证手段。图 1-1 所示为该软件在数控加工领域的应用。

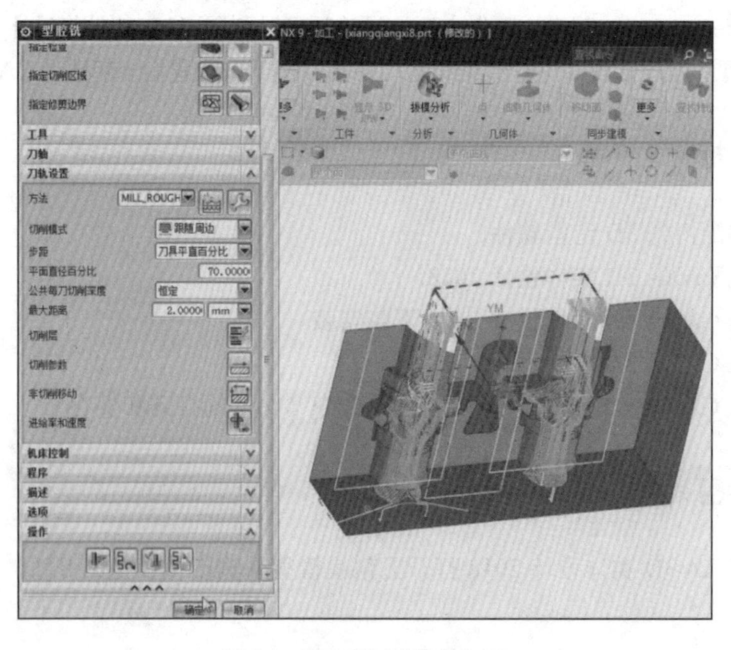

图 1-1　UG 应用于数控加工

（2）Pro/ENGINEER

Pro/ENGINEER 操作软件是美国参数技术公司（PTC）旗下的 CAD/CAM/CAE 一体化的三维软件，以参数化著称，是参数化技术的最早应用者，在目前的三维造型软件领域占有重要地位。Pro/ENGINEER 软件操作界面如图 1-2 所示。

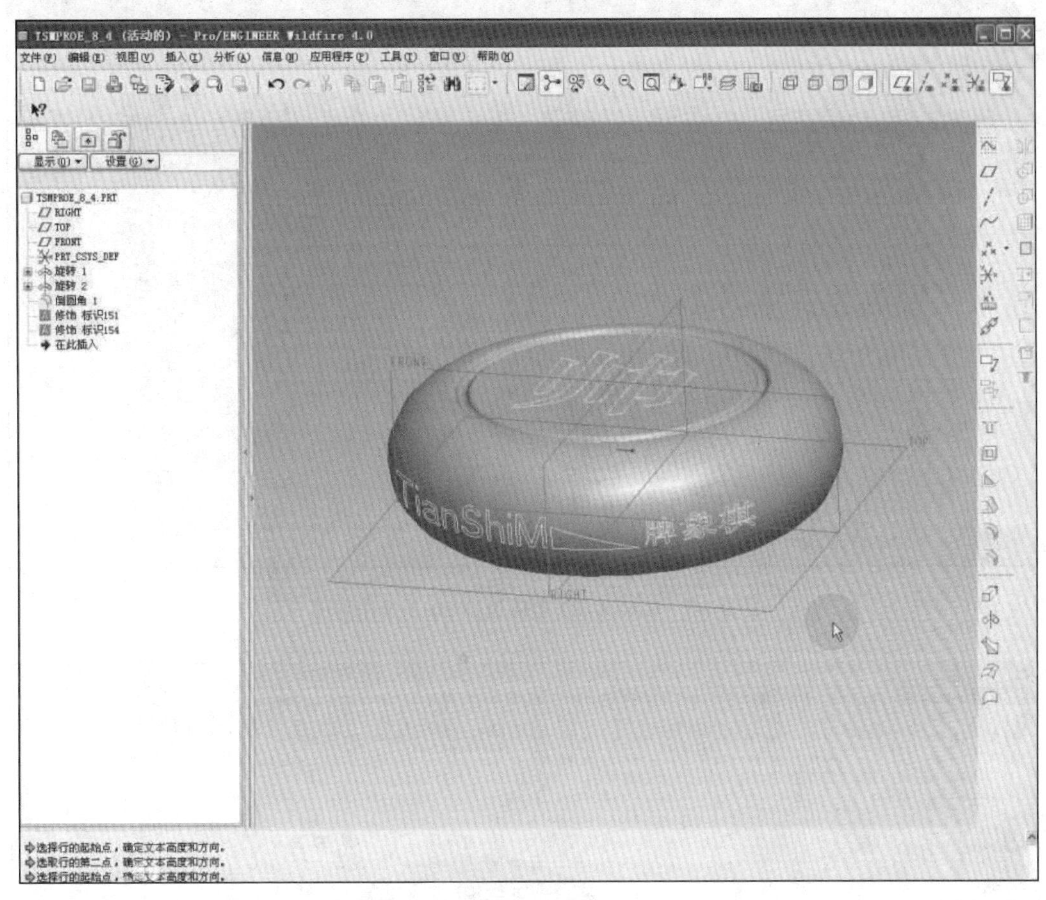

图 1-2　Pro/ENGINEER 软件操作界面

（3）CAXA

北京数码大方科技股份有限公司（CAXA）是中国领先的工业软件公司，是中国最大的工业软件（CAD 软件和 PLM 软件）供应商，也是中国工业云的倡导者和行业领跑者。CAXA 主要提供数字化设计（CAD）、制造执行系统（manufacturing execution system，MES）、产品全生命周期管理（product life-cycle management，PLM）和工业云服务，是“中国工业云服务平台”的发起者和主要运营商。其自主研发的二维 CAD、三维 CAD 和 PLM 平台软件，是国内最早从事工业软件国产化研发的软件公司。CAXA 3D 实体设计 2018 操作界面如图 1-3 所示。

（4）中望 CAD

广州中望龙腾软件股份有限公司（以下简称中望软件）是国际领先的 CAD/CAM 解决方案供应商之一，其研发的中望系列软件（中望二维 CAD 软件、三维 CAD/CAM 软件中望 3D）拥有完全自主知识产权。中望软件专注于 CAD 技术的研发与创新超过 20 年，能够为用户提供核心二维、三维基础设计、行业专属设计、个性化定制，以及更多 CAD 技术拓展应用的解决方案。中望 CAD 三维设计软件操作界面如图 1-4 所示。

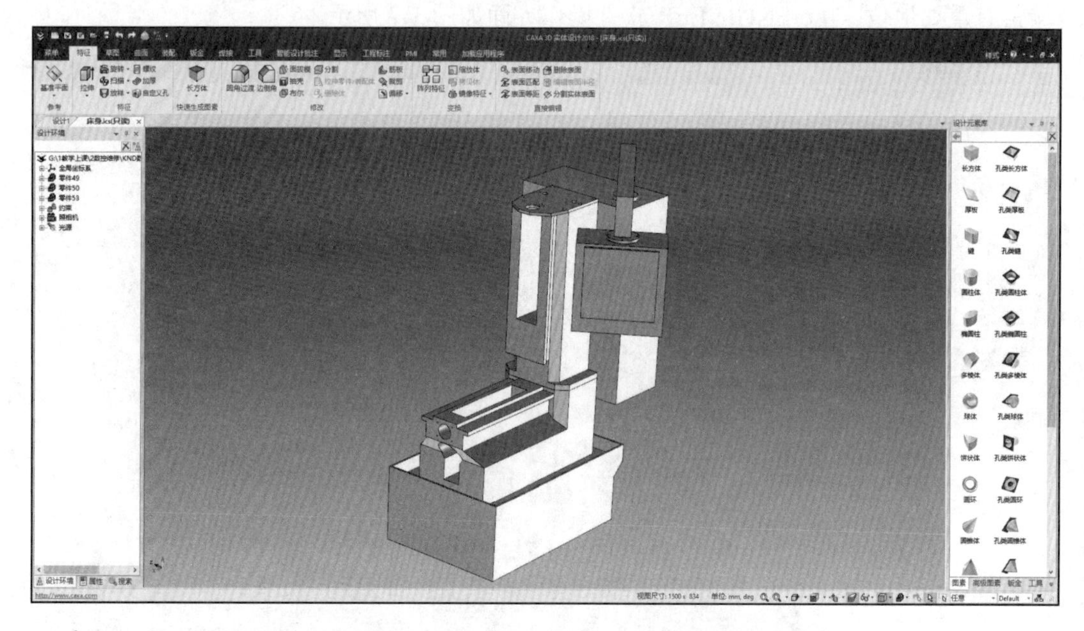

图 1-3　CAXA 3D 实体设计 2018 操作界面

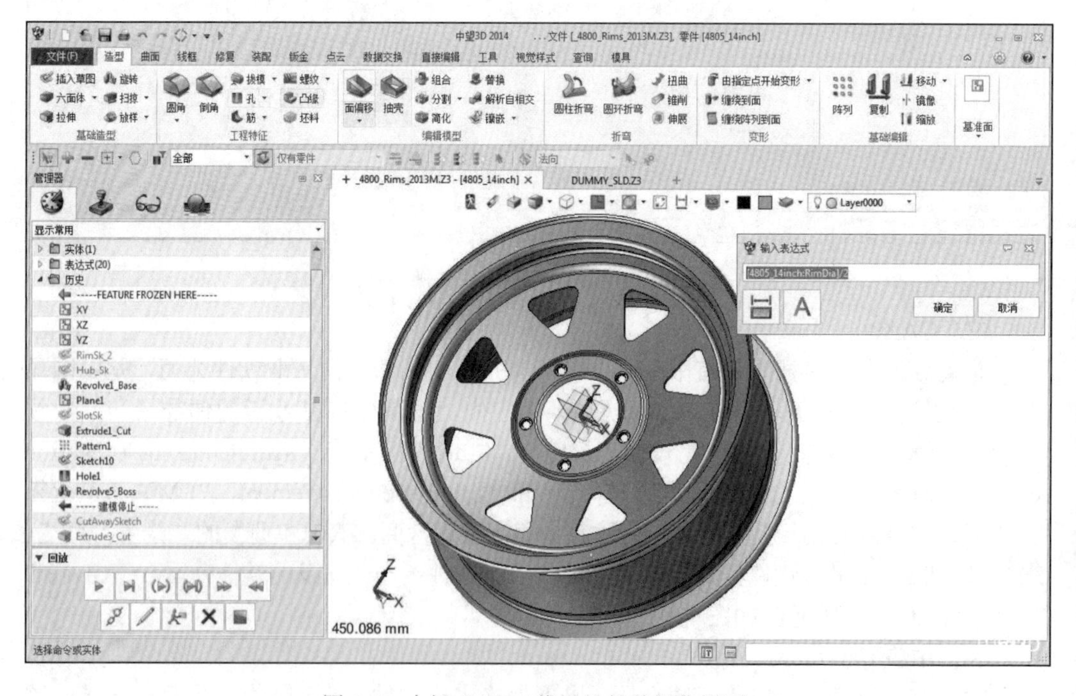

图 1-4　中望 CAD 三维设计软件操作界面

2. CAXA 3D 实体设计软件概述

CAXA 3D 实体设计软件是由北京数码大方科技股份有限公司推出的 3D 设计软件。该软件是一套工业三维设计软件，突出体现了新一代 CAD 技术以创新设计为发展方向的特点，并以完全的 Windows 界面方式提供了一套简单易学的全三维设计工具，是集创新设计、工程设计、协同设计于一体的 3D CAD 系统解决方案。它包含三维建模、协同工作和仿真分析等功能，其易操作性和设计速度可以帮助工程师将更多精力用于产品设计本身而不是软件使用技巧。CAXA 3D 实体设计软件主要有以下特点。

（1）易学易用

独特的三维球工具能够为不同三维对象的复杂变换提供灵活、便捷的操作方式；通过智能捕捉点、线、面等特征，以及用鼠标拖动设计元素直接进行设计，实现对特征尺寸、轮廓形状和独立表面位置的动态编辑。

（2）快速设计

提供丰富的符合国家标准的零部件库，基于零部件库和智能装配模式，高效率搭建成套设备和生产线等大型装备产品，支持产品快速设计；同时也支持采用参数化驱动方式快速生成标准件，通过系列件参数化变型设计机制，轻松实现系列件参数化设计。

（3）双模式设计方式

突破传统 3D 软件单一设计思维的制约，同时支持协同创新设计模式和工程设计（参数化设计）模式，大幅提高产品设计开发效率。工程模式符合其他主流 3D 软件的设计思想和用户的操作习惯，方便修改。

（4）兼容协同

拥有业内领先的数据交互能力，兼容各种主流 3D 软件，支持多种常用的中间数据格式的转换，特别支持 DXF/DWG、Pro/E、CATIA、NX、SolidWorks、Solid Edge、Inventor 等系统的三维数据文件格式，并能够实现特征识别、编辑修改和装配。

3. CAXA 3D 实体设计软件的下载与安装

可以直接在数码大方官网（http：//www.caxa.com/）下载 CAXA 3D 实体设计 2018。CAXA 3D 实体设计 2018 安装程序中包含 32 位程序集和 64 位程序集，需要根据计算机操作系统的位数正确选择安装程序。

打开解压后的 CAXA 3D 实体设计 2018 文件夹，双击 setup.exe 应用程序，在弹出的“CAXA 3D 实体设计 2018”窗口，单击“请选择语言”文本框的下三角按钮，在打开的列表中选择“中文（简体）”选项，如图 1-5 所示。单击“下一步”按钮，在“请选择安装组件”列表中，选中“CAXA 3D 实体设计（安装）”复选框，用户也可以根据实际情况在安装程序窗口修改软件的安装路径，一般默认软件安装于 C 盘，单击“开始安装”按钮，如图 1-6 所示。当安装程序窗口的安装进度条显示完毕且灰色的“开始安装”按钮变成“安装完成”按钮后，表示软件安装完成，如图 1-7 所示。

图 1-5　选择安装语言

图 1-6　开始安装

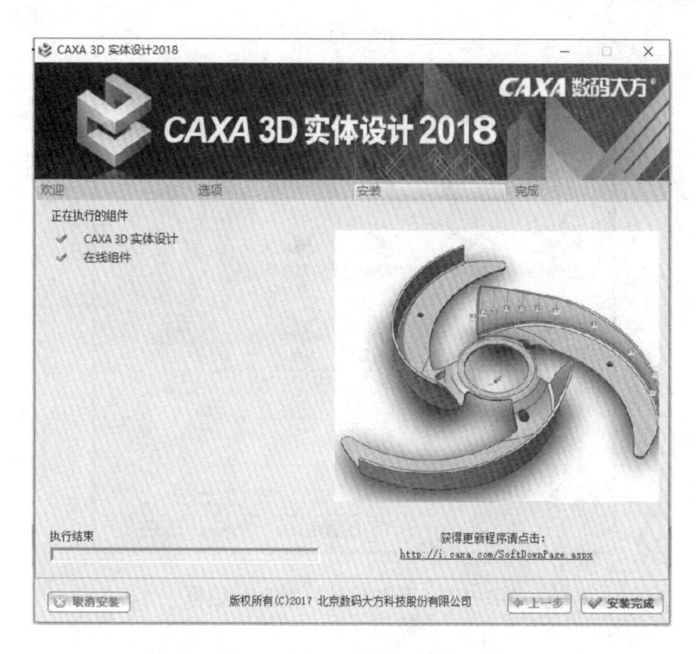

图 1-7 安装完成

4. CAXA 3D 实体设计 2018 的界面介绍

软件安装后在桌面出现 CAXA 3D 实体设计 2018 的快捷图标，双击该图标打开软件，打开产品试用版提示窗口。若购买了正版软件，则可按照软件安装注册说明进行注册。即使没有购买正版软件，CAXA 也提供了 30 天的免费试用服务，单击“试用”按钮即可打开软件。因为 CAXA 3D 实体设计 2018 集成了二维工程图环境，所以要求使用者在进入软件之前选择是打开已有文件还是新建一个 3D 设计环境或者图纸（二维工程图环境）。如果需要新建一个 3D 零件，就选择 3D 设计环境，如图 1-8 所示。在打开的“新的设计环境”对话框中选择设计环境模板，一般默认模板为公制模板，如图 1-9 所示。公制模板是指绘图时以毫米为单位。英制模板是指绘图时以英寸为单位。若按照默认环境设置，则直接单击“确定”按钮，打开图 1-10 所示的操作界面。

图 1-8 新建 3D 设计环境

图 1-9 “新的设计环境”对话框

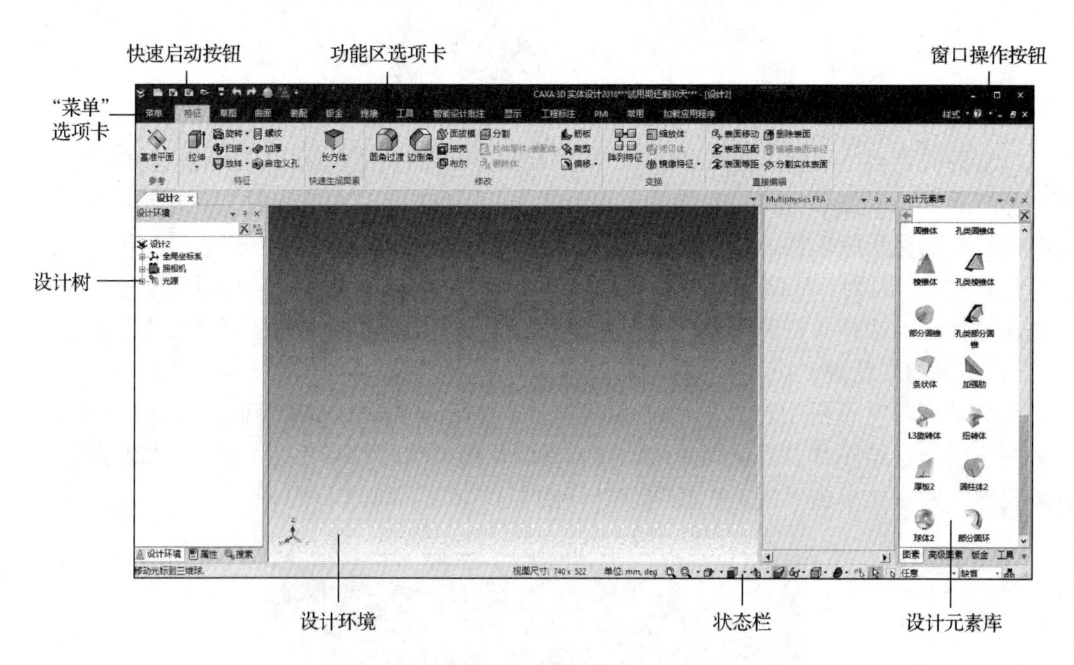

图 1-10 操作界面

操作界面主要由快速启动按钮、“菜单”选项卡、功能区选项卡、窗口操作按钮、设计树、设计环境、设计元素库、状态栏组成。

1）快速启动按钮。快速启动按钮可用于 3D 环境或者工程图的新建、打开、保存、撤销等操作。

2）“菜单”选项卡。在下拉菜单中可找到软件所有的操作命令，但为了快速进行产品设计，很少直接使用菜单操作，一些常用的操作命令可直接在软件界面的其他区域找到。

3）功能区选项卡。功能区选项卡由特征、草图、曲面、装配等组成，是设计过程中常用的区域。例如，在进行特征造型时，选择“特征”选项卡，功能区显示特征操作的所有命令，可进行拉伸、旋转、抽壳等实体特征操作；在进行草图绘制时，只需单击“草图”选项卡中的“草图”按钮。

4）窗口操作按钮。第一行按钮可进行整个系统的关闭、最小化等操作。第二行按钮可进行当前设计环境的最小化、关闭等操作。

5）设计树。设计树显示当前设计环境下零件的设计过程，可通过设计树查看零件的组成和设计步骤，选择和编辑设计步骤。

6）设计环境。设计环境是指设计零件的显示区域。

7）设计元素库。它的作用是配合拖放式操作直接生成三维实体。目前可用的设计元素库有图素、高级图素、钣金、工具、颜色、纹理、动画等。此外，还可生成自己的设计元素库或者获得与他人共享的图库。例如，当需要设计一个长方体时，只要从设计元素库（图素）中拖动一个长方体到设计环境中即可。

8）状态栏。状态栏显示当前的视图状态、设计模式等信息，如可通过单击状态栏下的“视图操作”按钮进行缩放、旋转、平移视图等操作。

5. 文件的打开、保存和输出

（1）文件的打开

双击文件名可直接打开 CAXA 3D 实体设计零件，也可在新建设计环境中打开零件。还可单击“打开”快速启动按钮，打开文件。图 1-11 所示为在“新建设计环境”界面打开零件。

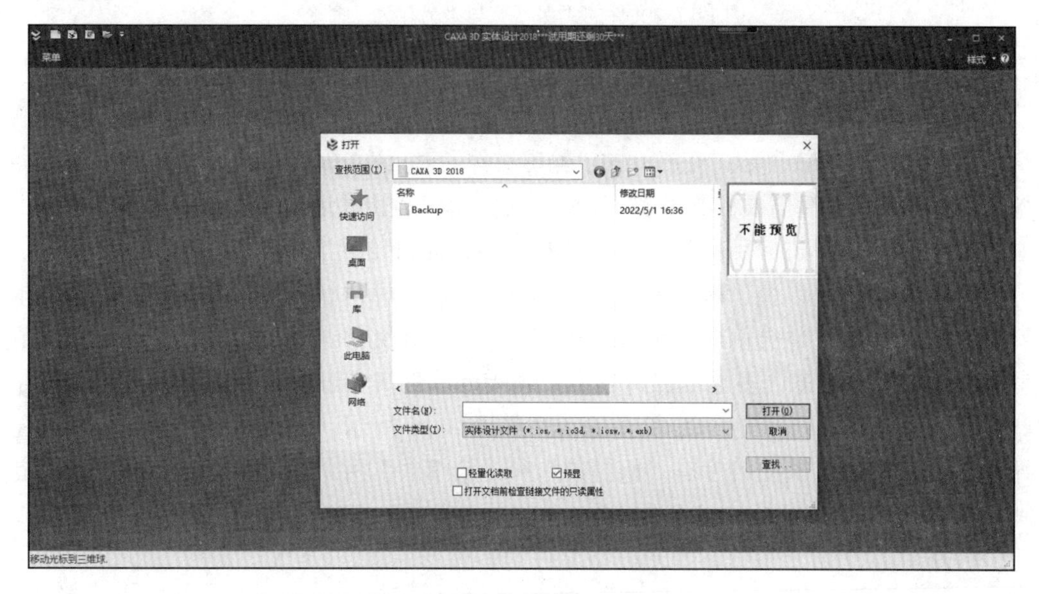

图 1-11　打开已有零件

（2）文件的保存

当需要保存文件时，只要单击“保存”快速启动按钮即可。也可选择“菜单”|“文件”|“保存”命令。若将零件另存为新文件，则可选择“菜单”|“文件”|“另存为”命令，如图 1-12 所示。

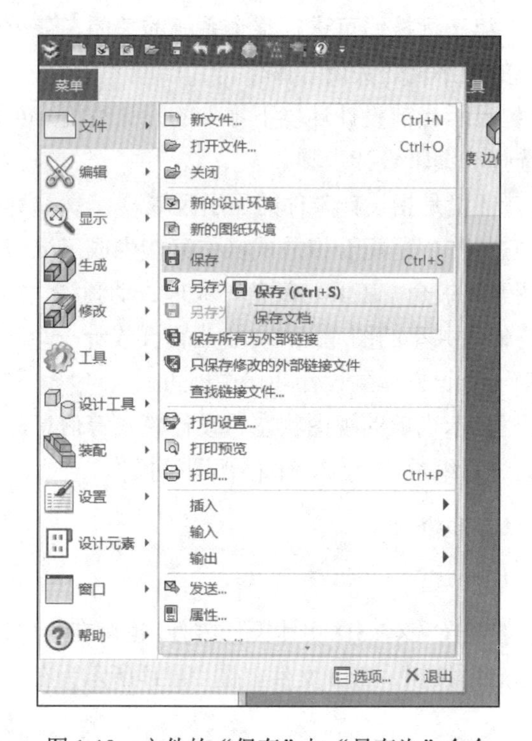

图 1-12　文件的“保存”与“另存为”命令

（3）文件的输出

当需要输出其他格式文件时，右击设计环境中的零件，在弹出的快捷菜单中选择“输出”命令，如图 1-13 所示。在打开的“输出文件”对话框中输入文件名称，在“保存类型”下拉列表中选择需要的文件类型，如 3D 打印切片软件通常需要保存为 STL 文件，如图 1-14 所示。单击“保存”按钮，打开“STL 输出设置”对话框，如图 1-15 所示，可设置 STL 文件的单位、精度等信息。STL 文件是一种片状曲面文件。通过提取实体表面数据将 STL 文件分割成若干多边形碎片，对实体文件进行离散处理。STL 文件精度越高，分割点越多，多边形碎片越小，越接近零件真实表面，但同时文件需要的存储空间越大。不同精度的 STL 文件的属性如图 1-16 所示，因此需要根据实际情况选择 STL 文件精度。输出精度有“粗糙的”和“精细的”两个精度等级，也可选择“定制”，通过滑动“精度”按钮设置精度。单击 “确定”按钮输出 STL 文件。输出完成后，打开图 1-17 所示窗口，提示模型文件的多边形信息。

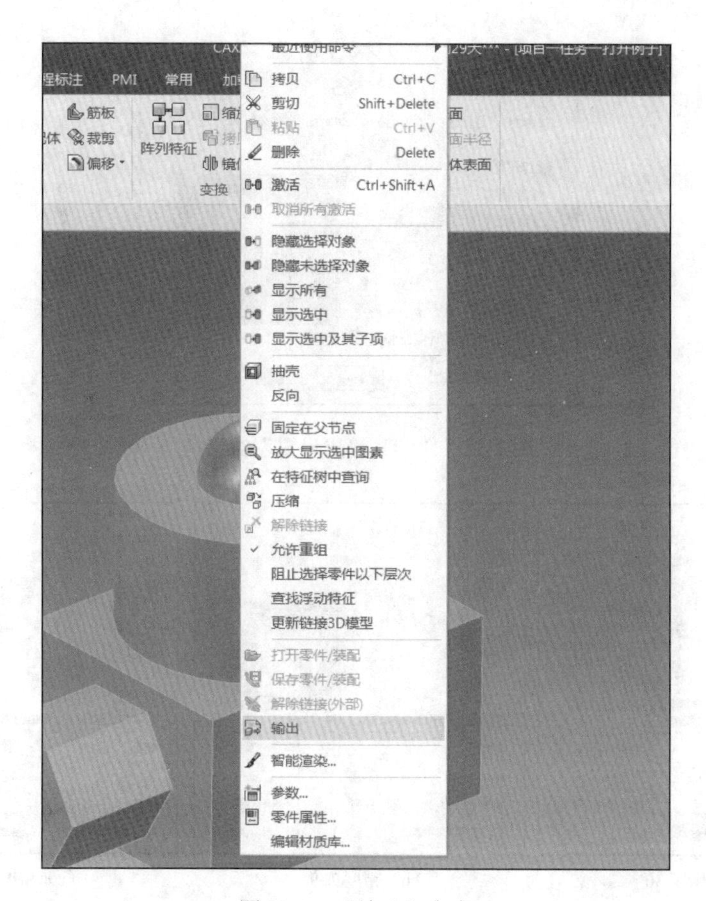

图 1-13　“输出”命令

图 1-14　输出 STL 文件

图 1-15　“STL 输出设置”对话框

（a）精度 30

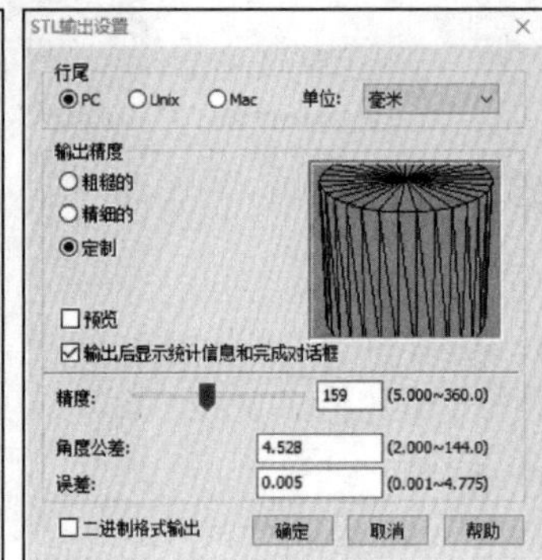

（b）精度 159

（c）精度 347

图 1-16　不同精度的 STL 文件属性

图 1-17　输出完成提示窗口

任务实施

打开指定 CAXA 3D 实体设计文件，通过软件生成模型的 STL 文件，并进行保存。

操作步骤如下。

步骤① 打开软件。

步骤② 熟悉软件的操作界面和各项功能。

步骤③ 打开存储目录下的“任务一任务实施五角星.ics”文件。

步骤④ 选择“菜单”|“文件”|“另存为”命令，另存为一个名为“五角星 2”的文件。

步骤⑤ 单击选择“五角星”零件，右击，在弹出的快捷菜单中选择“输出”命令，打开“输出文件”对话框，输出 STL 文件，文件名为“五角星.STL”。输出精度选择“粗糙的”，其余选项默认，输出 STL 文件。模型输出 17 个多边形、51 个顶点。右击文件夹中的“五角星.STL”文件，在弹出的快捷菜单中选择“属性”命令，可查看该文件占用 3008 字节的存储空间。

任务创新

STL 文件的精度等级直接决定模型表面精度和文件存储大小。尝试将精度等级调整为“精细的”，然后输出 STL 文件并查看该文件的存储空间，将其与“粗糙的”精度等级进行对比。

任务二　掌握 CAXA 3D 实体设计软件的基本操作

任务导读

在熟悉了 CAXA 3D 实体设计 2018 界面之后，本任务带领读者体验利用 CAXA 3D 实体设计 2018 的快速设计方式，设计一个螺栓模型。螺栓是机械设备中常用的标准件，由顶部的六棱柱体和底部的圆柱体组成。

任务目标

1）掌握 CAXA 3D 实体设计 2018 的视向、视图操作。

2）掌握设计元素库的使用方法。

3）掌握三维球的使用方法。

任务内容

使用三维球工具和设计元素库完成一个六角头螺栓的 3D 建模，并完成贴图渲染。

知识链接

1. CAXA 3D 实体设计 2018 的视向操作

视向操作区主要位于软件界面底部的状态栏中。视向操作主要包括显示全部、放大缩小、动态旋转、平移、指定到面、三视图和轴测图显示等。

（1）显示全部操作

单击图 1-18 所示状态栏中的“显示全部”按钮，即可使当前绘制的零件图以合适的大小显示在设计环境中。在零件设计过程中，因为需要观察零件的细微结构，所以常常需要对其进行放大旋转等操作。在完成放大操作后单击“显示全部”按钮，可迅速将零件缩放平移至合适的大小和位置，大幅提高绘图效率。F8 键是“显示全部”的键盘快捷键。

图 1-18　显示全部

（2）放大缩小操作

单击图 1-19 所示状态栏中的“动态缩放”按钮或按 F5 键，即可在设计环境中放大或者缩小零件。动态缩放是设计时常用的操作命令。但是在实际设计过程中，通常利用鼠标滚轮滚动实现零件的缩放。

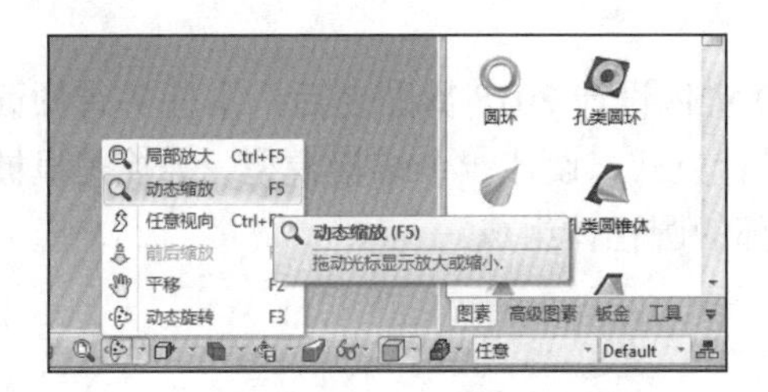

图 1-19　动态缩放

（3）动态旋转操作

单击图 1-20 所示状态栏中的“动态旋转”按钮，可转动零件，以便观察零件各个方向的结构。或者按 F3 键启动“动态旋转”功能，此时鼠标指针变成一个小手形状图标，在小手下方还有旋转箭头符号，按下鼠标左键并拖动鼠标，即可旋转零件。在实际设计过程中，通常利用鼠标滚轮实现零件的旋转。具体操作方法是：按下鼠标滚轮不放，同时移动鼠标，即可动态旋转零件。

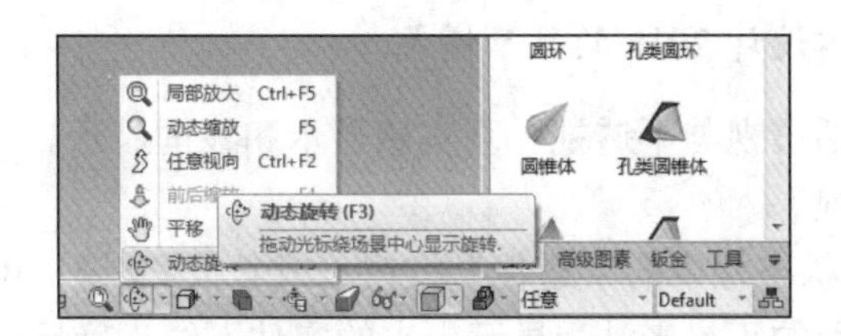

图 1-20　动态旋转

（4）平移操作

单击图 1-21 所示状态栏中的“显示平移”按钮或按 F2 键，可在设计环境中移动零件，或者在按下鼠标滚轮的同时按 Shift 键，然后通过移动鼠标平移零件。

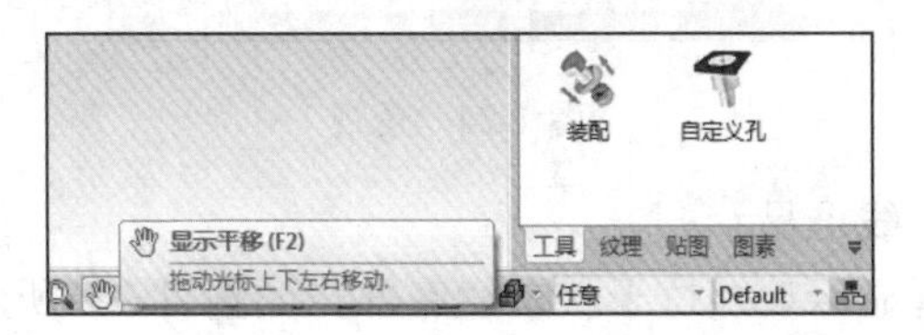

图 1-21　显示平移

（5）指定面操作

单击图 1-22 所示状态栏中的“指定面”按钮，可使零件旋转至当前视向的垂直位置。特别是在草图环境下，若不小心旋转了草图视角，则可通过“指定面”功能迅速摆正草图。对零件进行指定面操作时，单击 “指定面”按钮，或者按 F7 键，然后单击所要垂直观察的面，系统会自动把选择的面旋转至当前视向的垂直位置。

图 1-22　指定面

（6）三视图和轴测图显示操作

单击图 1-23 所示状态栏中的三视图和轴测图显示按钮，可使当前零件按照机械制图中的三视图和轴测图显示。

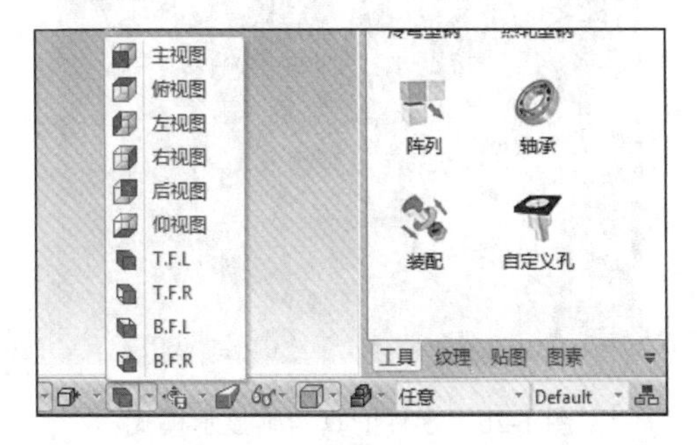

图 1-23　三视图和轴测图显示

2. CAXA 3D 实体设计 2018 的显示模式

显示模式主要包括透视与不透视、真实感显示和线框显示。

（1）透视与不透视

单击图 1-24 所示状态栏中的“透视”按钮，或者按 F9 键，可切换透视与不透视。透视不是机械制图采用的正投影法，显示出来的零件不能正确反映实形。在设计建筑物时，通常利用透视图显示建筑物的空间形状。

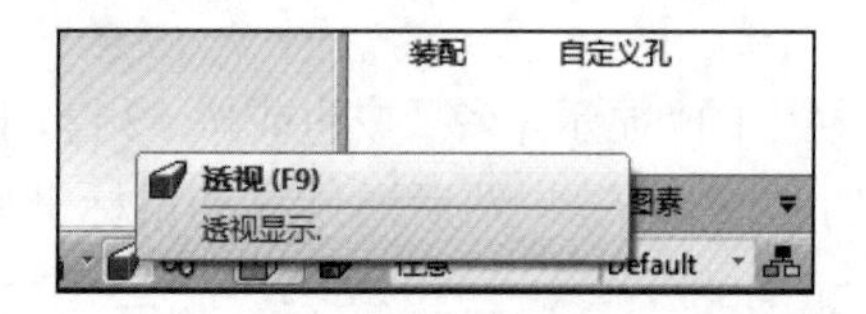

图 1-24 透视

（2）真实感显示和线框显示

真实感显示和线框显示功能位于状态栏底部，如图 1-25 所示。通过单击真实感和线框按钮选择显示模式，改变零件在设计环境中的显示模式。零件的真实感显示模式能够真实地显示零件在设计环境场景中的光线、颜色等要素，如图 1-26 所示。零件的线框显示模式只显示零件的棱线，如图 1-27 所示。

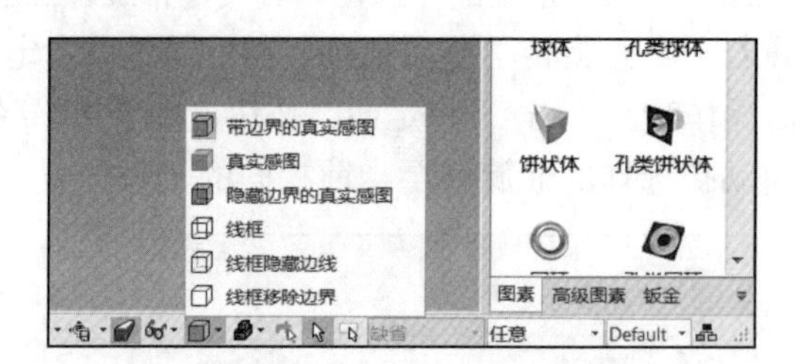

图 1-25 真实感显示和线框显示命令

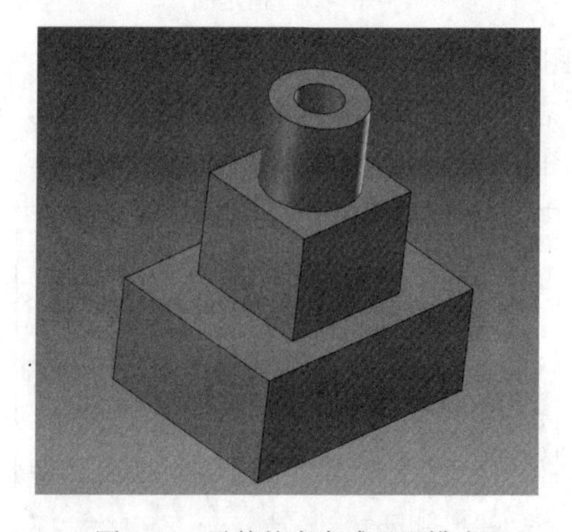

图 1-26 零件的真实感显示模式

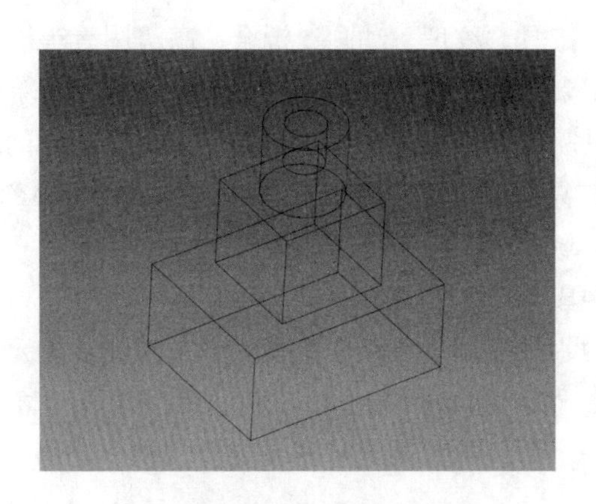

图 1-27　零件的线框显示模式

3. CAXA 3D 实体设计 2018 的渲染

（1）设计环境背景的修改

右击界面空白区域，在弹出的快捷菜单中选择“背景”命令，打开“设计环境属性”对话框，可修改设计环境背景，如在“背景”选项卡中设置当前背景的颜色或者纹理。

（2）零件外观的修改

选择零件，右击，在弹出的快捷菜单中选择“智能渲染”命令，打开“智能渲染属性”对话框，可对零件的颜色、光亮度和透明度进行设置。零件颜色的设置既可以是单一颜色，也可以是贴图。在“光亮度”选项卡中可设置零件光亮度，既可设置漫反射强度、光亮强度等参数，也可直接选择预定义光亮度进行简单设置。在“透明度”选项卡中可设置零件透明度。图 1-28 所示为零件不透明显示状态，图 1-29 所示为零件半透明显示状态。

图 1-28　零件不透明显示状态

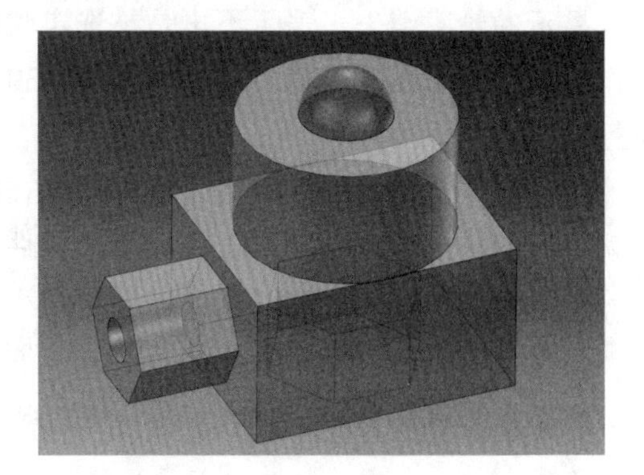

图 1-29　零件半透明显示状态

4. 设计元素库

（1）设计元素库介绍

设计元素库是 CAXA 3D 实体设计 2018 的一大特点，它可显著提高设计速度。设计元素库主要包括图素、工具、纹理、动画、钣金、高级图素等模块。其中，常用的模块是图素、工具和高级图素；也可利用纹理和贴图等模块进行简单快速的渲染。设计元素库的使用方法简单，只需把元素从库中拖入设计区域或者零件的表面即可。例如，当需要设计一个长方体时，只需用鼠标左键在图素中选中“长方体”，按住鼠标左键不放将一个长方体拖入设计区域即可。

（2）设计元素库中零件尺寸的修改

在对设计元素库中零件尺寸进行编辑之前，必须先使智能元素处于编辑状态。具体操作方法是：在同一零件上连续单击两次，进入图 1-30 所示智能图素编辑状态。在这一状态下，系统显示一个黄色的包围盒和 6 个方向的操作手柄。

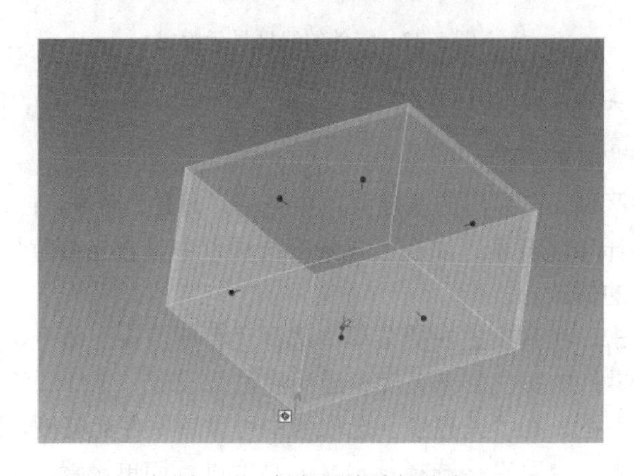

图 1-30　智能图素编辑状态

若取消对长方体的选定，则只需单击设计环境背景的任意空白处，此时图素上加亮显示的轮廓消失，表示不再是被选定状态。智能图素的编辑状态有两种：包围盒操作柄和特征草图操作柄。只要单击图 1-30 中左下角小图标，就可在这两种状态之间进行切换。

在实体设计中可直接通过拖放的方式编辑零件尺寸，不必预先设定尺寸值，这样就可方便快捷地进行创新设计。双击零件进入智能图素编辑状态，将鼠标置于包围盒的某个操作手柄处，该处就会出现一个小手、一个双箭头和一个字母。字母表示此手柄调整的方向：L 为长度方向，W 为宽度方向，H 为高度方向。当拖动包围盒的操作手柄时，零件尺寸随之改变。调整零件包围盒尺寸的方式有两种：可视化修改和精确定义。

1）可视化修改包围盒尺寸。只要双击零件进入智能图素编辑状态，就会出现包围盒及尺寸手柄。把鼠标移向红色手柄直至出现一个手形和一个双箭头，单击并拖动手柄，此时还会出现正在调整的尺寸值，如图 1-31 所示。拖放零件直至满意的尺寸，松开鼠标左键即可。

2）精确定义包围盒尺寸。除了可视化设计，还可在包围盒中精确定义图素的尺寸数值。两次单击零件，出现包围盒。当单击智能图素包围盒手柄时显示尺寸值如图 1-32 所示，此时可直接输入数值修改尺寸。

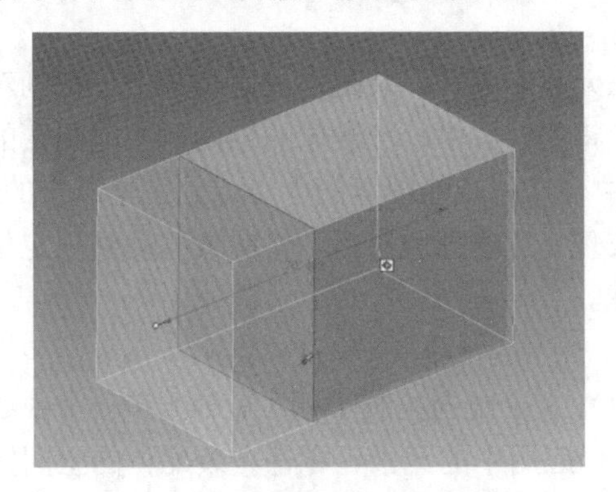

图 1-31　可视化修改包围盒尺寸

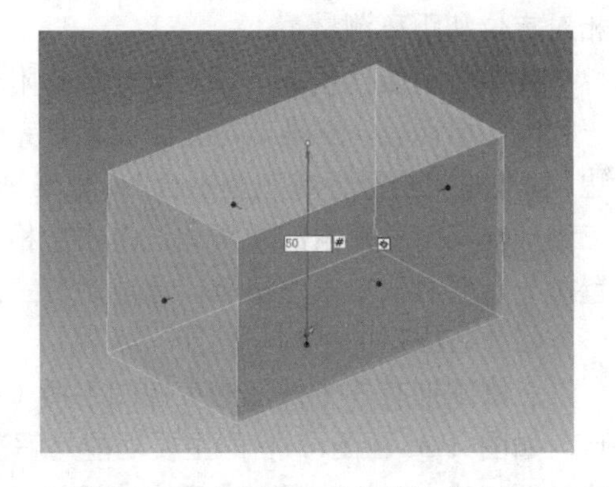

图 1-32　包围盒尺寸直接修改功能

3）操作手柄快捷菜单。将鼠标移动到包围盒的操作手柄上，当出现手形图标和双箭头符号时右击，弹出如图 1-33 所示快捷菜单，选择“编辑包围盒”命令，打开“编辑包围盒”对话框，如图 1-34 所示，“长度”“宽度”“高度”文本框中的数值表示当前的包围盒尺寸，在输入新的数值后单击“确定”按钮，即可快速改变图素的整体尺寸。

4）智能图素中参数的修改。在调入齿轮、螺钉等高级图素后，系统打开该高级图素的参数设置对话框，根据需要在该窗口中正确设置图素参数。

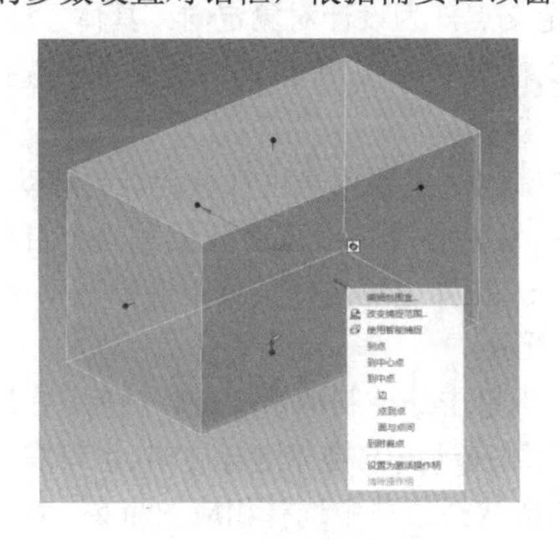

图 1-33　包围盒快捷菜单

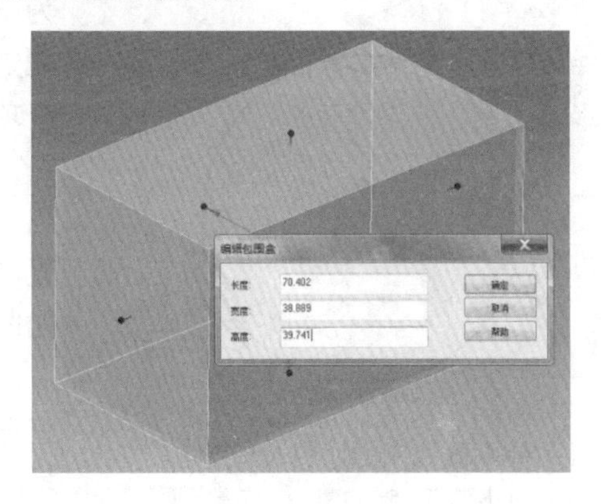

图 1-34　编辑包围盒尺寸

5. 三维球的使用

（1）三维球概述

三维球是一个非常优秀和直观的三维图素操作工具。它作为强大而灵活的三维空间定位工具，可通过平移、旋转和其他复杂的三维空间变换精确定位任何一个三维物体；同时还可完成对智能图素、零件或组合件的生成拷贝、直线阵列、矩形阵列和圆形阵列等操作。

三维球可附着在多种三维物体之上。在选中零件、智能图素、锚点、表面、视向、光源、动画路径与关键帧等三维元素后，可通过单击“三维球工具”快速启动按钮，或者按 F10 键，打开三维球，使三维球附着在这些三维物体之上，从而方便对其进行移动、相对定位和距离测量。

在系统初始化状态下，三维球最初附着在元素、零件、装配体的定位锚上。特别对于智能图素而言，三维球与智能图素是完全相符的。其中，三维球的轴向与智能图素的边、轴向是完全平行或完全重合的；三维球的中心点与智能图素的中心点是完全重合的。三维球与其附着图素的脱离通过单击空格键实现。三维球脱离后，将图素移动到规定位置，一定要再次单击空格键，才能附着三维球。

（2）三维球的结构与功能

三维球拥有 3 个外部约束控制手柄（长轴）、3 个定向控制手柄（短轴）和一个中心点，如图 1-35 所示。它的主要功能是解决软件应用中的元素、零件、装配体的空间定位问题。其中，长轴解决空间约束问题；短轴解决实体方向调整问题；中心点解决定位问题。一般条件下，在三维球移动、旋转等操作过程中，使用鼠标左键不能实现复制功能，使用鼠标右键可实现元素、零件、装配体的复制功能和平移功能。

外控制柄（约束控制柄）：可通过单击外控制柄对轴线进行暂时约束，使三维物体只能沿此轴线进行线性平移，或绕此轴线进行旋转。

圆周：拖动这里，可围绕一条从视点延伸到三维球中心的虚拟轴线旋转。

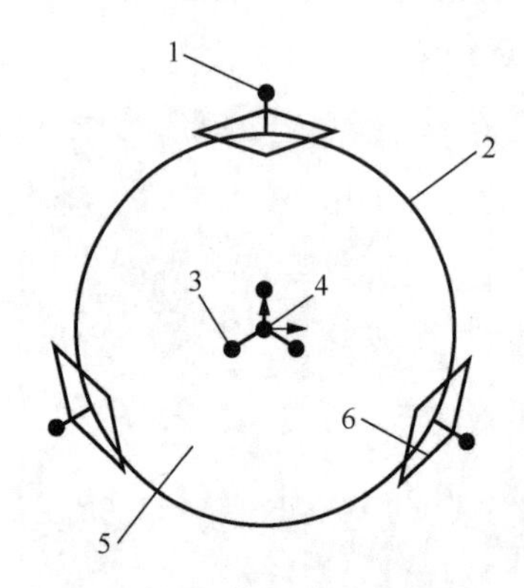

1—外控制柄；2—圆周；3—定向控制柄；4—中心控制点；5—内侧；6—二维平面。

图 1-35　三维球

定向控制柄（短控制柄）：将三维球的中心作为一个固定支点，为设计对象定向。具体方法是：在定向控制柄上右击，在弹出的快捷菜单中选择一个项目进行定向。

中心控制点：主要用来进行点到点的移动。使用方法是：将中心控制点直接拖至另一个目标位置，或者右击，在弹出的快捷菜单中选择一个命令，如图 1-36 所示。

内侧：当单击外控制柄锁定旋转轴后，在这个空白区域内侧拖动三维物体进行旋转。也可右击这里，在弹出的快捷菜单中选择相应的命令，对三维球进行设置。

二维平面：拖动这里，可在选定的虚拟平面中移动。

（3）利用三维球对三维物体进行移动或线性阵列、矩形阵列、旋转和环形阵列

1）移动或线性阵列。在三维空间内移动装配体、零件或图素时，可应用三维球进行定位。用鼠标左键拖动三维球的外控制柄，注意这时指针状态的变化。如果换作鼠标右键重复前一次操作，那么在拖动操作结束后系统将打开一个菜单，可在该菜单中选择需要进行的选项操作，如图 1-37 所示。

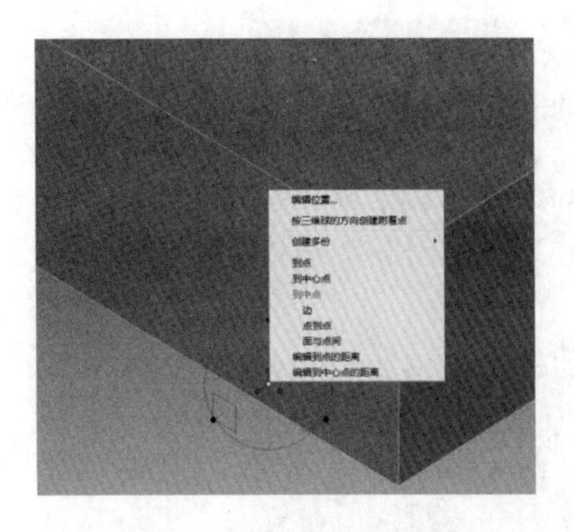

图 1-36　中心控制点的快捷菜单

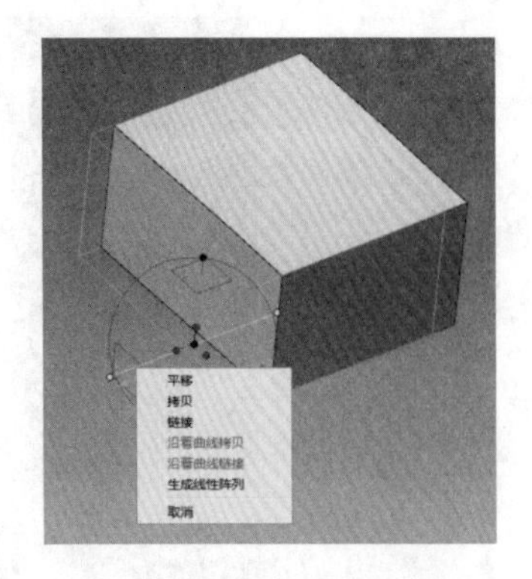

图 1-37　线性阵列右键菜单

2）矩形阵列。用鼠标左键选取一个外控制柄，待该控制柄变为亮黄色后，再将鼠标指针移到另一个外控制柄处，右击，在弹出的快捷菜单中选择“矩形阵列”命令。被选中的元素将在 3 个亮黄色点所构成的平面内阵列分布，如图 1-38 所示。将第一次选择的外控制柄方向作为第一方向。

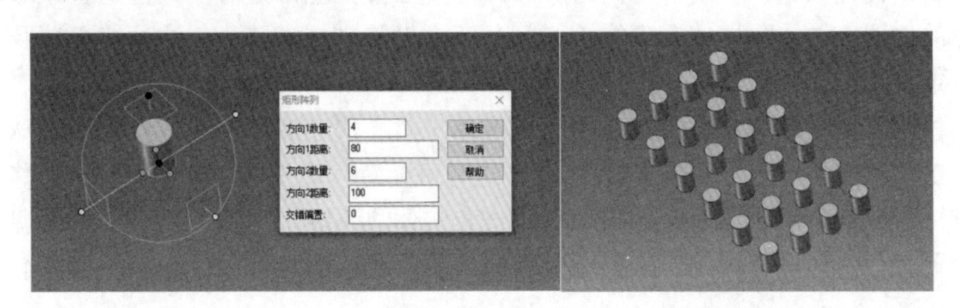

图 1-38　矩形阵列

3）旋转和环形阵列。应用三维球的外控制柄进行空间角度定位，可在三维空间内旋转装配体、零件或者图素。单击三维球的外控制柄，然后将鼠标移到三维球内部，同样用鼠标的左键或右键拖动三维球进行旋转。当按住鼠标左键进行拖动旋转时，松开左键，显示旋转角度值如图 1-39 所示，此时可直接输入旋转角度值编辑旋转角度。当按住鼠标右键进行拖动旋转时，松开右键，即可根据打开的菜单进行编辑，如图 1-40 所示。环形阵列结果如图 1-41 所示。

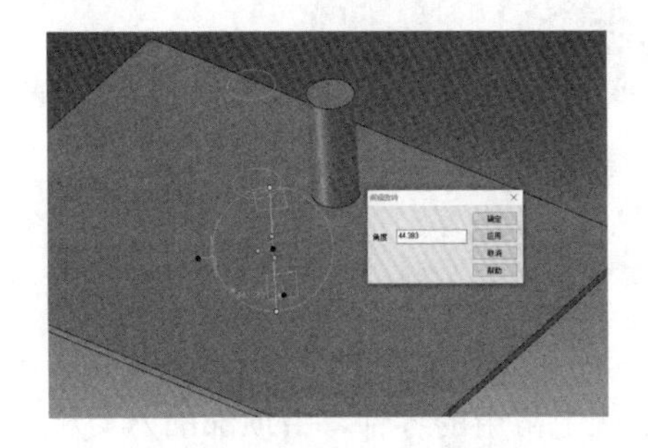

图 1-39　利用三维球旋转图素

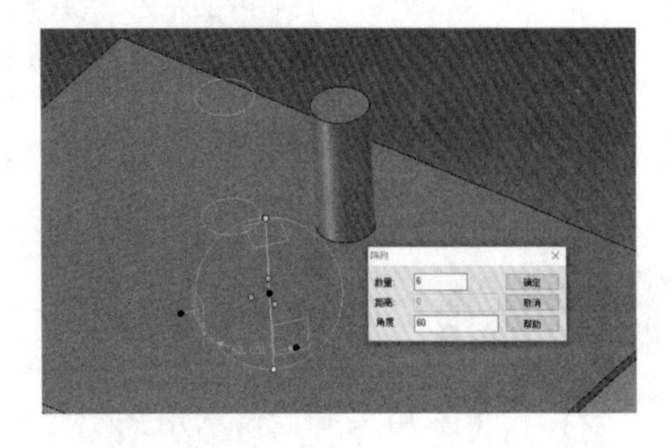

图 1-40　利用三维球进行环形阵列操作

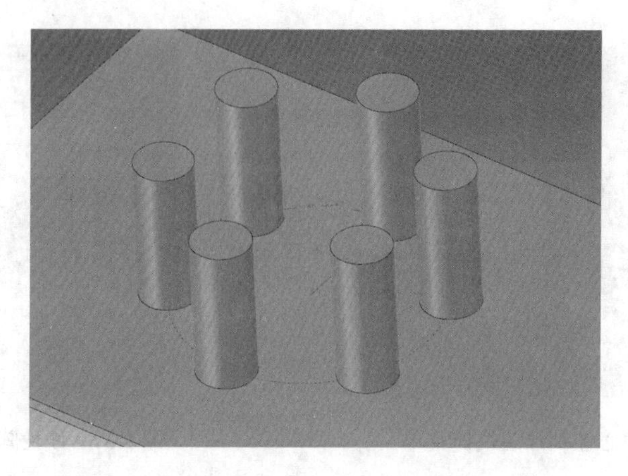

图 1-41　环形阵列结果

（4）三维球的重新定位

当激活三维球时，可看到三维球的中心点在默认状态下与圆柱体图素的锚点重合。这时移动圆柱体图素，移动的距离是以三维球中心点为基准进行的，但是有时需要改变基准点的位置，如使圆柱体图素绕着空间某一个轴旋转或者阵列。这种情况涉及三维球的重新定位功能。

具体操作如下：选择零件，单击“三维球工具”快速启动按钮，打开三维球，按空格键，三维球变成白色，如图 1-42 所示。这时可随意移动三维球的位置，单独移动三维球的方法与上述方法类似。此时移动三维球，实体将不随之运动，当将三维球调整到所需的位置时，再次按空格键，三维球变回原来的颜色，此时可以对相应的实体继续进行操作。

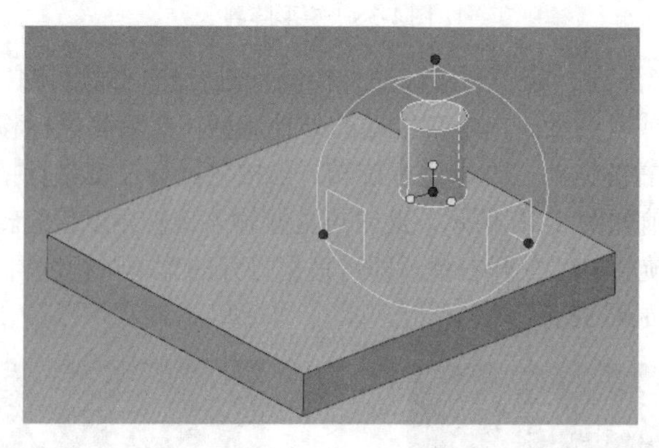

图 1-42　三维球的重新定位

任务实施

设计一个六角头螺栓。六角头螺栓是机械设备中常用的零件，由顶部的六棱柱体和底部的圆柱体组成，如图 1-43 所示。

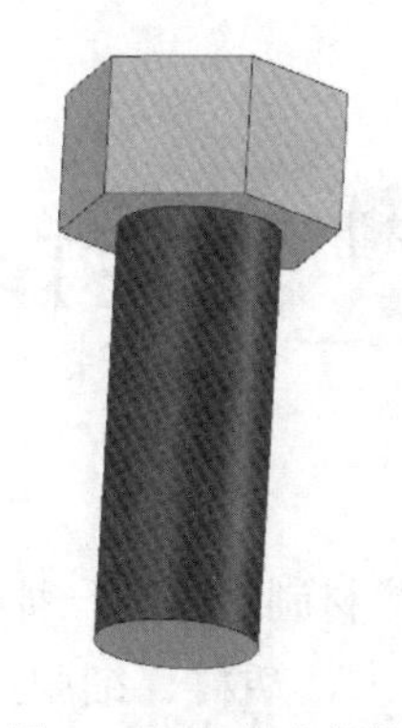

图 1-43　六角头螺栓

操作步骤如下。

步骤① 从图素库中选取一个圆柱体拖入设计环境，并修改圆柱体包围盒，使圆柱体的长度和宽度均为 10，高度为 50。

步骤② 从图素库中拖动一个六棱柱体到圆柱体的上表面中心位置，并修改六棱柱体的尺寸大小，使其对角距为 20，高度为 8。

步骤③ 将圆柱体的表面渲染成黑色，将六棱柱体的表面渲染成黄色。

任务创新

设计一个内六角头螺栓。在机械设备中，经常用到内六角圆柱头螺栓。六角头螺栓在拆卸/安装的过程中需要使用扳手，在很多场合受到限制。内六角圆柱头螺栓在安装过程中用到内六角扳手，相对于六角头螺栓，内六角圆柱头螺栓的安装/拆卸更为方便。内六角圆柱头螺栓由头部的圆柱体和底部的圆柱螺纹组成。内六角头螺栓的圆柱头有内六角孔，实际效果如图 1-44 所示。

图 1-44　内六角头螺栓

项目二 3D 打印入门

3D 打印（3D printing）又称为增材制造，是一种快速成型技术。它是以数字模型文件为基础，运用金属粉末、陶瓷粉末、塑料、细胞组织等黏结材料或可固化材料，通过一层层打印的方式直接制造三维实体产品模型的技术。增材制造实际上就是通过一点点增加材料堆积成数字模型。3D 打印在多数人看来还是一种新事物，其实 3D 打印的设想早在 20 年前就已经开始酝酿了。1994 年，几名来自麻省理工学院（Massachusetts Institute of Technology，MIT）的科研人员和技术专家发明了三维打印（three dimensional printing，3DP）技术并申请了专利。3D 打印技术作为一种高科技技术，综合应用了 CAD/CAM 技术、激光技术等。随着该技术的进步，3D 打印机将在更多领域发挥其独特的作用。

任务一 认识 3D 打印

任务导读

在项目一的学习中，我们熟悉了 3D 造型技术和 3D 造型软件的使用方法，并可使用 3D 造型软件设计简单的零件，如设计一个六角头螺栓。现在一定很想把自己设计的 3D 模型利用 3D 打印机打印出来吧！接下来通过这个任务先来熟悉一下什么是 3D 打印。

任务目标

1）理解 3D 打印（增材制造）的原理。

2）了解 3D 打印的分类。

3）熟悉 3D 打印的优势。

4）熟悉 FDM 3D 打印机的类型。

5）了解 FDM 3D 打印材料。

6）掌握选购 FDM 3D 打印机的方法。

任务内容

了解3D打印的原理，熟悉FDM 3D打印方式的优缺点，掌握选购FDM 3D打印机的方法。

知识链接

1. 3D打印的原理

3D打印即增材制造。使用3D打印机“打印”一个物品的过程就像用砖砌墙，但是其使用的材料不是方砖水泥，而是塑料、金属、橡胶等材料。除用料外，3D打印技术与传统打印技术的另一个重要区别是：3D打印首先要构建数字化三维模型，使用传统打印技术并不需要构建模型。

3D打印机的打印精度相当高，能够打印出模型中的大量细节。与铸造、冲压、蚀刻等传统方法相比，3D打印能更快速地创建原型，特别是使用传统方法难以制作的特殊结构模型。3D 打印设计一般流程是：先通过计算机建模软件建模，再将建成的三维模型“分解”成逐层的截面（切片），从而指导打印机逐层打印。

2. 3D打印的分类

根据打印物体的材料及使用方法不同，3D 打印方式可分为若干种类，其中常见的3D打印方式有4种。

（1）熔融沉积成形（fused deposition modeling，FDM）

美国学者斯科特·克拉姆（Scott Crumb）于1988年提出了FDM。它是将丝状的热熔性材料加热熔融，根据打印物体的截面轮廓信息，将材料选择性地涂敷在工作台上，快速冷却后形成一层截面，重复以上过程，直至形成整个实体造型，如图2-1所示。这种打印方法使用的主要材料是以玉米、木薯为原料提取的聚乳酸（polylactic acid，PLA），该材料绿色环保，无气味，无污染。熔融沉积成形法是目前常用的成形法，也是本书应用的一种方式。

（2）树脂固化法

树脂固化法，又称为陶瓷膏体光固化成形（stereolithography apparatus，SLA）。该打印方法是在容器中盛满液态光敏树脂，液态光敏树脂能够在紫外光束照射下快速固化成想要的形状。SLA方式打印原理如图2-2所示。

（3）激光烧结法

激光烧结法，又称为激光选区烧结（selective laser sintering，SLS）。具体打印过程是：将材料粉末铺洒在已成型零件的表面，并刮平；激光束在计算机控制下根据分层截面信息进行有选择的烧结，一层烧结完成后再进行下一层烧结，待全部烧结完成后去除多余的粉末，就可得到一层烧结好的零件，并与下面已成型的部分连接；当一层截面烧结完成后，重新铺上一层材料粉末，并重复以上打印步骤，直到完成打印。SLS 方式打印原理如图 2-3 所示。

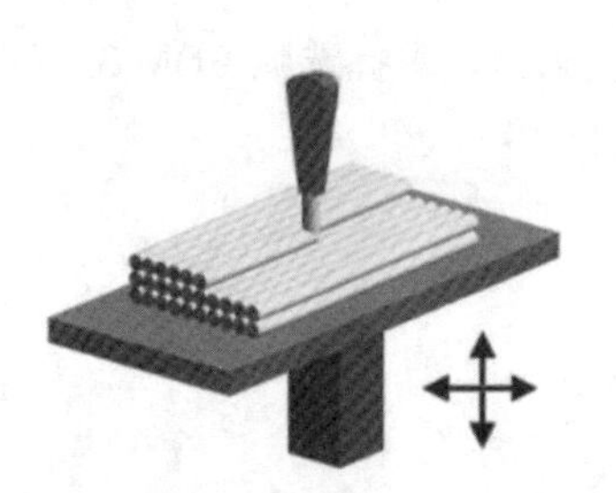

图 2-1　FDM 方式打印原理

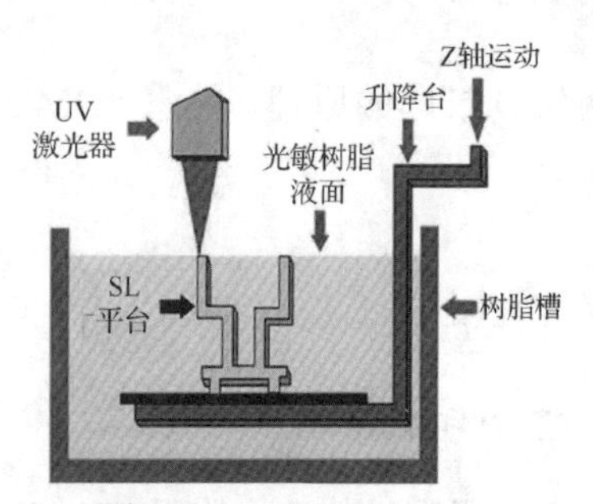

图 2-2　SLA 方式打印原理

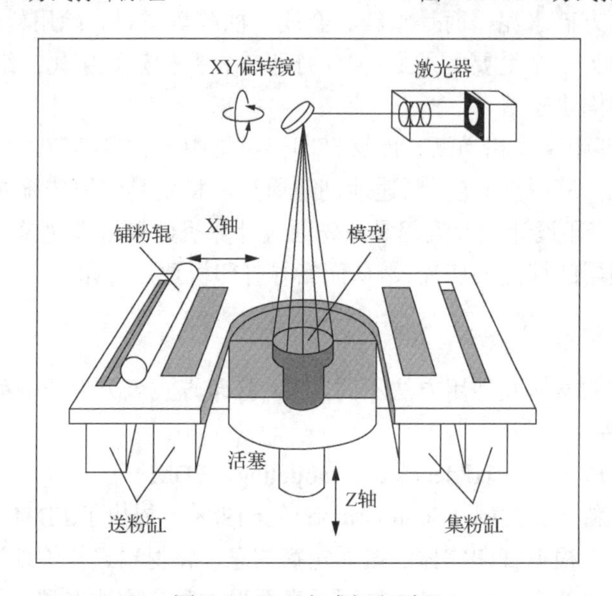

图 2-3　SLS 方式打印原理

（4）三维打印

三维打印（3 dimensional printing，3DP）与 SLS 很相似，区别在于通过这种方式可以打印出彩色的物品。

3. 3D 打印的优势

3D 打印机不像传统制造机器那样通过切割或者模具塑造制造物品。从物理学角度讲，通过层层堆积形成实物的方法扩大了数字概念的范围。对于具有精确内部凹陷或者互锁部分的形状设计，3D 打印机是首选加工设备，它可将这样的设计在实体世界中实现。3D 打印可以帮助来自各个行业、具有不同背景和专业技术水平的人减少主要成本、时间和复杂性障碍：制造复杂物品不增加成本；产品多样化不增加成本；无须组装；零时间交付；设计空间无限；零技能制造；不占空间，便携制造；减少废弃副产品；材料无限组合；精确的实体复制。

4. 熔融沉积 3D 打印机介绍（FDM）

FDM 3D 打印机是目前应用广泛的 3D 打印机类型，目前市场上的桌面型 3D 打印机绝大部分采用该打印方式。在本书后续章节中提及的 3D 打印机是 FDM 3D 打印机的简称。根据不同的结构与运动原理，FDM 3D 打印机可分为以下几种类型。

（1）Prusa 结构机型

Reprap 是由英国巴斯大学（University of Bath）机械学院的阿德里安·鲍耶（Adrian Bowyer）等设计制作的一种 3D 打印机。Reprap 具备开源性，采用 Prusa i3 型结构，使其成为最适合广大 3D 打印初学者学习的一款机型，已从最初的机型升级演变成现在的 prusa i3 打印机，如图 2-4 所示。prusa i3 打印机因其简单的结构设计与相对低廉的成本成为广大 3D 打印爱好者的首选机型。

（2）箱式结构机型

以 makerbot 和 ultimaker 为代表的箱式结构是目前市面上较为流行的 3D 打印机结构，采用该结构的打印机是目前商业化程度最高的打印机类型。该类型打印机运动靠步进电机带动同步带使打印头沿 X 轴、Y 轴移动，与 Prusa i3 结构不同的是打印平台只需通过丝杠电机沿 Z 轴上下移动。因为打印头能够沿 X 轴、Y 轴移动，所以能使打印空间得到最大化利用。箱式 3D 打印机的设计非常符合现代家用电器的外观设计要求，但是其价格比其他两种机型贵。图 2-5 所示为箱式 3D 打印机的外形图。

图 2-4　prusa i3 打印机

图 2-5　箱式 3D 打印机

（3）三角洲（Delta）结构机型

Delta 结构是目前市场上常见的一种结构，其专业名称为“并联臂结构”。这种结构设计最早用于制作能够快速准确抓取轻小物体的机械爪。现在把使用这种结构的机器人称为“并联机器人”。这种结构兴起于 20 世纪 90 年代，具有速度快、精度高、柔性强等优点，因而使并联机器人成为现代工业机器人的重要部分。图 2-6 所示为并联结构 3D 打印机的外形图。

图 2-6　并联结构 3D 打印机

5. 常用 3D 打印材料

（1）工程塑料（PLA&ABS）

PLA 是 3D 打印爱好者最喜欢使用的材料。它是一种可生物降解的热塑性塑料，源于可再生资源，如玉米、甜菜、木薯和甘蔗等。因此，基于 PLA 的 3D 打印材料比其他塑料材料更环保，甚至被称为“绿色塑料”。PLA 的另一个优点是打印时不会产生很难闻的气味，相对安全，适合在家里或者教室使用。此外，这种材料的冷却收缩没有丙烯腈-丁二烯-苯乙烯（acrylonitrile-butadiene-styrene copolymer，ABS ）共聚物那么强烈，即使打印机没有配备加热平台也能成功完成打印。

ABS 是受欢迎程度仅次于 PLA 的 FDM 打印材料。这种热塑性塑料具有价格便宜、经久耐用、稍有弹性、质量轻、容易挤出等特点，非常适合用于 3D 打印。

（2）柔性材料（TPE/TPU）

在商业应用中，热塑性弹性体（thermoplastic elastomer，TPE）通常用于生产汽车部件、家用电器、医疗用品、鞋底、智能手机盖、腕带等。使用柔性材料 TPE 特别是热塑性聚氨酯弹性体（thermoplastic polyurethane elastomer，TPU）可以制造伸展性特别好的物体。但打印时难度较高，特别是对于远端送料的 3D 打印机，很难控制柔性材料的进退。

（3）木质感材料

使用木质感材料可以打印出触感很像木头的模型。通过在 PLA 中混合定量的木质纤维（竹子、桦木、雪松、樱桃、椰子、软木、乌木、橄榄、松树、柳树等）能够生产出一系列的木质 3D 打印材料。

（4）金属质感 PLA/ABS 材料

这是一种 PLA 或 ABS 与金属粉末混合而成的材料。模型抛光后，从视觉上能够感受到这些模型就像是用青铜、黄铜、铝或不锈钢制造出来的。这些由金属粉末与 PLA 或 ABS 混合而成的线材比普通的 ABS 或 PLA 重很多，其手感不像塑料，更像金属。

（5）碳纤维（carbon fiber）材料

这是一种混合了细碎碳纤维的 3D 打印线材。碳纤维材料在刚性、结构及层间附着力方面都得到了令人难以置信的提升，但是这些优势也带来了巨大的成本压力。

（6）其他打印材料

其他打印材料包括硅酸铝陶瓷粉材料、生物 3D 打印材料、金属 3D 打印材料、光敏树脂等。

6. 如何选购 3D 打印机

选购普通桌面型 FDM 3D 打印机需要考虑以下因素。

（1）安全性

了解 3D 打印机的原理，明确认识 3D 打印机的核心部件是喷头。在选购 3D 打印机时要注意打印喷头质量，在长时间打印过程中不能堵料、断路，当发生短路时有保护开关，避免引发火灾。

（2）打印尺寸

打印尺寸是指打印机所能打印的模型的尺寸。最大可打印模型的长度、宽度可参考打印机的托盘尺寸，模型的最大尺寸略小于托盘尺寸。模型高度一般要小于 3D 打印机 Z 轴的行程。

（3）打印速度

一般桌面型 3D 打印机的打印速度都不是很快，打印一个作品通常需要几个小时，因此打印速度是选购 3D 打印机需要考虑的一个重要因素。

（4）打印精度

成型精度一般可参考 3D 打印机的层厚指标和壁厚指标，现在市场上普及型 3D 打印机的层厚一般都可达到 0.1mm。

（5）支持耗材

有的 3D 打印机没有加热平台，不能打印 ABS 材料。有些打印机除了支持普通的 PLA 材料和 ABS 材料外，还支持尼龙等材料。需要根据实际用途选择合适的 3D 打印机。

（6）售后服务

购买机器时，一般应询问清楚厂家是否提供保修服务，是否提供上门服务，产品使用中如何解决出现故障等相关事宜也要与厂家协商清楚，确保机器在使用中不出现意外。

任务实施

通过查阅书籍或者网上资料了解 3D 打印的优点，不同类型 FDM 3D 打印机的优缺点，以及如何选购一台桌面型 FDM 3D 打印机。

任务创新

设想一下生活、生产中的哪些产品可以使用 3D 打印制作，畅想未来 3D 打印的应用前景、商业模式等。提示：3D 打印巧克力，3D 打印人像等。

任务二　掌握常用的3D打印切片软件的操作

任务导读

利用3D造型软件设计好的模型不能直接用于3D打印。3D打印机仅能识读G代码文件，因此需要通过切片软件把模型进行切片，并且输出G代码文件。切片是否正确将直接影响模型的打印。

任务目标

1）熟悉常用的切片软件。

2）熟悉弘瑞切片软件操作界面，掌握弘瑞切片软件基本操作。

3）掌握弘瑞切片软件常用参数设置。

任务内容

完成对小松鼠模型的切片。

知识链接

1. 什么是切片软件

切片软件是一种3D软件，它可将数字3D模型转换为3D打印机能够识别的打印代码，从而让3D打印机执行打印命令。具体工作流程是：切片软件可根据用户的参数设置将STL格式3D模型进行水平切割，从而得到一个个平面图，并计算打印机需要消耗多少耗材及时间，而后将这些信息统一存入G代码文件中，并将其发送到用户的3D打印机中。

2. 切片软件种类介绍

目前国内外市场上有很多切片软件，可分为通用切片软件和专用切片软件。专用切片软件是指各个3D打印机厂家制作的适用于自己品牌型号打印机的切片软件。尤其是在国内，很多厂家在国外开源切片软件的基础上进行改进，研发出自己产品适用的切片软件。通用切片软件可通过软件各项参数设置输出市场上大部分3D打印机都能识读执行的G代码文件。目前主流的切片软件有Cura、Slic3r、Skeinforge、Kissslicer等。Hori3DSoftware是国内专业3D打印设备制造商弘瑞公司自主研发的一款切片软件。Cura由3D打印机公司Ultimaker开发、托管和维护，且该软件是开源的，更新速度很快。

Cura 切片软件非常适合初学者使用，该软件集成了常用的打印设置命令，界面简洁明了。图 2-7 所示为 Cura 切片软件的操作界面。

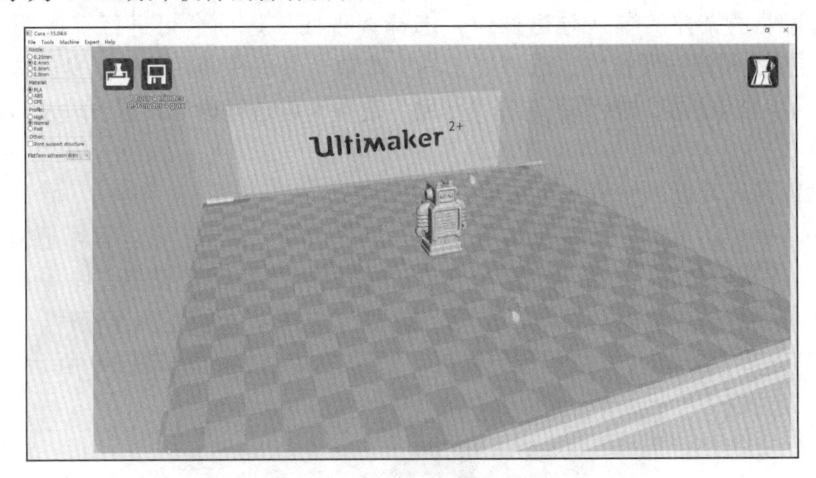

图 2-7 Cura 切片软件操作界面

3. 弘瑞 3D 打印切片软件介绍

为发挥弘瑞 3D 打印机的最佳性能，弘瑞自主研发了一套专为弘瑞 3D 打印机量身打造的 3D 打印切片软件及打印机控制软件，该软件风格简约、易于操作。

（1）弘瑞 3D 打印切片软件的安装

打开弘瑞 3D 打印机附带的光盘，找到弘瑞 3D 打印切片软件所在的文件夹，双击该文件夹打开切片软件安装程序，在打开的对话框中选择所需选件，依次单击“下一步”按钮，直至软件安装完成。

（2）弘瑞切片软件操作界面介绍

弘瑞切片软件的操作界面包括菜单栏、功能区、模型显示窗口和状态栏等板块，如图 2-8 所示。

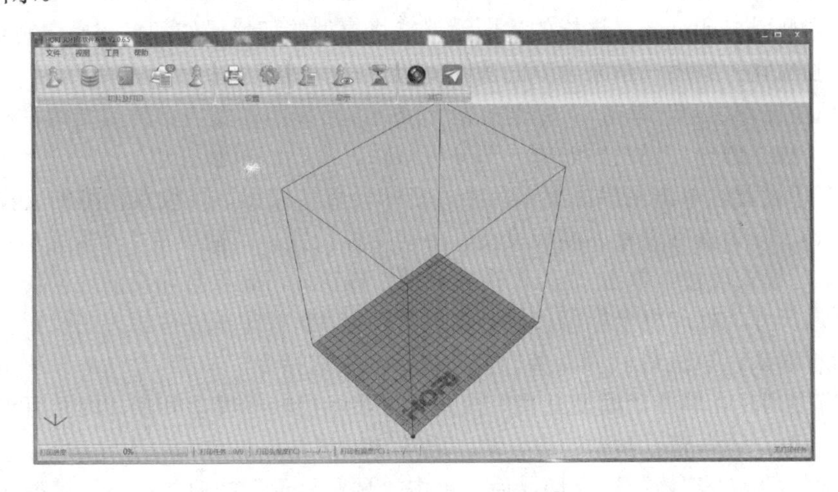

图 2-8 弘瑞切片软件操作界面

1）菜单栏。菜单栏中有“文件”“视图”“工具”“帮助”选项卡。其中，选择“文件”选项卡可进行添加模型、移除模型、清空模型信息，模型信息另存为、复制模型、退出模型等模型文件的导入导出操作；选择“视图”选项卡可进行等比例视图（轴测图）、正视图和俯视图操作；选择“工具”选项卡可进行切片软件本身升级、打印机固件升级及步进电机脉冲换算；选择“帮助”选项卡可进行语言设置，以及将软件的帮助文件导出。

2）功能区。功能区中有如下选项。

① 加载模型。单击 “加载模型”按钮，选择模型，单击打开，即可把模型加载到显示区中。加载模型时，可分别加载多个 STL 模型文件和 OBJ 模型文件。

② 模型切片。加载模型后，单击“分层切片”按钮，对模型高速切片，生成 3D 打印机可识别的 G 代码切片数据和预览数据。切片完成后的模型如图 2-9 所示。

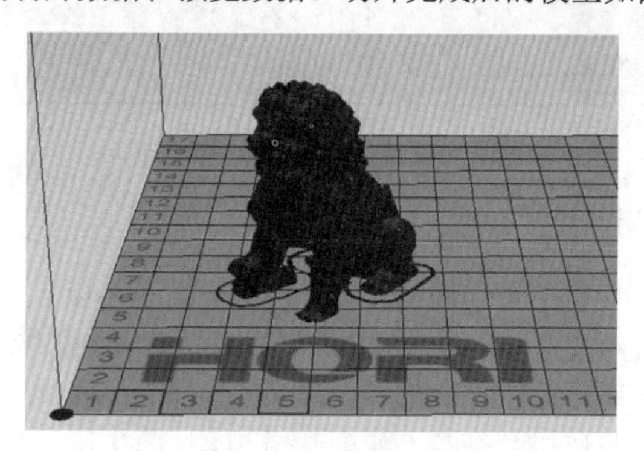

图 2-9　切片完成后的模型

③ 发送至 SD 卡。单击“发送至 SD 卡”按钮，可直接将切好的数据发送至 SD 卡中，以便脱机打印。也可在打开的 G 代码保存窗口中选择“其他保存路径”命令，保存 G 代码。

④ 切片和打印列表。单击 “打印管理”按钮，在打开的对话框中，左侧是切片数据列表，右侧是打印列表。这样的界面设计能将模型的切片操作和打印操作完全分离，实现功能独立化，给用户带来全新的操作体验。

⑤ 模型自动切割。单击 “分割模型”按钮，可按照模型内部封闭结构将模型自动切割成多个独立部分，切割后的每一部分可移除、复制和单独打印。

⑥ 打印设置。单击主界面菜单区中“打印设置”按钮，可设置模型的支撑参数、切片参数等，分为基础设置、高级设置、手动支撑设置、回抽设置 4 个配置区域。

⑦ 工厂模式设置。单击 “工厂模式设置”按钮，可配置打印机的通信协议，可进行打印区域尺寸、打印机坐标偏移量、步进数等与 3D 打印机硬件相关的设置，同时可手动编辑、导入、导出 G 代码，并向打印机手动发送指令。

⑧ 模型列表。单击“模型列表”按钮，可显示已加载模型列表，同时可加载、移除、复制模型，还可查看模型的点、线、面等详细信息。

⑨ 预览显示。将模型进行切片后，单击“预览显示”按钮，可显示模型切片的预

览效果。拖动右侧“分层预览”滚动条，可直观地预览模型打印过程。模型的支撑、外壳、内壳、填充图案分别使用不同的颜色清晰标明。同时，系统会自动计算出打印模型的预计耗时和预计耗材量。模型打印过程预览显示如图 2-10 所示。

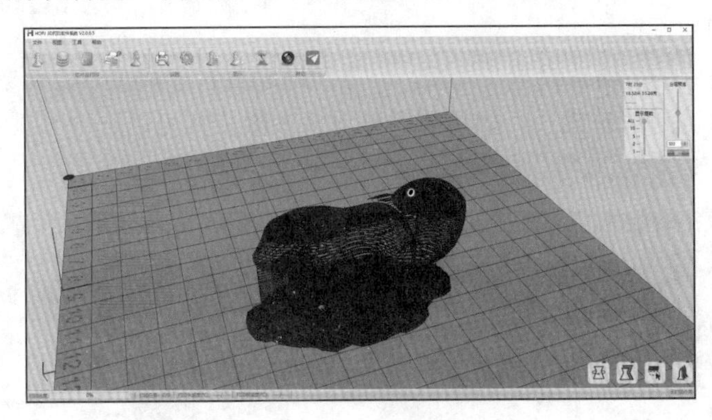

图 2-10　模型打印过程预览显示

⑩ 轨迹显示。单击“轨迹显示”按钮，可显示打印头的移动轨迹。

3）模型显示窗口。模型显示窗口主要用于显示模型，预览切片完成后的模型，以及实现模型控制。其中，模型控制主要由位于模型显示窗口右下角的“模型控制”菜单栏完成。应当注意的是，该菜单栏只有在模型加载完成后才会显示。通过该菜单栏可对模型实现旋转、缩放、复位等操作。

① 模型旋转。单击“旋转”按钮，打开如图 2-11 所示对话框，可让模型分别沿着 X 轴、Y 轴、Z 轴进行旋转。在文本框中输入具体的数字，可完成对模型旋转的精确控制。

② 模型缩放。单击“缩放”按钮，打开如图 2-12 所示对话框，可对模型进行比例缩放。当对话框中的小锁图标显示锁定状态时，表示模型是按照原来的比例进行缩放的，只需填写模型在 X 轴的缩放比例，其在 Y 轴和 Z 轴也会自动按照相应比例缩放。当对话框中的小锁图标显示解锁状态时，表示可在 X 轴、Y 轴、Z 轴任意一个维度上对模型进行缩放。在对 X 轴、Y 轴、Z 轴其中某一维度的数值进行填写时，其他维度的数值不发生变化，但模型的形状将会发生变化。

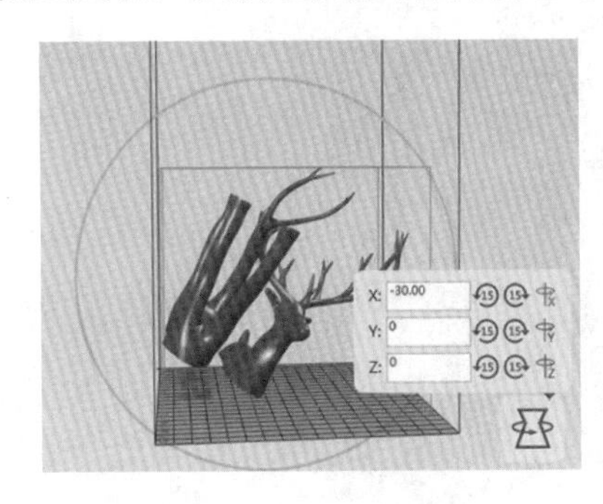

图 2-11　模型旋转对话框

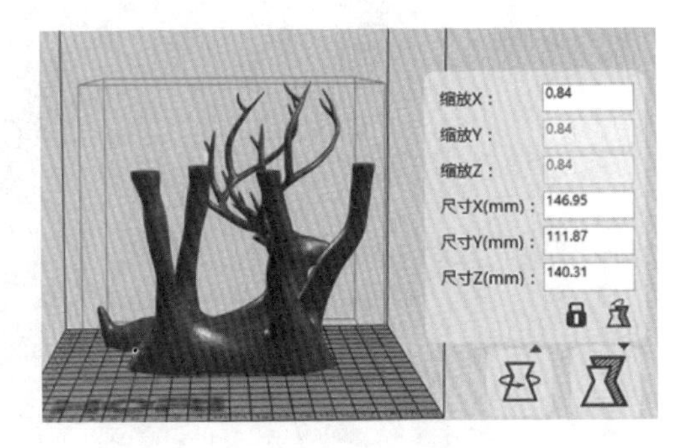

图 2-12　模型缩放对话框

③ 模型复位。单击 “复位” 按钮，在打开的对话框中可对模型进行复位操作。

4）状态栏。联机打印时，状态栏主要用于显示打印机当前的打印进度、打印机喷头温度、打印机热床温度等实时信息。

（3）模型切片设置

单击功能区中的“切片设置”按钮，可方便地配置打印质量、切片参数、支撑效果。软件系统设置默认为简易模式。如果想调整更多参数，就可以选中“显示高级设置”复选框，呈现图 2-13 所示高级设置模式。

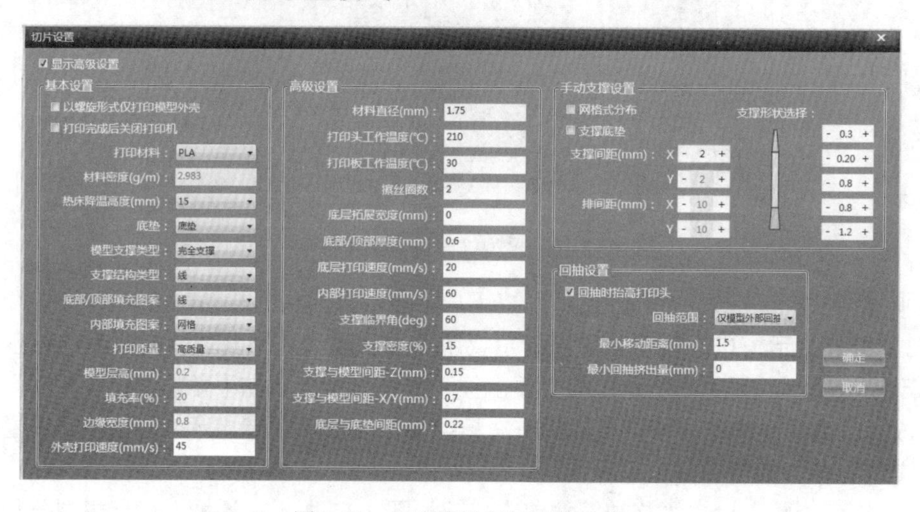

图 2-13　切片设置高级设置模式

其中，常用参数的含义解释如下。

1）只打印模型外壳。在打印过程中，一般需要打印模型内部填充物以保证成品效果。若只打印一个外壳，则可手动选中这一选项。仅打印外壳模式的模型内部和全部打印模式的模型内部效果分别如图 2-14 和图 2-15 所示。

2）打印材料。打印材料有 ABS 和 PLA 两种。通常视实际情况选择打印材料，一般常用的打印材料是 PLA。

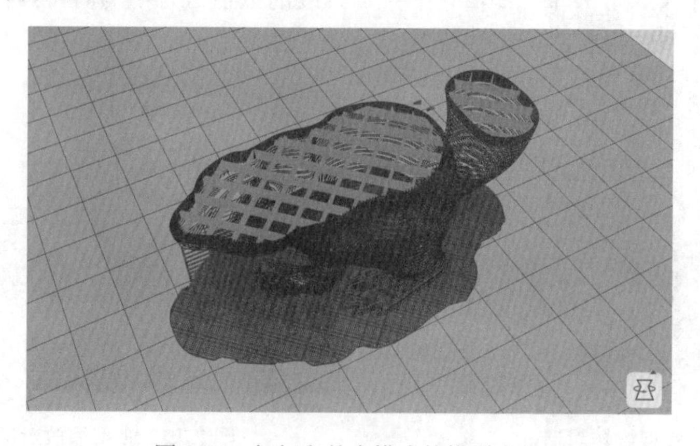

图 2-14　仅打印外壳模式的模型内部

图 2-15　全部打印模式的模型内部

3）底垫。根据打印件的不同，可选择无底垫、底垫和防翘曲底垫。对接触面积较大的打印件，可选择无底垫；对一般打印件，直接选择底垫；对容易翘曲的打印件，可选择防翘曲底垫。防翘曲底垫是在增加底垫的基础上增大模型底部与底垫的接触面积。3 种底垫分别如图 2-16～图 2-18 所示。

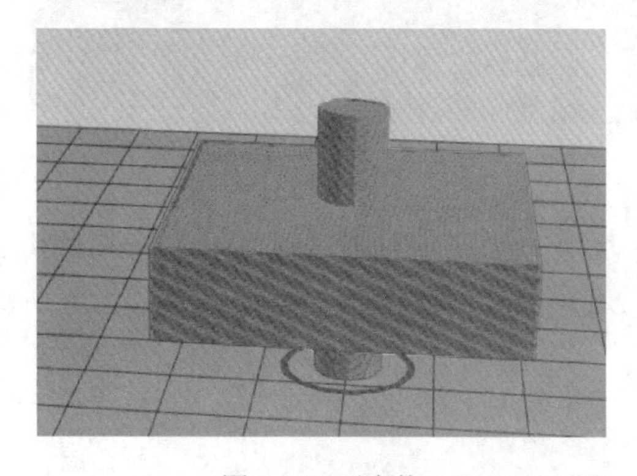

图 2-16　无底垫

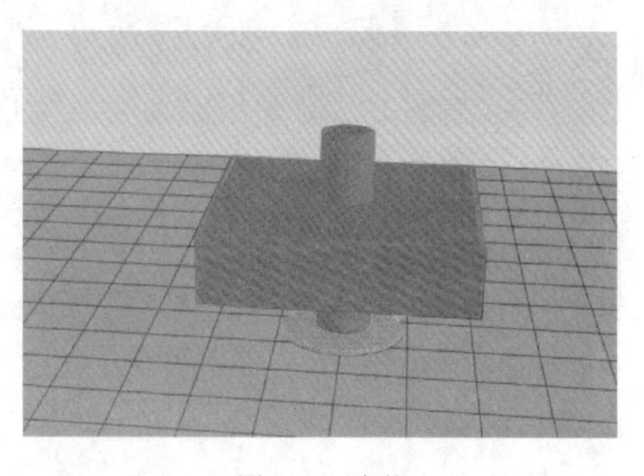

图 2-17　底垫

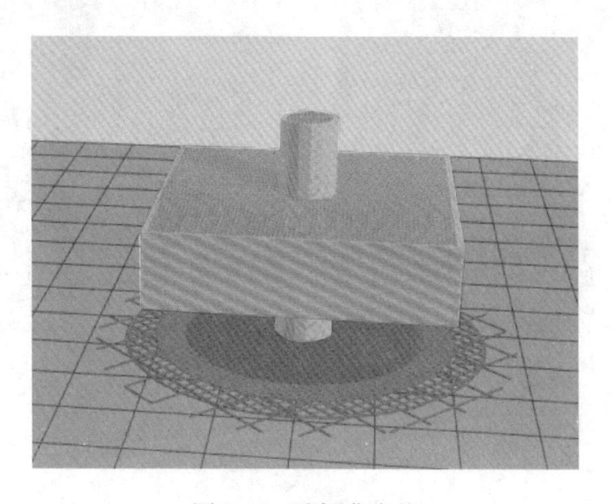

图 2-18　防翘曲底垫

4）模型支撑类型。可根据需要选择无支撑、底层支撑和完全支撑等模型支撑类型。其具体含义如下。

① 无支撑。整个模型都是无支撑的。

② 底层支撑。在模型底层添加支撑，防止模型悬空部分坠落。

③ 完全支撑。这种支撑可以完全防止模型悬空部分坠落，但也使模型打印完成后的整修工作（去支撑）变得麻烦，且打印耗时较久。为了保证正确打印模型，一般选择完全支撑。无支撑模式打印和完全支撑模式打印分别如图 2-19 和图 2-20 所示。

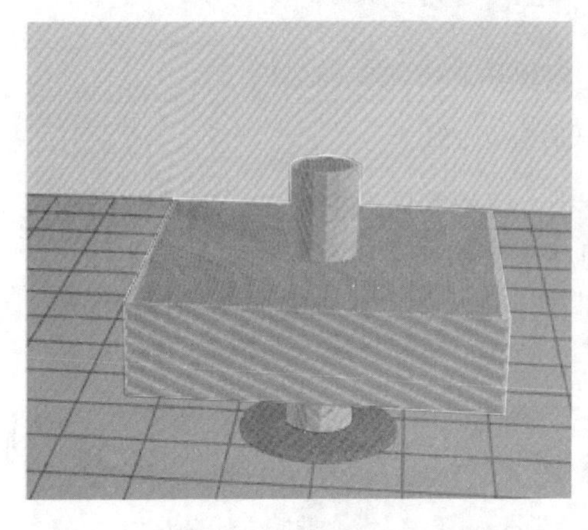

图 2-19　无支撑模式打印

图 2-20　完全支撑模式打印

5）顶部和内部填充图案。顶部和内部有网格和回环两种填充图案。内部回环结构填充如图 2-21 所示。内部网格结构填充如图 2-22 所示。顶部回环结构填充如图 2-23 所示。顶部网格结构填充如图 2-24 所示。

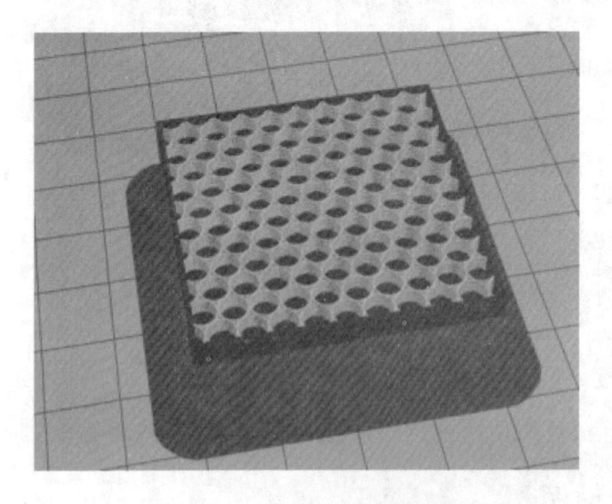

图 2-21　内部回环结构填充

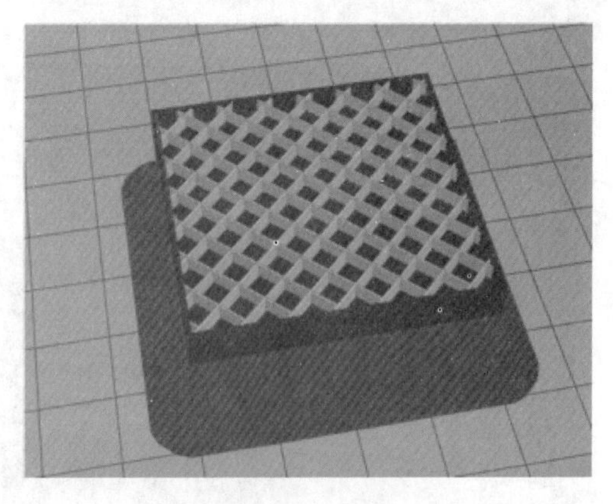

图 2-22　内部网格结构填充

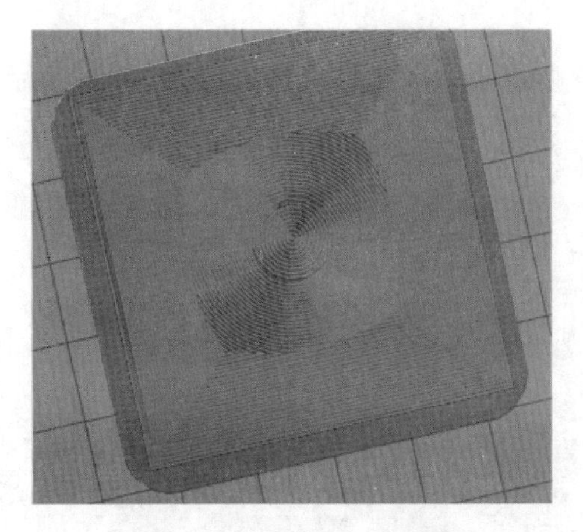

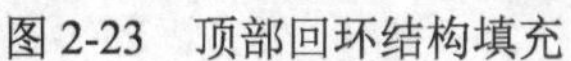

图 2-23 顶部回环结构填充

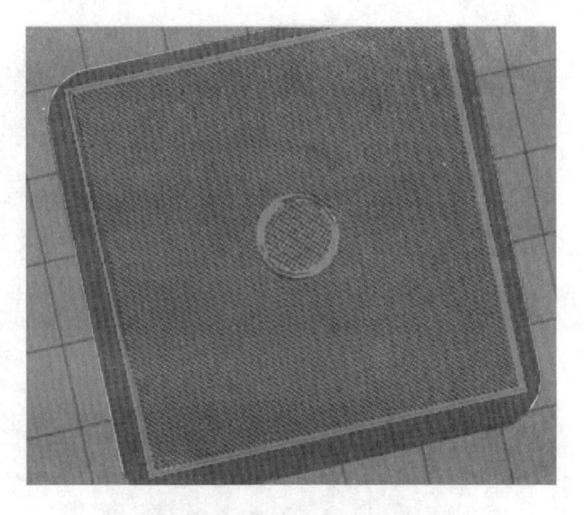

图 2-24 顶部网格结构填充

6）打印质量选择。打印质量选择主要是指选择打印模型的层高、填充率、边缘宽度和表层线倾斜角度。若打印质量越高、层高越小、填充率越高，则模型会更精细、更坚固、更重一些。用户可根据自己的打印需求选择低质量、中等质量、高质量、最高质量的打印模式，或自定义参数。一般情况下，默认中等质量打印模式就能满足一般打印需求。

7）速度设置。速度是指打印机喷头的移动速度，单位是 mm/s。外壳打印速度是指打印模型外壳时的速度，一般取值为 45mm/s。底层打印速度是指打印底层的速度，比外壳打印速度低，一般取值为 20mm/s。这样可保证底层的打印质量，防止翘曲。内部打印速度是指打印内部填充的速度，可适当提高内部打印速度以缩短打印时间。

8）温度的设置。一般 PLA 打印头温度的取值范围为 200～210℃，可根据实际材料进行适当修改。当温度太低时，材料无法从喷头挤出；当温度太高时，喷头过热材料发黑。ABS 打印头温度的取值范围为 220～230℃。热床温度的取值范围为 100～110℃。

9）其余参数无须修改，一般设为软件默认值。

任务实施

使用弘瑞切片软件对松鼠模型进行正确的切片设置，并输出 G 代码，其操作步骤如下。

步骤① 打开切片软件，导入本书配套资源项目二任务二文件夹里的“松鼠.STL”。

步骤② 设置模型旋转角度和模型比例。当松鼠模型导入后其摆放位置符合打印要求时，不需要旋转。当模型尺寸与真实尺寸近乎相等时，可不必设置模型比例。

步骤③ 设置模型切片参数，具体参数设置如图 2-25 所示。

步骤④ 单击“切片”按钮，生成喷头运动轨迹，如图 2-26 所示。

步骤⑤ 输出 G 代码。

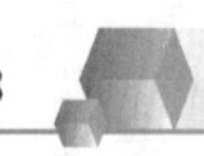

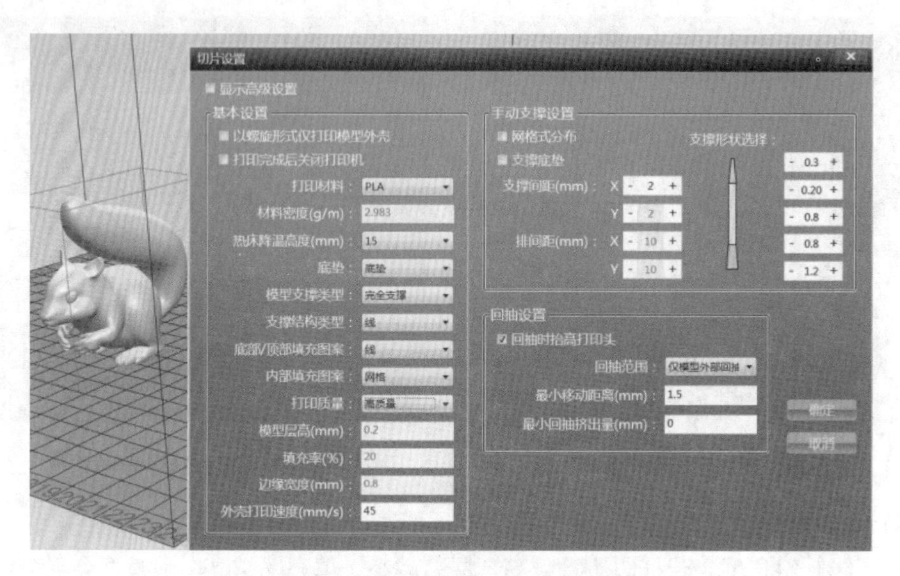

图 2-25　松鼠模型的切片参数设置

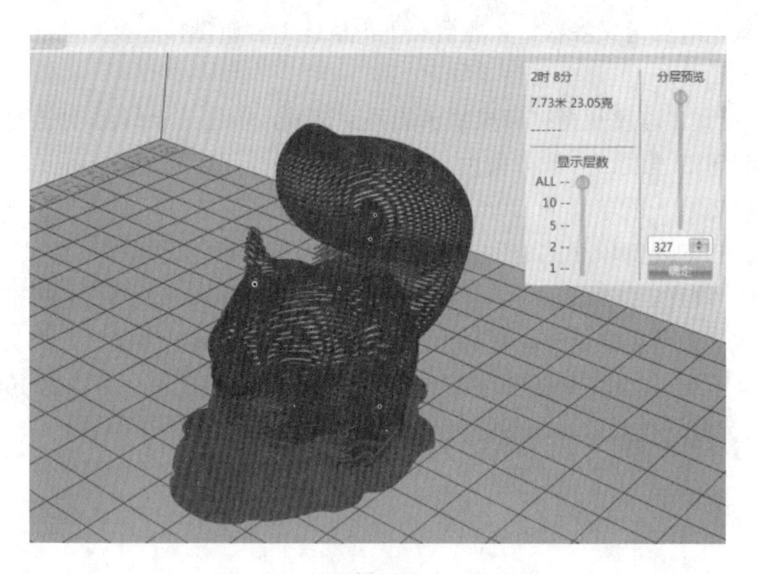

图 2-26　松鼠模型喷头运动轨迹

任务创新

请利用切片软件对松鼠模型进行重新切片。可通过修改“切片设置”中的“打印质量”实现重新切片，并对高质量打印模式输出的切片数据和最高质量打印模式输出的切片数据进行比较。

任务三 3D 打印机的操作

任务导读

3D 打印机是一种机电一体化设备，除自动化程度高外，其运动控制精度也较高。它能识读切片软件生成的 G 代码，并通过机器控制芯片中的固件程序把 G 代码转换成相应的控制命令，以此控制机器电机、加热棒、风扇等工作。为了能够顺利地打印出模型，在 3D 打印过程中需要对 3D 打印机进行正确操作和维护。

任务目标

1）了解弘瑞 3D 打印机的结构组成。
2）熟悉弘瑞 3D 打印机的操作界面。
3）掌握打印机的打印流程。

任务内容

完成松鼠模型的 3D 打印。

知识链接

1. 弘瑞 Z300 3D 打印机的基本结构

弘瑞 Z300 是一款非常适合教学使用的准工业级 3D 打印机。该打印机由机箱、舱门、触屏、进给机构、送料挤出机构、电气控制模块等组成。打印机的整体结构如图 2-27 所示。

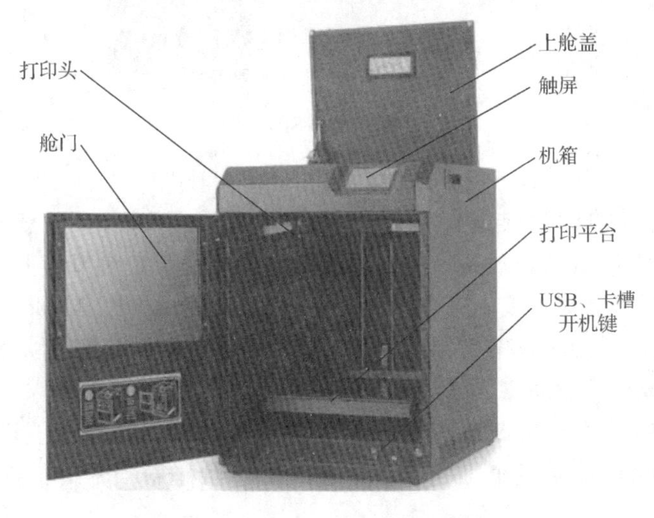

图 2-27 弘瑞 Z300 3D 打印机结构

（1）3D 打印机的机箱与接口

打印机机箱的左下方有电源线接口和总电源开关，如图 2-28 所示。插上电源，打开总电源开关，系统才能正常开启。应当注意的是，弘瑞 Z300 3D 打印机支持断电续打功能，即打印机在突然断电的情况下仍可以继续工作一段时间，在这个过程中由打印机内部蓄电池供电。因此，即使没打开电源开关直接按开机键，系统也仍能开启，但会发出“滴滴滴”的警报声，此时操作者应当及时打开电源开关，否则会耗尽蓄电池电量，造成打印故障。

打印机舱门的中间部分是玻璃，可方便使用者观察打印情况。按下按钮时听到电气控制模块中的继电器发出“咔”的响声，同时系统上电，触屏开始显示。关闭系统时，长按圆形按钮直至系统断电，显示屏关闭。系统上电按钮如图 2-29 所示。

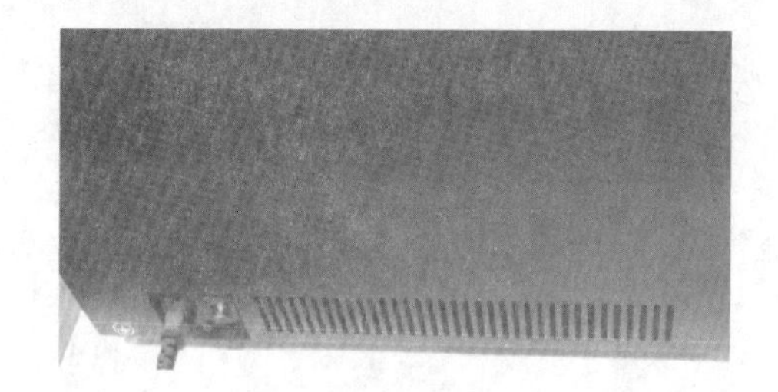

图 2-28　打印机的电源线接口和总电源开关

图 2-29　系统上电按钮

系统上电按钮的左侧是 SD 卡槽，如图 2-30 所示。脱机打印时需要在 SD 卡槽中插入存有模型打印程序（G 代码）的 SD 卡。

图 2-30　SD 卡槽

（2）3D 打印机的打印平台、进给模块和打印头

3D 打印机的打印平台起着附着承载 3D 模型实物的作用，其中部分打印平台还具有加热功能，可用于 ABS 材质模型的打印。打印平台随着 Z 轴滑块上下运动，由热床、平台调平螺钉、平台玻璃板三部分组成。打印平台结构如图 2-31 所示。

3D 打印机的进给机构由 X 轴、Y 轴、Z 轴组成，如图 2-32 所示。其中，Z 轴步进电机连接滚珠丝杆，驱动 Z 轴滑块带动工作台上下移动。X 轴和 Y 轴分别由步进电机驱动同步带，带动喷头在 X 轴方向和 Y 轴方向上移动。每个轴上均设置微动开关用于回零。当喷头运动到某个轴的零点位置时，会触碰微动开关给打印机控制系统发送零点信息。

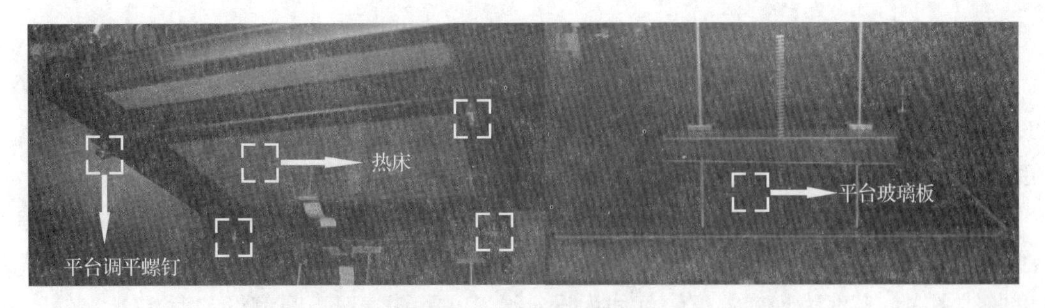

图 2-31 打印平台结构

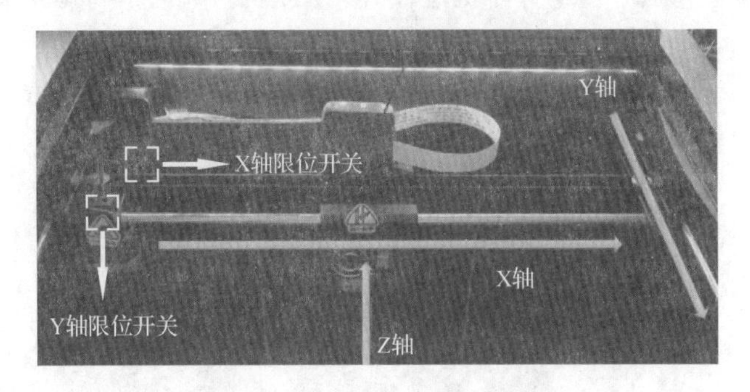

图 2-32 打印机的进给系统

打印机的打印头主要起着加热熔融材料并将其挤出的作用，具体结构由送料电机、送料器、送料器散热风扇、可控冷却风扇、喷头等零部件组成，如图 2-33 所示。打印机的喷头由喷嘴、喷嘴固定块、加热电阻、热敏电阻组成。加热电阻可在打印机工作时对喷头进行加热，通常在打印 PLA 材料时需将其加热到 200℃左右。热敏电阻可实时监测打印机喷头的温度，方便打印机控制系统控制喷头温度。打印机的喷嘴位于整个喷头的最下方，一般打印采用的喷嘴口径为 0.4mm。使用 3D 打印切片软件设置的喷嘴口径应与实际打印机的喷嘴直径一致，否则会导致打印失败。

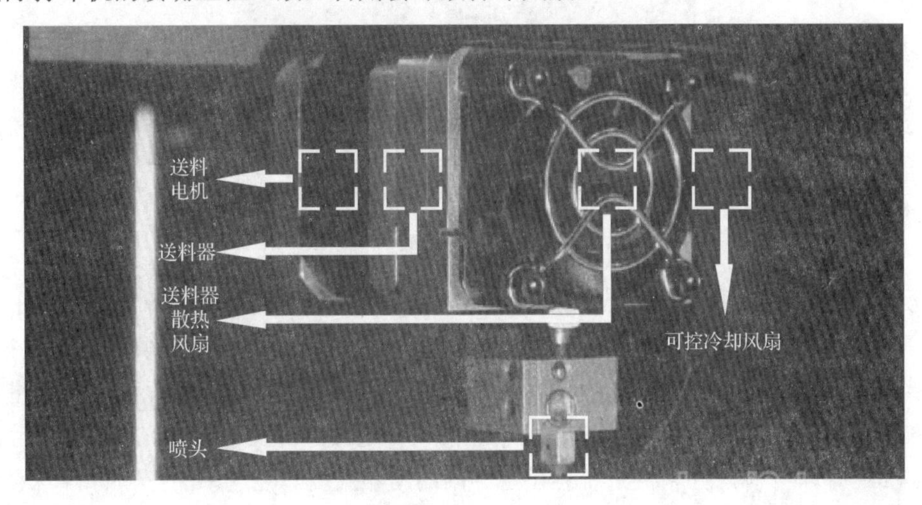

图 2-33 打印机的喷头

（3）3D 打印机触屏介绍

3D 打印机触屏的主要作用是控制打印机运动，查看和设定打印参数，进退料，管理打印程序等。弘瑞 Z300 3D 打印机的操作显示屏分为 5 个界面，分别是状态界面、速度界面、换料界面、移轴界面和 SD 卡界面。

状态界面如图 2-34 所示。若从其他界面切换至本界面，则需按触屏下方的“小房子”按钮。状态界面上方的 3 个温度曲线图能够实时地反映相应部件的温度变化。在温度曲线图中，黄线为当前温度，红线为设定温度。默认情况下温度设定为 0℃。坐标下方为打印进度条，能够显示 3D 打印机进行 SD 卡脱机打印时的打印进度。当 3D 打印机进行联机打印时，打印进度在电脑上显示。

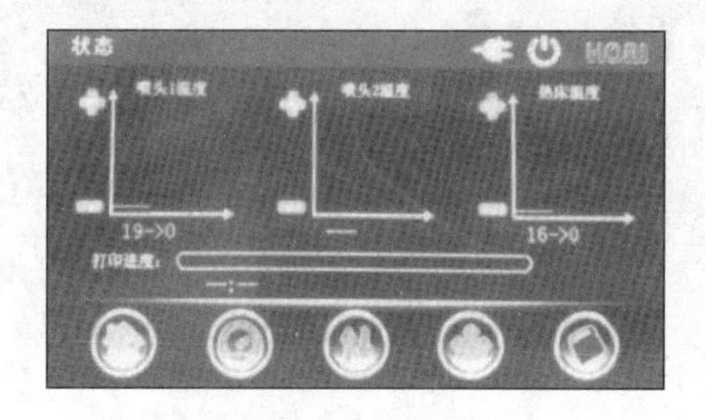

图 2-34　状态界面

速度界面如图 2-35 所示。按触屏下方的“转速表”图标，可从其他界面切换至本界面。3 个速度表分别用于对打印速度、风扇转速、材料流量进行监测和控制。同样，通过单击“+”“-”可实时控制相应部件的速度。一般情况下应在切片软件中设定好速度参数，不必在这个界面中操作。

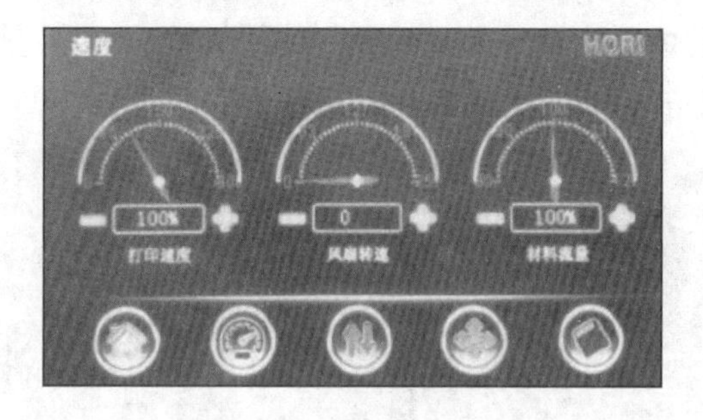

图 2-35　速度设置界面

换料界面如图 2-36 所示。换料界面通常用于给机器更换材料和调节平台水平。按触屏下方的“上下箭头”按钮，可从其他界面切换至本界面。本界面左侧是进退料控制。根据当前需要打印的实际材料选择“ABS”或者“PLA”。“一键退料”和“一键进料”是退料和进料的快捷操作方式。在进退料之前，一定要选择正确的 3D 打印材料。针对不同的 3D 打印材料，打印机系统会设定不同的熔融温度。当选中的打印材料与实际材料不匹配时，若强行进行进退料操作，则会损坏打印机的喷头。本界面右侧是平台调整界面，该界面的 4 个点分别对应平台的 4 个不同位置的点。按其中各点，喷头会移动至相应位置对平台进行校准。

移轴界面如图 2-37 所示，可控制打印机的打印平台和打印喷头的位移。按触屏下方的“十字形箭头”按钮，可从其他界面切换至本界面。“移动单位”文本框用于设定单击移轴命令时打印平台和打印喷头每次移动的距离。X 轴和 Y 轴用于控制打印喷头沿着 X 轴方向和 Y 轴方向移动。按中间的红色小房子图标[1]，可使打印喷头在 X 轴方向和 Y 轴方向上回到坐标原点。Z 轴控制打印平台上下移动。按中间的红色小房子图标，可以使打印机在 X 轴方向、Y 轴方向、Z 轴方向上均回到原点。E1 用于控制挤出机喷头 1 的运动，E2 用于控制挤出机喷头 2 的运动，实现手动进退料。

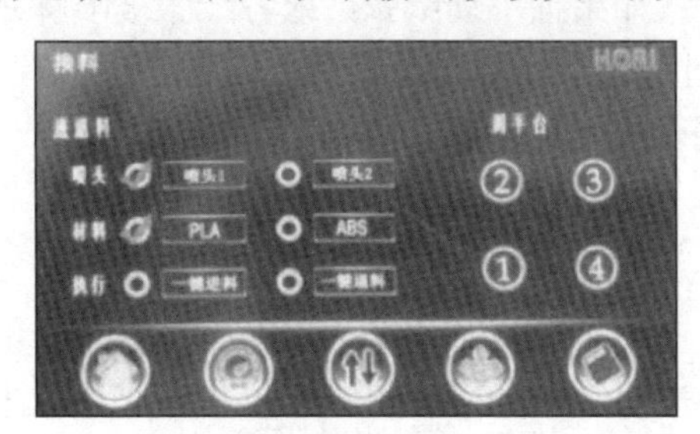

图 2-36　换料界面

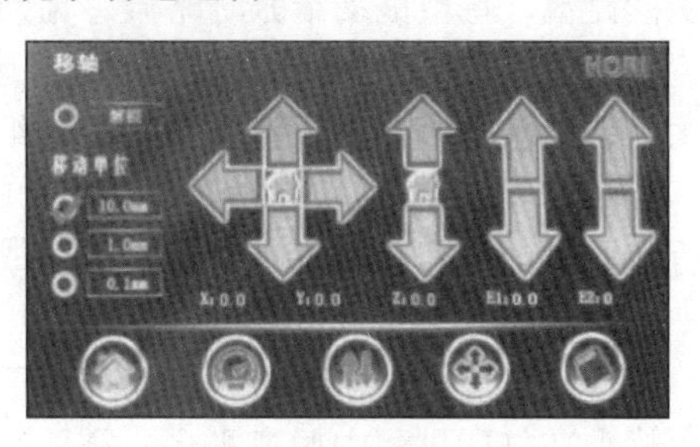

图 2-37　移轴界面

SD 卡界面用于显示和控制 SD 卡中的打印程序。按“开始”键，即可让打印机自动打印。在打印过程中，按“暂停”键或“停止”键，可使打印机暂停或停止当前打印程序。

2. 3D 打印机的使用

（1）上料

首先用配套的料架将新材料固定在机箱的侧面，把材料的一端穿入白色的固定导管直到其从白色导管的另一端伸出。然后把伸出的材料拉出，把材料的头部扳成直线，并用力将材料插入进料口。切换至触屏的移轴界面，按“PLA 材料”栏下的“一键进料”按钮，此时机器为了保障设备安全会自动锁住，不允许进行其他操作。打印机喷头会自动升温，当打印机发出蜂鸣声时，表示进料操作完毕，触屏自动解锁。

（2）调平台

打印平台的调平是指通过调节打印平台的调平螺栓使平台上的各点在 Z 坐标为零时与打印喷头保持细微的间距（大约为一张 A4 打印纸的厚度）。若打印平台和打印喷头的间距过大，则喷出的材料不能很好地粘贴到打印平台上；若打印平台和打印喷头的间距过小，则打印喷头挤压在打印平台上，轻则挤不出料，重则损坏打印平台和打印喷头。因此，打印平台的调平特别重要。一般在打印机首次使用时和使用一段时间

---

① 本书为单色印刷，为方便读者对照软件界面同步进行操作，文字讲述中保留相应颜色的说明。

后发现打印平台不平时进行调平操作，并不需要在每次打印前都进行调平。具体操作步骤如下。

步骤① 触屏切换至状态界面，按两次喷头温度坐标旁的“+”号按钮，将喷头温度调至 200℃。

步骤② 在打印平台上垫一张 A4 打印纸。

步骤③ 触屏切换至换料界面，按屏幕右侧调平区域的①号按钮，此时打印头会自动移动到对应位置，并缓慢下降至 Z 轴坐标零点。

步骤④ 平行拖拽纸张。如果抽出纸张没有遇到任何阻力，那么说明平台与打印头的距离太大，应当逆时针拧动该点位于平台下方的调节螺栓，释放弹簧以减小平台与打印头的距离，直至拖动纸张时略微感觉到摩擦力；如果抽不动纸张，或者纸张被喷嘴划破，那么说明平台与打印头的距离太小，应当顺时针拧动该点位于平台下方的调节螺栓，拉大打印喷头与平台的距离，直至拖动纸张时略微感觉到摩擦力。

步骤⑤ 以上步骤只是对一个点进行的操作，依次按屏幕其他 3 个数字按钮，重复进行步骤④的操作，将各点分别校准完成整个平台的调平。

（3）涂胶水

打印平台是由玻璃制成的，其表面平整光滑，打印的模型不易粘贴在平台上。为了避免模型在打印过程中脱离平台，需要在平台的上表面均匀地涂抹专用胶水。

（4）取件

模型打印完毕后需要取出工件。此时将配套撬棒的头部嵌入打印工件的底部并轻轻撬动工件，切忌使用蛮力强行扳下工件，防止损坏工件，避免打印机平台变形。

（5）清理与关机

打印完成后，应当及时清理打印机打印平台和机器内部的残料余料，并将打印机打印平台调整到适当的位置（勿使打印平台处于 Z 轴零位与打印喷头长时间接触）。打印机挤出头应在 X 轴方向和 Y 轴方向上回零。关闭打印机系统电源和总电源，轻轻关上舱门。

任务实施

打印松鼠模型，具体操作步骤如下。

步骤① 切片。打开弘瑞 3D 打印机切片软件并导入松鼠模型的 STL 文件。调整松鼠模型的尺寸、比例和摆放角度，使其适于打印。设置松鼠模型的打印参数，如选择 PLA 为 3D 打印材料，增加底垫，选择完全支撑和最高质量打印模式。其他参数采用软件默认值。

步骤② 保存打印程序。选择切片软件的“切片”命令，对模型进行切片。通过分层预览查看打印情况，确定无误后选择“发送至 SD 卡”命令。输出 G 代码，并将 G 代码程序保存到 SD 卡。

步骤③ 打印。先将存储打印程序的 SD 卡插入 3D 打印机，在 3D 打印机触屏 SD 卡界面中选择存储的 G 代码，然后按照打印机操作流程进行松鼠模型的打印。

步骤④ 取出工件并去除支撑。当打印完成后，使用撬棒小心取下松鼠模型，并用工具小心去除松鼠模型的支撑、底垫、毛刺等，完成打印。

任务创新

根据 3D 打印机的结构和工作原理，以及 3D 打印的流程，试分析如下打印模型失败的原因。

例 1：打印如下模型，切片数据如图 2-38 所示，打印模型失败。

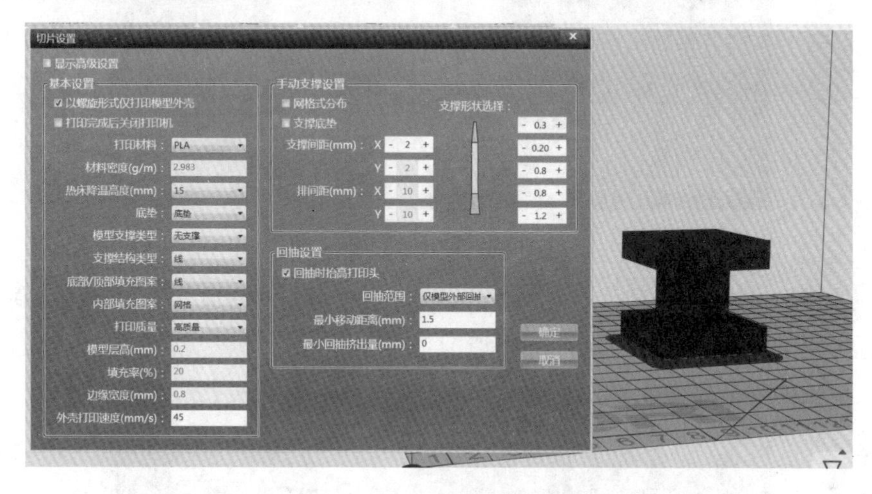

图 2-38　例 1 模型切片参数

例 2：打印如下模型，切片数据如图 2-39 所示，打印模型失败，如图 2-40 所示。

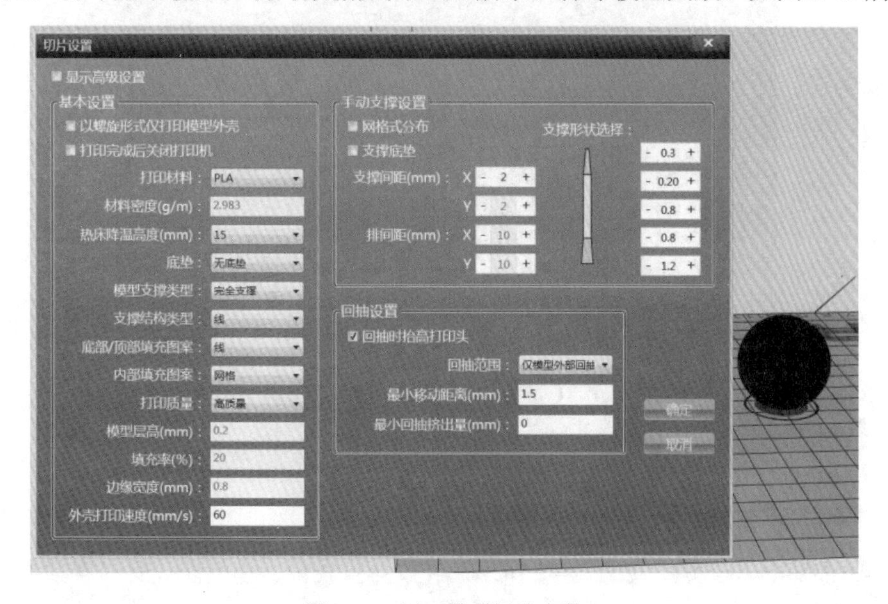

图 2-39　例 2 模型切片参数

图 2-40　例 2 打印实物

例 3：打印模型失败，如图 2-41 所示。经过排查发现，模型切片时的各项参数设置合理，试分析造成模型打印失败的可能原因。

图 2-41　例 3 打印实物

例 4：打印模型失败，如图 2-42 所示。经过排查发现，模型切片时的各项参数设置合理，试分析造成模型打印失败的可能原因。

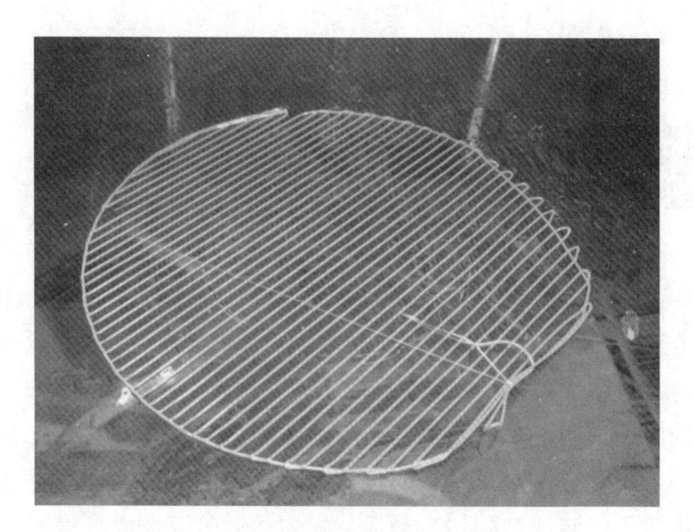

图 2-42　例 4 打印实物

例 5：打印模型失败，如图 2-43 所示。经过排查发现，模型切片时的各项参数设置合理，试分析造成模型打印失败的可能原因。

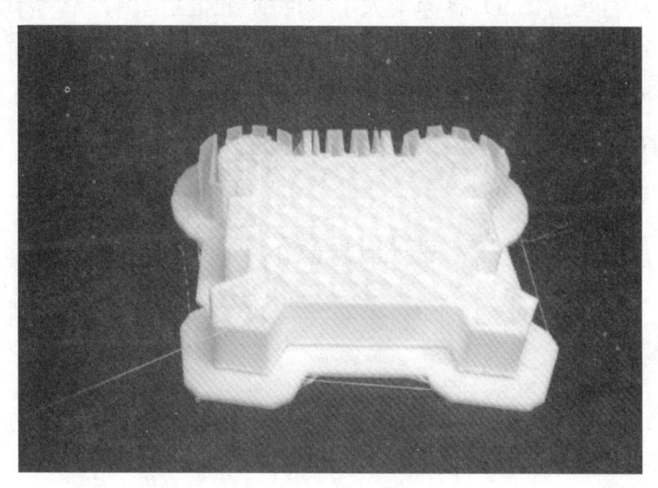

图 2-43　例 5 打印实物

项目三　3D 造型与 3D 打印实践

产品设计是一门集人文艺术和计算机技术于一体的综合性学科，设计人员必须具备良好的工业产品造型设计素养，必须掌握产品造型设计专业基础理论知识和基本方法，以及具有较强的实践应用能力。常用的产品（装配体）设计方法有自下而上和自上而下两种。自下向上设计方法是最基本的设计方法，它的基本设计流程是：首先单独设计零件，然后由零件组装成装配体，最后装配体通过验证生成工程图。自上向下设计方法就是直接在装配体界面中按照工艺流程设计零件，在设计完第一个零件后，再在其基础上建立第二个零件，并依次做下去（设计完的零件会自动装配）。

相对于传统减材制造，3D 打印增大了零件制造加工范围，节省了产品设计试验时间。由于 3D 打印的技术特点，在产品设计过程中需要注意很多细节问题。通过本项目的学习，可逐步掌握 CAXA 3D 实体造型设计的具体方法，并应用 3D 打印操作知识将创新设计变成现实。

任务一　表情徽章的设计与打印

任务导读

本任务指导读者设计几款表情徽章。表情是人类心理活动的外在反映。例如，人们通过眼睛、鼻子、嘴巴等部位的动作组合表达厌恶、愤怒、害怕、高兴、悲伤和惊讶等情绪。通过熟练应用 CAXA 3D 实体设计 2018 的设计元素库和三维球工具，可以方便地设计出图 3-1 所示的各种表情。

图 3-1　表情徽章

任务目标

1）了解设计模型时需要注意的问题。

2）掌握产品的设计流程和打印流程。

任务内容

完成表情徽章的设计和打印。

知识链接

由于受 3D 打印技术特点及 3D 打印机性能限制的影响，并不是所有 3D 模型都适合 3D 打印，因此需要注意产品三维造型设计过程中及 3D 打印前期工作中的很多细节。3D 打印常见注意事项如下。

（1）模型必须封闭

模型必须是封闭的，即俗话所说的“不漏水”。可借助一些软件功能检查模型是否封闭，如 3ds Max 的 STL 检测功能及 Meshmixer 的自动检测边界功能。如图 3-2 所示，左边的模型是封闭的，右边的模型是不封闭的，可以看到红色的边界。

（2）模型必须有一定厚度

在各类 3D 造型软件中，曲面都是理想的，没有壁厚。但是在现实中没有壁厚的物体是不存在的，在建模时不能简单地用几个曲面围成一个不封闭的模型。图 3-3 所示曲面模型是由单一曲面构成的。图 3-4 所示零件模型具有一定的厚度。

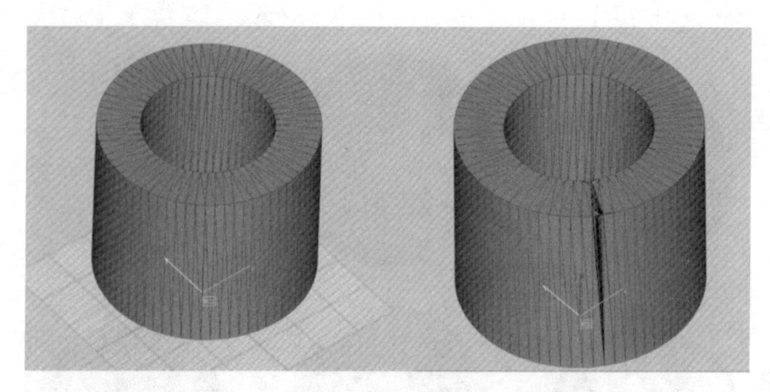

图 3-2　封闭的模型和不封闭的模型

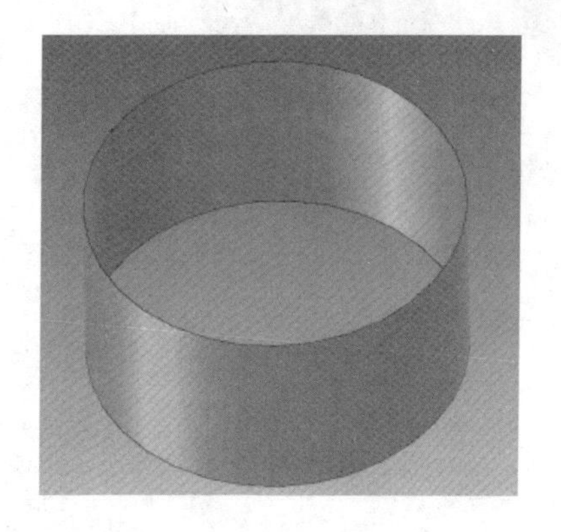

图 3-3　没有厚度的曲面模型

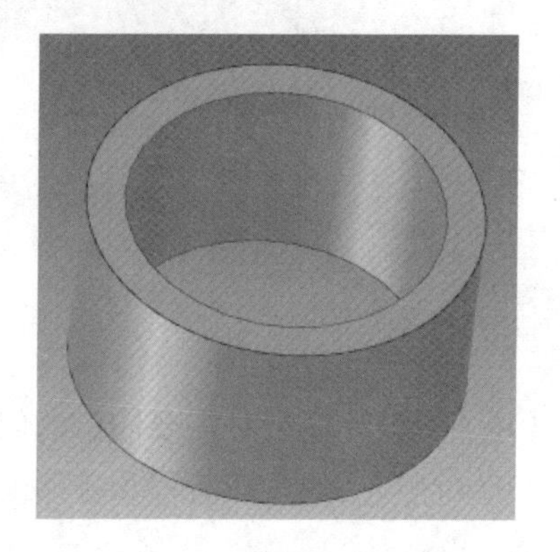

图 3-4　有一定厚度的零件模型

（3）模型的最大尺寸

模型的最大尺寸是根据 3D 打印机可打印的最大尺寸而定的。弘瑞 Z300 3D 打印机的最大打印尺寸为 300mm×260mm×300mm，当模型的尺寸超过打印机的最大打印尺寸时，模型就不能完整地打印出来。在弘瑞 3D 打印切片软件中，当模型的尺寸超过了机器设置的尺寸时，模型就显示青色，如图 3-5 所示。如果必须打印大尺寸模型，就要考虑将模型分割成几个部分，各部分单独打印再拼装。

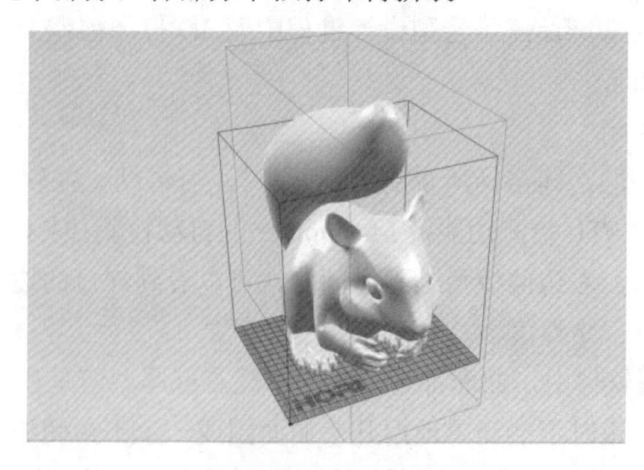

图 3-5　模型超出打印机的最大打印尺寸

（4）模型的最小厚度

打印机的喷嘴直径是一定的，打印模型的壁厚要考虑打印机能够打印的最小壁厚，否则会出现打印失败或者打印出错误的模型。一般物体模型的最小厚度为 2mm，不同的打印机可略有变化，如图 3-6 所示。

图 3-6 模型的打印厚度

（5）45° 法则

45° 法则是指在 FDM 3D 打印过程中任何超过 45° 的突出物都需要额外的支撑材料来支撑物体的悬空部分，支撑结构即耗费材料，又难以处理，且在处理之后会影响模型的外观。因此，在建模设计时就应尽量避免出现需要添加支撑的结构。图 3-7 所示模型超过 45° 的突出部分需要添加支撑材料加以支撑。

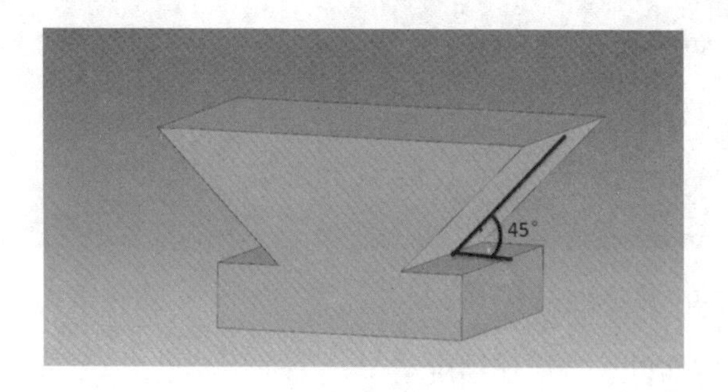

图 3-7 悬空的角度

（6）设计打印底座

3D 打印模型的底面最好是平坦的，这样既能增加模型的稳定性，又无须额外增加支撑。可直接用平面截取模型底座获得平坦的底面，或者添加一个平坦的底座。图 3-8 所示模型缺少平坦的底面。

图 3-8　模型底面不平坦

（7）预留装配间隙

组合模型如图 3-9 所示，需要特别注意预留装配间隙。受 3D 打印精度和材料热胀冷缩等因素的影响，想要精确地找到模型尺寸偏差可能会有些困难。一般解决办法是：在紧密接合处预留 0.8mm 的间隙；在较为宽松处预留 1.5mm 的间隙。但是这并不是绝对的，可通过打印简单的样品进行试验。

（8）需要删掉多余的几何形状

建模时一些参考点、线或面，重复的面，以及一些隐藏的几何形状，这些在建模完成时均应全部删除，防止在输出 STL 模型时出错或者与设计形状不符。图 3-10 所示模型的参考平面在输出 STL 文件前应当删除。

图 3-9　模型的装配

图 3-10　建模时的参考平面

（9）调整打印方向以求得最佳精度

3D 打印机 X 轴方向和 Y 轴方向的脉冲当量是由打印机控制系统自动控制的。3D 打印方式是沿 Z 轴方向层层堆积。Z 轴高度由设计者通过软件自行设定，一般最小精度不小于 0.1mm。因此，在设计模型时需要考虑 X 轴方向、Y 轴方向和 Z 轴方向上的精度差异。打印一个圆柱时，若圆柱轴线沿 Z 轴方向摆放，则打印精度比将其轴线水平放置的打印精度更高，如图 3-11 所示。

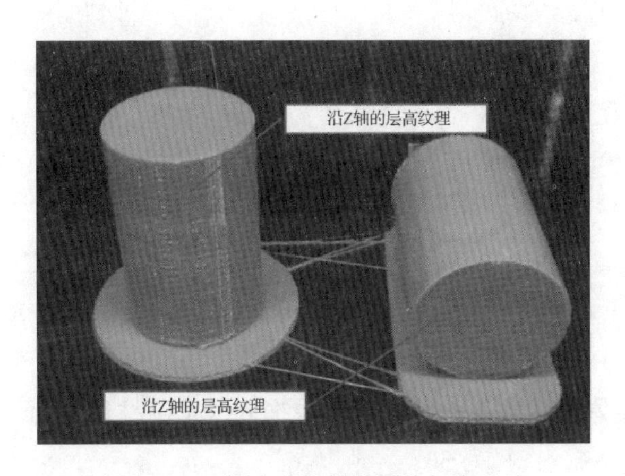

图 3-11　不同方向摆放的圆柱打印质量

（10）在切片软件中正确摆放模型

在切片之前需要正确摆放模型，其原则是考虑打印精度和尽量减少支撑。合理摆放模型位置，尽量减少模型需要添加支撑的部位。另外，沿 X 轴平面和 Y 轴平面的打印精度较高，沿 Z 轴平面的打印精度较低。模型的不同摆放方向如图 3-12 所示。

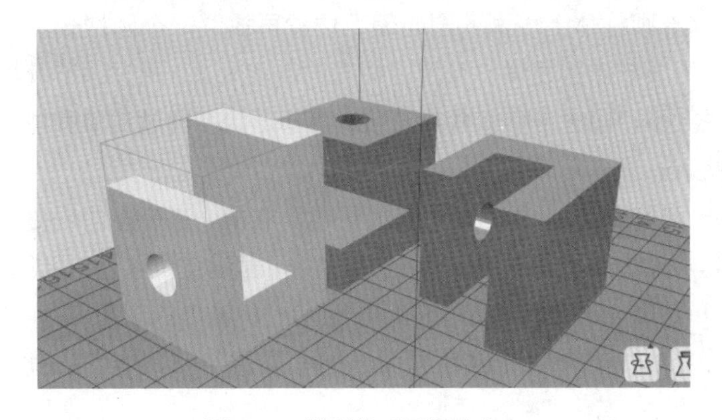

图 3-12　模型的不同摆放方向

在设计和打印模型作品时需要考虑上述因素，并在设计过程中反复修改模型以使其达到最佳状态。

任务实施

设计图 3-13 所示微笑表情徽章，具体操作步骤如下。

图 3-13　微笑表情徽章

步骤① 打开实体设计软件，从图素库中拖入一个圆柱体作为表情徽章的基体，并设置圆柱体的高度为 4、直径为 30。

步骤② 从图素库中拖入一个圆柱孔，将其放于徽章基体圆柱上表面的圆心处，并设置圆柱孔的高度为 2、直径为 26，构建出徽章的圆形边框。

步骤③ 拖入两个圆柱体放在眼睛的位置，并设置圆柱体的高度为 2、直径为 3。拖放时注意眼睛放置的位置，使两只眼睛尽量保持对称。

步骤④ 拖入一个圆柱体放在嘴巴处，并设置圆柱体的高度为 2、直径为 10。

步骤⑤ 在嘴部圆柱体上表面的圆心偏上位置再放置一个圆柱孔。注意只在圆心稍偏上位置即可，不要超出圆柱体。设置圆柱孔的高度为 2，通过调节圆柱直径控制手柄改变圆柱孔直径大小，构建出嘴部微笑表情。嘴部形状可通过调节圆柱孔的位置和直径大小达到理想状态。

步骤⑥ 输出表情 STL 文件。选中表情实体，右击，在弹出的快捷菜单中选择“输出”命令，将输出文件类型更改为 STL 格式，将输出精度设置为“精细的”。

步骤⑦ 打开弘瑞 3D 打印切片软件，导入上一步输出的表情 STL 文件，并按照图片参数设置切片参数。单击切片软件界面中的“发送至 SD 卡”按钮，将 G 代码输送至计算机中。

步骤⑧ 用 SD 卡读卡器将 G 代码复制到 SD 卡。

步骤⑨ 将 SD 卡插入 3D 打印机，按照打印操作流程打印表情徽章。

任务创新

人的面部表情极为丰富，除了微笑，还有大笑、憨笑、苦笑等。除了笑，人脸还有其他各种各样的表情，请根据图 3-14 所示表情参考图，结合平时积累的知识、经验，设计一款彰显个性的表情徽章作为自己的第一个 3D 打印作品。

图 3-14 表情参考图

任务二 手机支架的设计与打印

任务导读

手机是人们日常学习生活中不可缺少的一种电子产品，可用于打电话、发信息、玩游戏等。随着手机性能的不断提升，在手机上看电影、电视剧等也变得越来越方便了，但是长时间用手拿着手机看电影、电视剧等非常累。本任务设计一个如图 3-15 所示的手机支架，以便解放双手，让用手机看电影、电视剧等变得更加便捷。设计手机支架必须掌握 CAXA 3D 实体设计的草图知识。通过本任务的学习，可掌握绘制草图的基本知识。

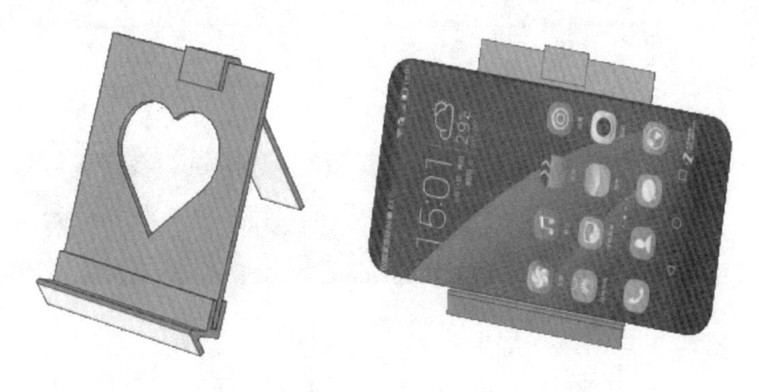

图 3-15 手机支架示意图

任务目标

1）熟悉 CAXA 3D 实体设计 2018 的草图界面。

2）掌握基本草图元素（直线、圆弧、多边形等）的画法。

任务内容

完成手机支架的设计和打印。

知识链接

1. 熟悉 CAXA 3D 实体设计 2018 的草图界面

CAXA 3D 实体设计 2018 的草图绘制是实体特征造型的基础，拉伸、旋转、放样、扫描等造型命令均建立在草图基础上。只有熟练地掌握草图绘制功能，才能快速正确地构建复杂模型。

草图是绘制在具体的某一个平面内的截面图形。CAXA 3D 实体设计 2018 提供了三种草图平面构建方式：①使用设计环境坐标系提供的原始投影面，如 X-Y 平面、X-Z 平面、Y-Z 平面。②使用已有实体模型的表面。③设计者利用软件提供的构建面的方法重新构建平面。在模型设计的初始阶段，设计者只能利用设计环境提供的原始坐标平面进行草图设计。

打开 CAXA 3D 实体设计 2018，在菜单栏中选择“草图”选项卡，界面如图 3-16 所示。因为此时还未选择草图平面真正进入草图绘制界面，所以其中的各条命令均是灰色的，不能使用。

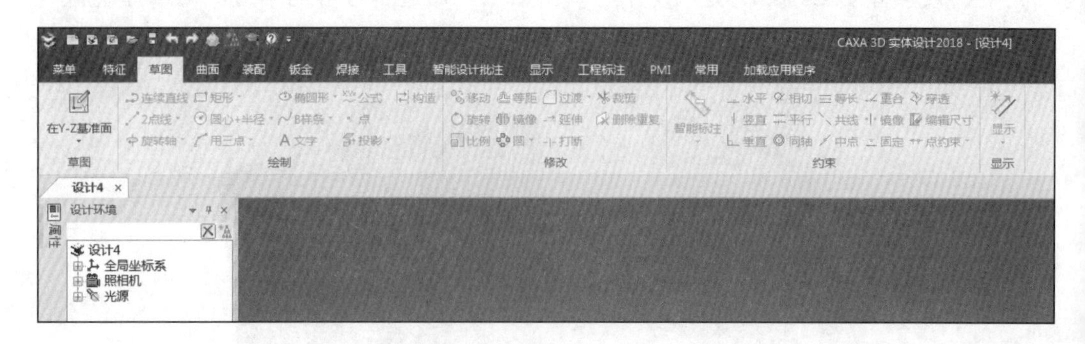

图 3-16 “草图”选项卡

单击“草图”|“在 X-Y 基准面”按钮，如图 3-17 所示。此时，草图各功能选项均正常显示。草图界面主要分为功能区和绘图区，功能区包括“绘制”组、“修改”组、“约束”组和“显示”组，各组中包括各种草图绘制命令。例如，“修改”组中的命令用于

草图的修改编辑，“约束”组中的命令用于对草图进行尺寸标注和各种几何约束。在草图绘制完成后单击“完成”按钮，退出草图操作界面。

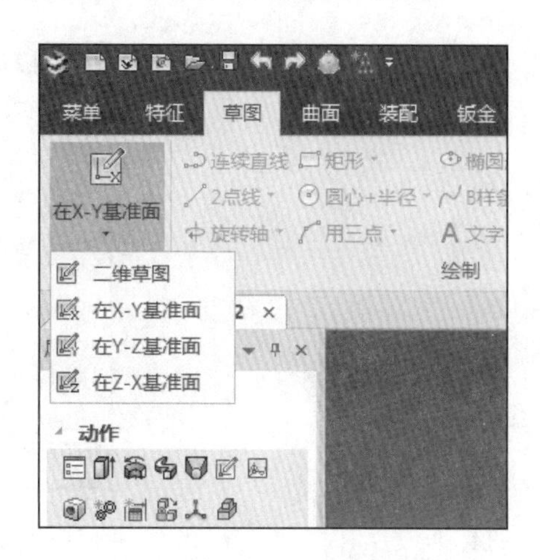

图 3-17 选择草图平面

2. 基本草图元素的绘制

（1）直线的绘制

直线的绘制包括绘制连续直线、单一直线和辅助线。

1）绘制连续直线。连续直线用于绘制连续的轮廓线，可在直线和圆弧之间切换。熟练运用“连续直线”命令可有效提高绘图速度，需要注意绘制圆弧时圆弧的方向和角度。

2）绘制单一直线。单一直线的绘制包括绘制 2 点线、切线和法线。其中，切线和法线用于绘制圆弧上某一点的切线和法线。绘制 2 点线的操作步骤如下。

步骤① 单击“草图”|“绘制”|“2 点线”右侧的下三角按钮，在打开的列表中显示“2 点线”“切线”“法线”，如图 3-18 所示。

步骤② 在绘图区直线的第一点位置单击，确定直线的第一点。

步骤③ 在绘图区直线的第二点位置单击，确定直线的第二点；或者右击，打开“直线长度/斜度编辑”对话框，在“倾斜”和“长度”文本框中输入相应的数值，单击“确定”按钮，即可确定直线的第二点位置。

步骤④ 若继续绘制其他直线，则重复步骤②、③的操作。

步骤⑤ 绘制完成后，按 ESC 键退出绘制 2 点线操作。

3）绘制辅助线。辅助线用于绘制旋转轴线和各类中心线。单击“草图”|“绘制”|“旋转轴”右侧的下三角按钮，在打开的列表中显示所有辅助线类型，如图 3-19 所示。其绘制方法与 2 点线的绘制方法类似。

（2）多边形的绘制

多边形的绘制可用于绘制矩形和多边形。单击“草图”|“绘制”|“矩形”右侧

的下三角按钮，在打开的列表中显示“矩形”“三点矩形”“多边形”“中心矩形”，如图 3-20 所示。

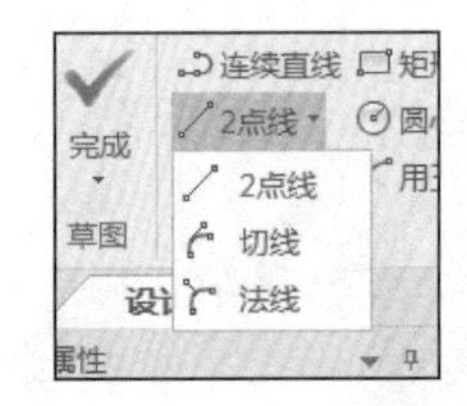

图 3-18　单一直线的绘制

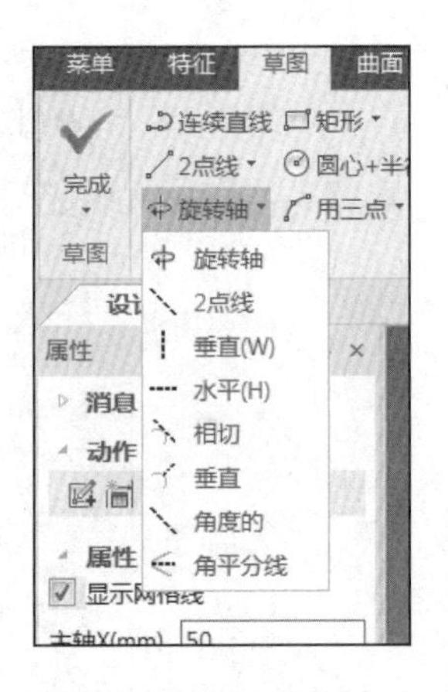

图 3-19　辅助线绘制命令

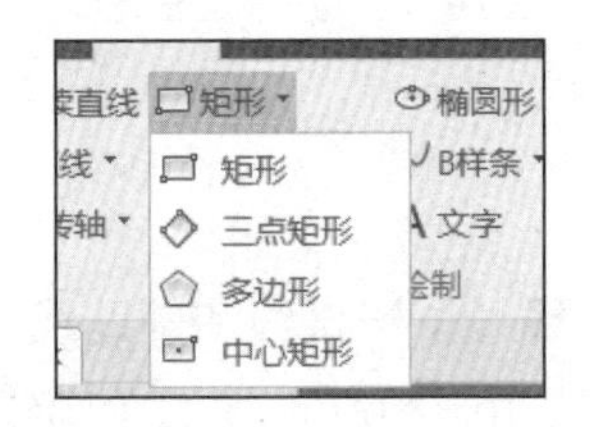

图 3-20　多边形绘制命令

1）利用矩形工具快速生成长方形，其操作步骤如下。

步骤① 单击“草图”|“绘制”|“矩形”按钮。

步骤② 在绘图区移动光标选定长方形起始直角的位置，单击。

步骤③ 将光标移动到长方形另一端直角顶点的位置，再次单击，完成长方形的绘制。或者右击空白区域，打开“编辑长方形”对话框，在“长度”和“宽度”文本框中输入矩形的长和宽，确定矩形的大小。

步骤④ 按 ESC 键结束操作。

绘制的矩形如图 3-21 所示。

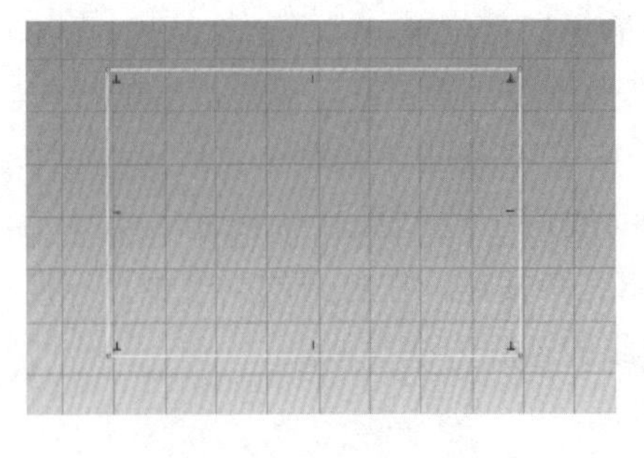

图 3-21　绘制矩形

2）利用多边形工具快速生成各种边数的多边形，其操作步骤如下。

步骤① 单击“草图”|“绘制”|“多边形”按钮。

步骤② 在绘图区单击，确定一点，将其设为多边形的中心点。

步骤③ 按住鼠标左键拖动，在合适的位置松开鼠标左键，完成多边形的绘制；或者在图3-22所示的多边形属性设置任务窗格中设置多边形边数；或者右击草图空白区域，打开“编辑多边形”对话框，在各选项中设定多边形参数以实现精确绘制。

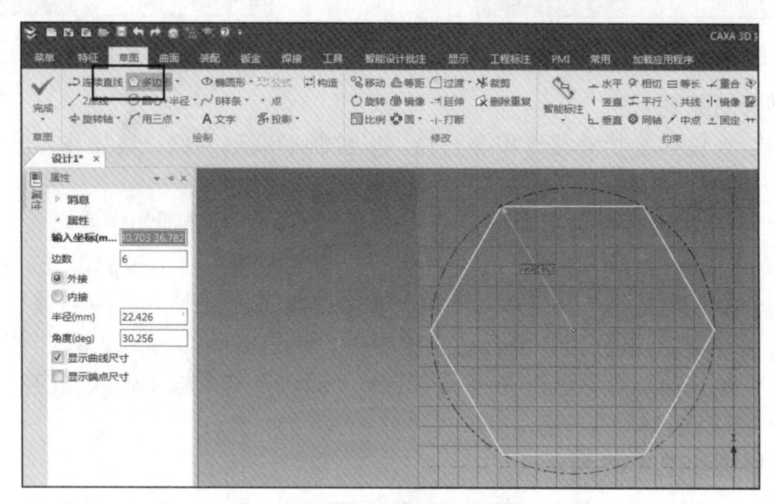

图3-22　绘制多边形

（3）圆的绘制

圆的绘制方式包括圆心+半径、两点圆、三点圆、切线圆等。以圆心+半径的画圆方式为例，其操作步骤如下。

步骤① 单击“草图”|“绘制”|“圆心+半径”按钮，如图3-23所示。

步骤② 在绘图区相应位置单击，确定圆心位置。

步骤③ 按住鼠标左键拖动，圆会跟随鼠标移动缩放，可在相应的位置单击，确定圆的大小。或者右击，打开“编辑半径”对话框，在文本框中输入半径值，确定圆的大小。

步骤④ 按ESC键结束操作。

（4）圆弧的绘制

圆弧的绘制方法包括用三点、圆心+端点、两端点、二切点+点。以“用三点”绘制圆弧为例，其操作步骤如下。

步骤① 单击“草图”|“绘制”|“用三点”按钮，如图3-24所示。

步骤② 在绘图区相应位置单击，为绘制的圆弧指定起始点位置。

步骤③ 将光标移动到第2个点的位置，再次单击，确定圆弧的终点位置。

步骤④ 将光标移动到第3个点的位置，然后单击，确定圆弧的半径。也可右击，打开“编辑半径”对话框，在文本框中输入半径，确定圆弧的大小。

步骤⑤ 按ESC键结束操作。

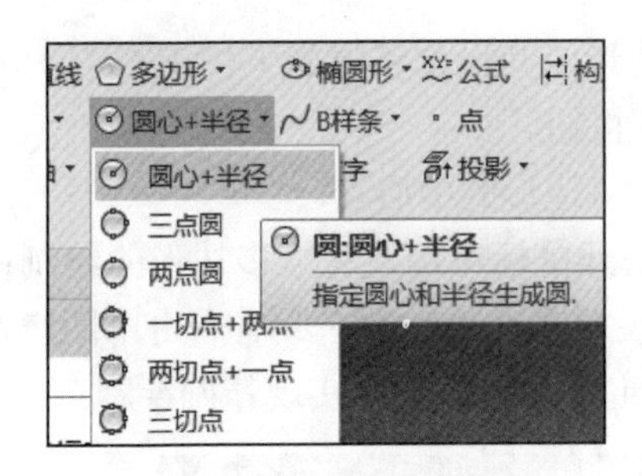

图 3-23　圆的绘制方法

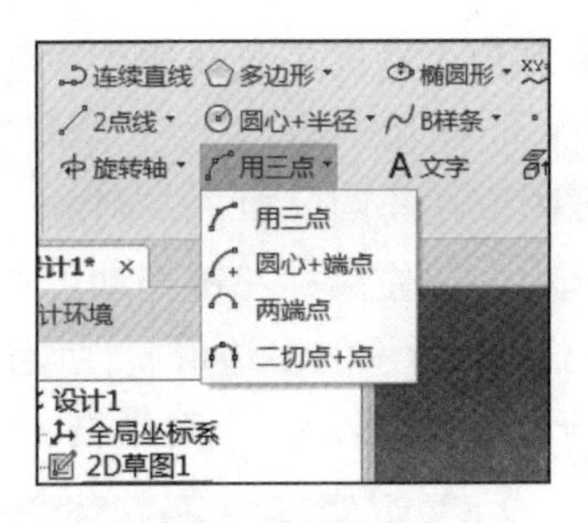

图 3-24　圆弧绘制命令

（5）椭圆的绘制

椭圆的绘制包括绘制椭圆形和椭圆弧。以绘制椭圆形为例，其操作步骤如下。

步骤① 单击“草图”|“绘制”|“椭圆形”按钮。

步骤② 在绘图区相应位置单击，确定一点，将其设为椭圆的中心。

步骤③ 将鼠标指针移动到合适位置单击，确定椭圆的一个轴的半径。也可右击，打开“椭圆长轴”对话框，在“长度”和“倾斜”文本框中输入相应的数值。

步骤④ 继续移动鼠标指针至合适位置单击，确定椭圆的另一个轴的半径。也可右击，打开“椭圆长轴”对话框，在“长度”和“倾斜”文本框中输入相应的数值。

步骤⑤ 按 ESC 键结束操作。

绘制的椭圆如图 3-25 所示。

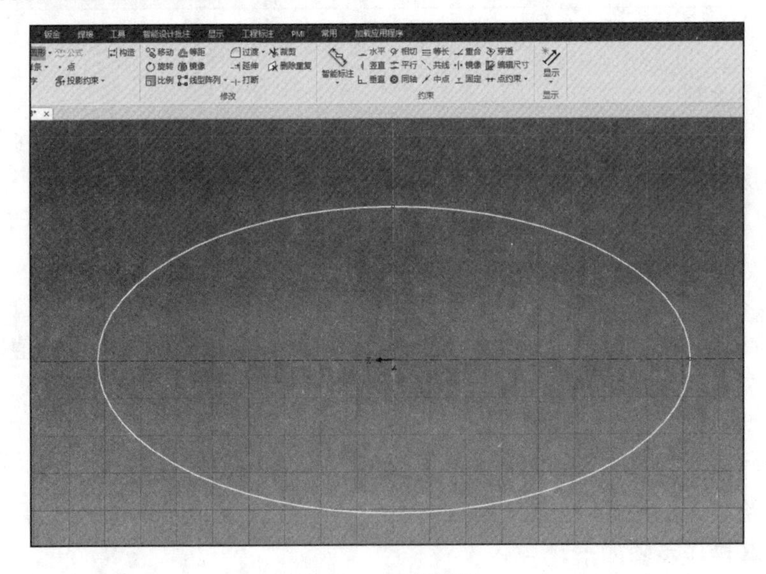

图 3-25　绘制椭圆

（6）样条曲线的绘制

样条曲线的绘制是指通过一系列给定的点生成 B 样条曲线。绘制 B 样条曲线的操作步骤如下。

步骤① 单击“草图”|“绘制”|“B 样条”按钮。

步骤② 在绘图区相应位置依次单击样条曲线通过的点，生成样条曲线。

步骤③ 右击结束本样条曲线的绘制。

步骤④ 按 ESC 键结束操作。

绘制的样条曲线如图 3-26 所示。

注意：在退出 B 样条曲线绘制命令后，把鼠标指针移至样条曲线关键点，当指针变成小手图标时按下鼠标左键，拖动样条曲线关键点可改变样条曲线的形状。

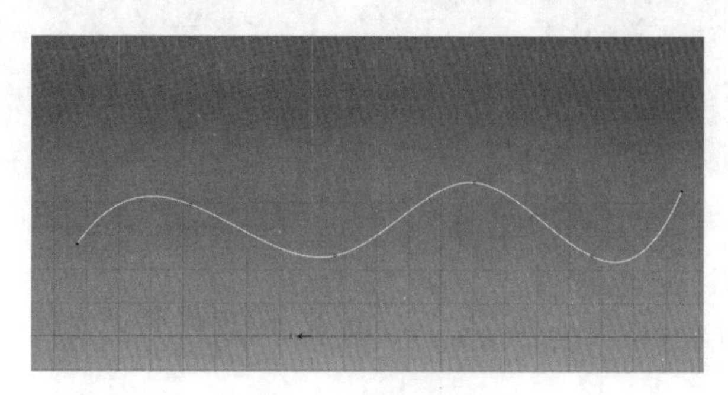

图 3-26　绘制样条曲线

（7）文字

可通过文字功能在绘图区输入文字，其操作步骤如下。

步骤① 单击“草图”|“绘制”|“A 文字”按钮，打开文字属性设置任务窗格，如图 3-27 所示。

步骤② 在“文字属性”文本框中输入文字内容。

步骤③ 单击“字体”按钮，打开“字体”对话框，如图 3-28 所示，在该对话框中设置输入文字的字体。

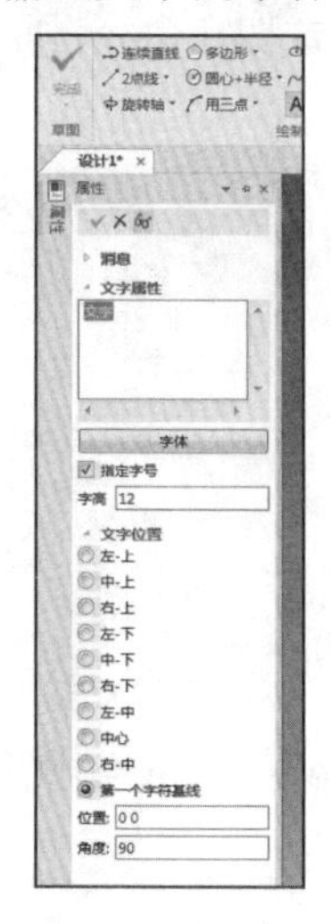

图 3-27　文字属性设置

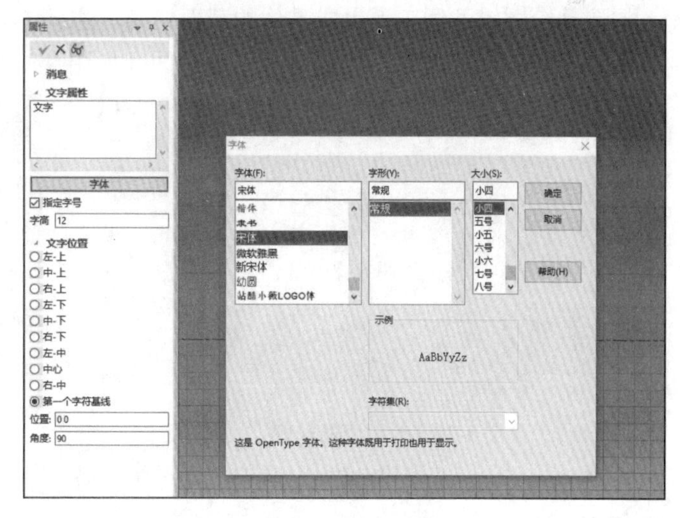

图 3-28　字体设置

步骤④ 在“字高”文本框中输入字体的高度。

步骤⑤ 在“文字位置”选项中选择相应的单选按钮，鼠标指针所在位置即是文字组的具体位置。例如，“左-上”位置即是文字组左上角位于鼠标指针位置。

步骤⑥ 在“位置”和“角度”文本框中输入文字定位时具体的坐标和角度。

步骤⑦ 上述参数全部设置好后，单击文字属性栏上部的 ✔ 按钮，完成本次文字输入。

输入的文字如图 3-29 所示。

图 3-29　输入文字

（8）公式曲线

该命令用于创建一条 2D 公式驱动的曲线。

（9）点。

单击单击“草图”|“绘制”|“点”按钮，在绘图区单击，绘制点。

（10）投影

该命令用于向绘图区表面投影三维几何元素形成草图曲线，其操作步骤如下。

步骤① 单击“草图”|“绘制”|“投影”按钮，鼠标指针旁出现投影图标。

步骤② 将鼠标指针放在当前元素上，系统自动识别并发亮显示。单击需要投影的几何元素（线、面），在绘图区自动生成对应的草图曲线，如图 3-30 所示的投影结果。

（11）构造

构造是绘图辅助线，不生成具体的截面轮廓。注意，构造是格式切换命令，正常绘制草图时不应选择该命令。构造命令下绘制的圆如图 3-31 所示。

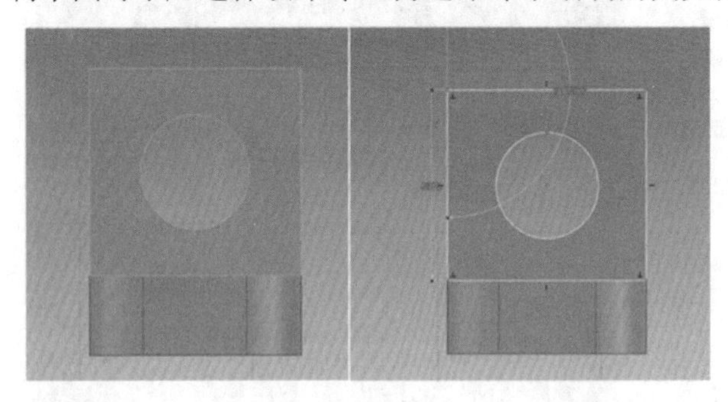

图 3-30　投影面的轮廓

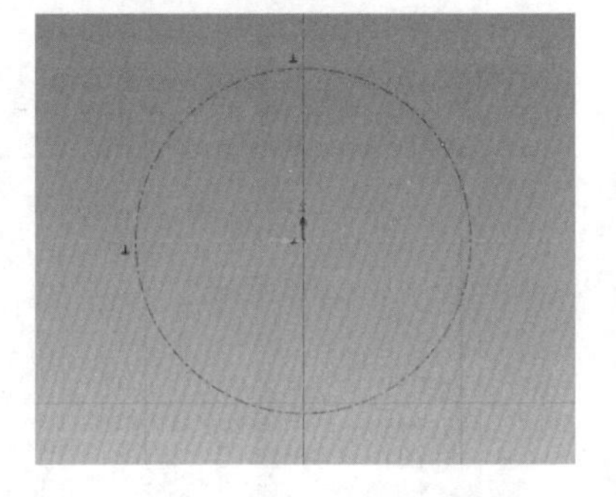

图 3-31　构造命令下绘制的圆

任务实施

手机支架由手机支架板、上部支架和底部支架组成，如图 3-32 所示。其中，上部支架和底部支架在课后练习中完成。上部支架和底部支架的具体零件图在本书配套的资源项目三任务二文件夹中。注意 3 个零件的装配要求，零件插口部分宽度为 2.3mm，零件厚度为 2mm。请按照图 3-33 所示手机支架板零件图样绘制手机支架板实体。

图 3-32　手机支架板

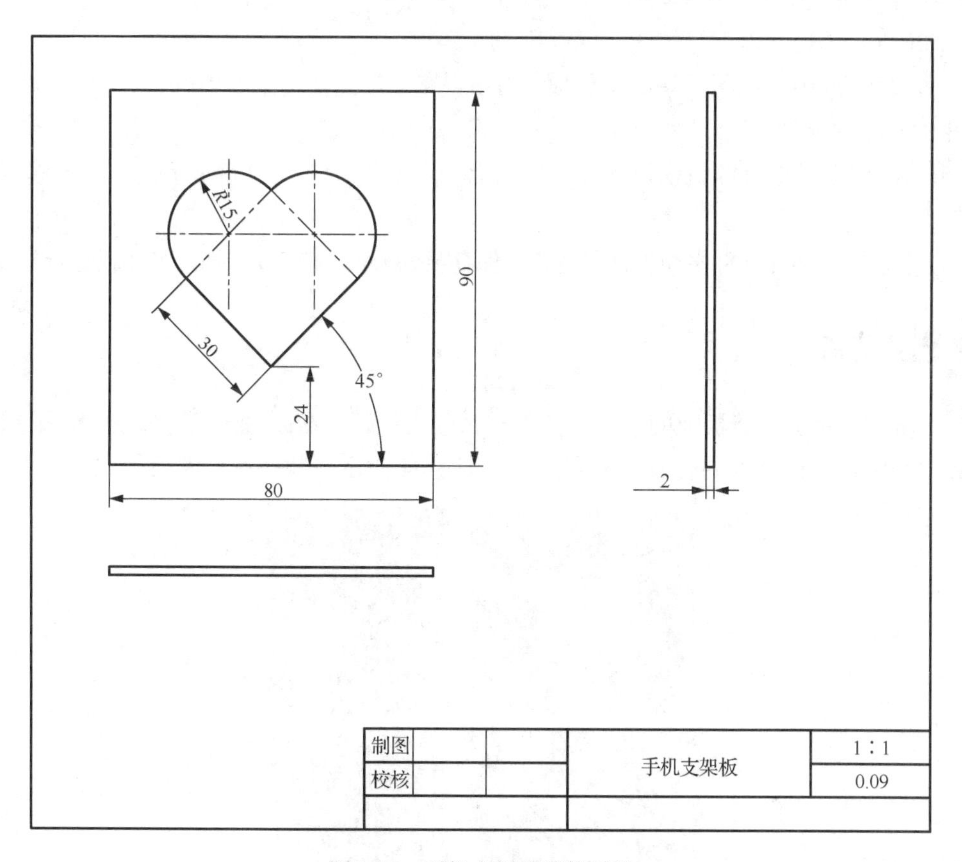

图 3-33　手机支架板零件图样

具体操作步骤如下。

步骤① 打开 CAXA 3D 实体设计 2018，新建设计文件，单击“草图”|“草图”|“在 X-Y 基准面”按钮。

步骤② 以坐标原点为正方形的中心，绘制一个边长为 30mm 的正方形。

步骤③ 将正方形旋转 45°。

步骤④ 分别以正方形上方两边的中点为圆心绘制两个直径为 30mm 的圆。

步骤⑤ 删除正方形上方两边。

步骤⑥ 绘制一个 80mm×90mm 的长方形，长方形底边距离爱心的下顶点为 24mm。

步骤⑦ 按照零件图，裁剪删除多余直线，并利用删除重线命令检查草图是否有重线。

步骤⑧ 退出草图界面，单击“特征”|“特征”|“拉伸”按钮，在属性任务窗格中选择“新生成一个独立的零件”单选按钮。

步骤⑨ 打开拉伸特征属性设置任务窗格，单击“轮廓”栏中的空白输入框，再选择绘图区域刚刚绘制好的草图。在高度值后的文本框中输入“2”。其余选项保持默认设置。单击 ✔ 按钮，结束操作。

步骤⑩ 单击“保存”按钮，保存手机支架板。

步骤⑪ 选中绘图区的手机支架板，右击，在弹出的快捷菜单中选择“输出”命令，输出 STL 格式文件。

步骤⑫ 在弘瑞打印机切片软件中导入上一步骤的 STL 文件，对手机支架板模型进行切片。

步骤⑬ 在切片软件中输出打印程序，保存至 SD 卡，将 SD 卡插入打印机进行打印。

任务创新

上例中，手机支架板上的镂空部分是一个爱心，既可帮助散热又非常美观。请重新设计一个彰显自己个性的爱心手机支架板。图 3-34 所示 4 款手机支架板样式可供参考。

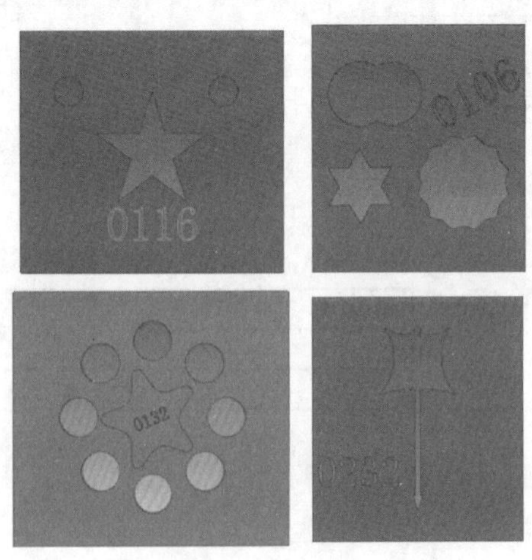

图 3-34 个性手机支架板

任务三　躺椅的设计与打印

任务导读

躺椅是一种室内休闲家具。本任务设计一款休闲躺椅。通过学习草图编辑命令绘制个性化的躺椅靠背并将其打印成实物，再装配上躺椅的侧面和底面，一款个性时尚的躺椅就设计制作完成了。躺椅的三维设计模型如图 3-35 所示。

图 3-35　躺椅

任务目标

熟悉 CAXA 3D 实体设计 2018 的草图编辑命令，包括移动、旋转、比例、等距、镜像、阵列、过渡、延伸、打断、裁剪等。

任务内容

设计和打印一个躺椅。

知识链接

CAXA 3D 实体设计 2018 可对草图中的图形元素进行平移、缩放、旋转、镜像、偏置等修改操作。草图修改功能按钮位于“修改”组中，如图 3-36 所示。

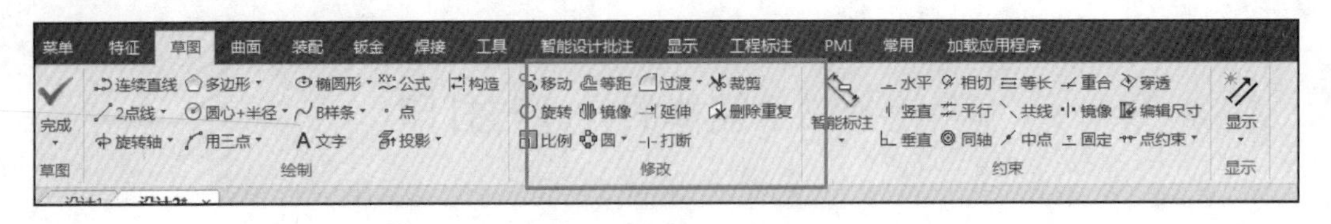

图 3-36 草图修改功能区

1. 移动

“移动”工具用于移动草图中的图形元素。可对一条直线或曲线单独使用本工具，也可对多条直线或曲线同时使用本工具，其操作步骤如下。

步骤① 单击“草图”|“修改”|“移动”按钮，打开移动属性设置任务窗格，如图 3-37 所示。

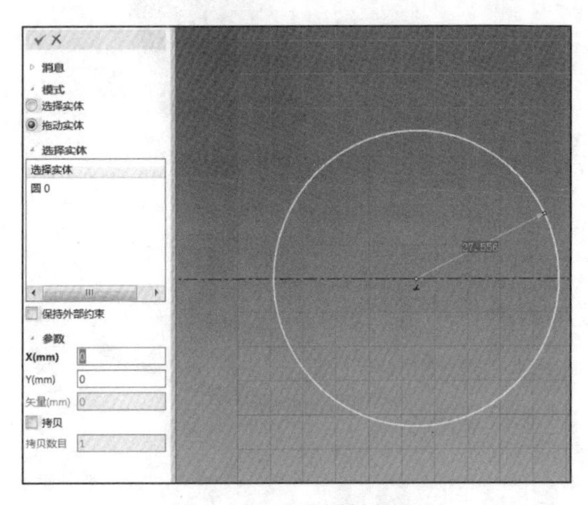

图 3-37 移动属性设置

步骤② 在“模式”栏有“选择实体”和“拖动实体”两个选项，可通过右击切换。在选中“选择实体”单选按钮的情况下单击需要移动的曲线，按 SHIFT 键可连续选择多条直线。选中直线后右击，切换到“拖动实体”模式。

步骤③ 在绘图区适当位置按住鼠标左键，作为移动基准点并移动鼠标，即可拖动曲线。为了精确移动曲线，也可直接在“参数”栏中输入 X 方向、Y 方向的移动量。

步骤④ 若保留原来的曲线，则需选中 “拷贝”复选框。

步骤⑤ 单击任务窗格上部的 ✔ 按钮，结束操作。

2. 旋转

“旋转”工具使几何图形旋转。可对单条直线/曲线单独使用本工具，也可对一组几何图形同时使用本工具，其操作步骤如下。

步骤① 单击“草图”|“修改”|“旋转”按钮，打开旋转属性设置任务窗格，如图 3-38 所示。

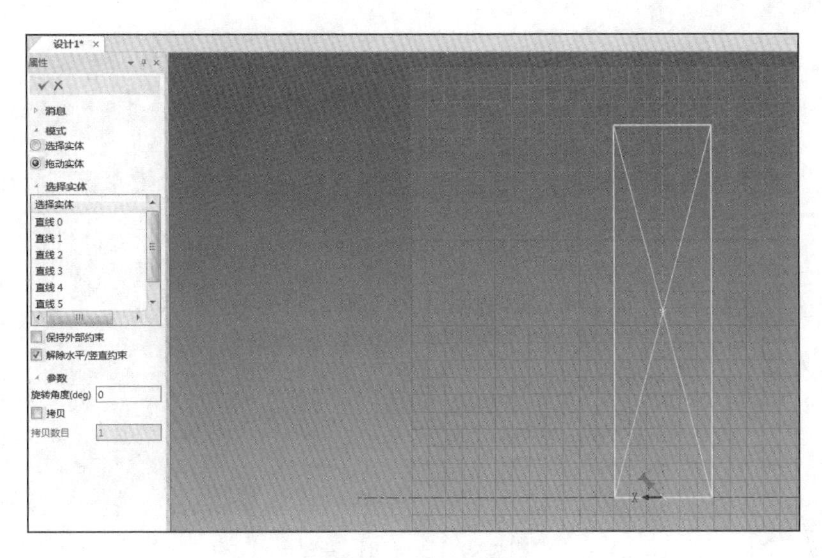

图 3-38　旋转属性设置

步骤② 在“模式”栏中有“选择实体”和“拖动实体”两个选项。选中“选择实体”单选按钮，选中需要旋转的曲线，右击，切换至“拖动实体”模式。

步骤③ 在图形的旋转中心出现一个“图钉”标识，按住鼠标左键并在绘图区拖动，曲线将绕旋转中心旋转。当需要改变旋转中心时，只需将鼠标指针放在“图钉”标识上。当指针变成“小手”标识时，按住鼠标左键即可拖动旋转中心。

步骤④ 当需要精确旋转时，可在“参数”栏中的“旋转角度”文本框中输入角度值。

步骤⑤ 当需要保留旋转前的曲线时，可选中“拷贝”复选框。

步骤⑥ 单击任务窗格上部的✔，结束操作。

3. 比例

利用“缩放”工具可将几何图形按比例缩放。与“平移”工具一样，可对一条直线或曲线单独使用本工具，也可对多条直线或曲线同时使用本工具，其操作步骤如下。

步骤① 单击“草图”|“修改”|“比例”按钮，打开比例属性设置任务窗格，如图 3-39 所示。

步骤② 在“模式”栏中有“选择实体”和“拖动实体”两个选项。选中“选择实体”单选按钮，选中需要缩放的曲线，右击，切换至“拖动实体”模式。

步骤③ 在图形的缩放中心出现一个“图钉”标识，按住鼠标左键并在绘图区拖动，曲线沿着缩放中心缩放。当需要改变缩放中心时，只需将鼠标指针放在“图钉”标识上，当指针变成“小手”标识时，按住鼠标左键即可拖动缩放中心。

步骤④ 当需要准确缩放时，可在“参数”栏的“缩放因子”文本框中输入缩放的倍数。例如，若将图形放大为原来的 2 倍，则在文本框内输入“2”。

步骤⑤ 当需要保留比例缩放前的曲线时，可选中“拷贝”复选框。

步骤⑥ 单击任务窗格上部的✔按钮，结束操作。

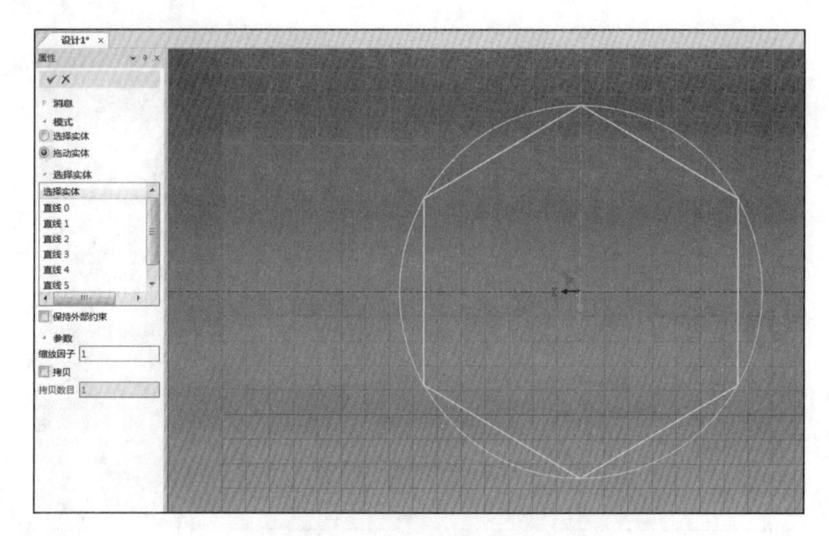

图 3-39　比例属性设置

4. 等距

利用“等距”工具可复制选定的几何图形，然后使它从原位置偏移等距距离，其操作步骤如下。

步骤① 单击“草图”|“修改”|“等距”按钮，打开等距属性设置任务窗格，如图 3-40 所示。

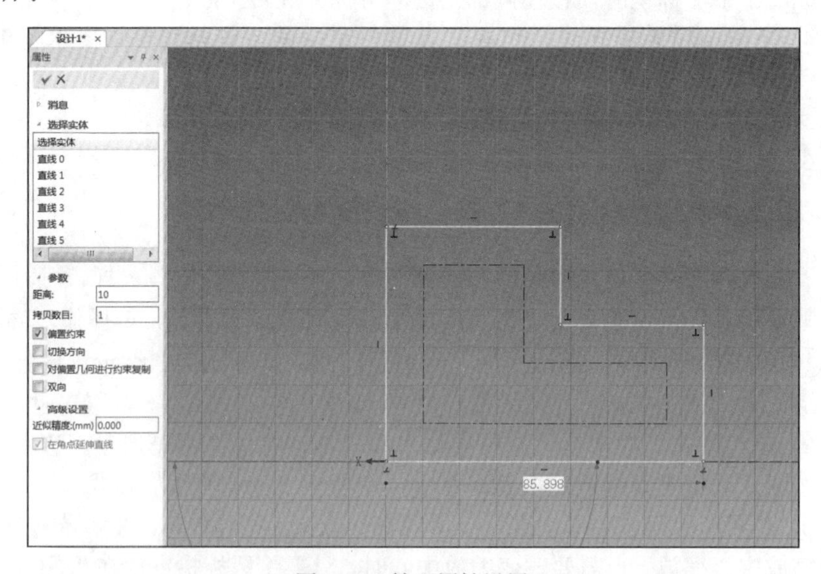

图 3-40　等距属性设置

步骤② 在“选择实体”下方的列表框中单击，拾取需要等距的曲线。当需要多条曲线等距时，只需依次单击即可。

步骤③ 若偏移的方向不对，则可选中“切换方向”复选框。

步骤④ 若需要双向等距，则需选中“双向”复选框。

步骤⑤ 单击任务窗格上部的 ✔ 按钮，结束操作。

5. 镜像

利用“镜像”工具可在草图中将图形对称复制，其操作步骤如下。

步骤① 单击“草图”|“修改”|“镜像”按钮，打开镜像属性设置任务窗格，如图 3-41 所示。

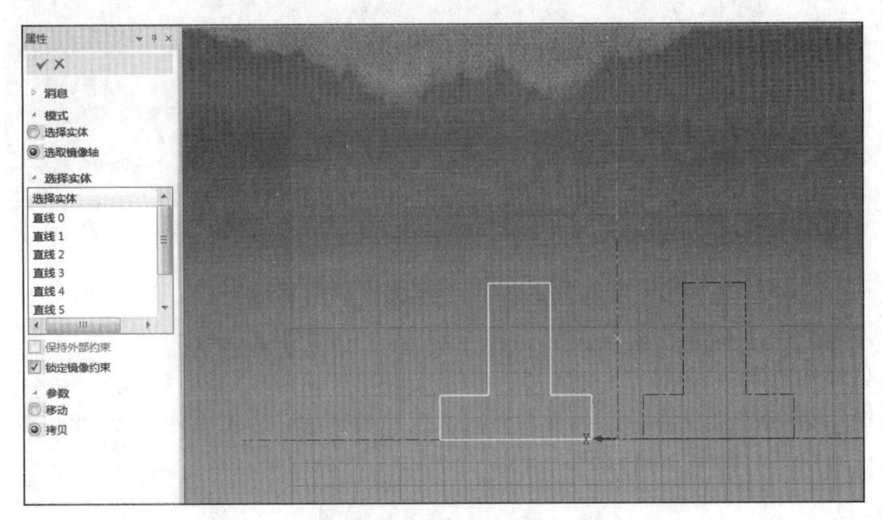

图 3-41 镜像属性设置

步骤② “镜像”模式栏中有“选择实体”和“选取镜像轴”两个选项。选中“选择实体”单选按钮，选择需要镜像的曲线，右击，切换至“选取镜像轴”模式。

步骤③ 若保留镜像前的曲线，则需选中参数栏里的“拷贝”单选按钮，否则选中“移动”单选按钮。

步骤④ 单击任务窗格上部的 ✔ 按钮，结束操作。

6. 线型阵列和圆型阵列

利用阵列工具可阵列选定的几何图形。阵列分为线型阵列和圆型阵列。

（1）线型阵列

线型阵列的操作步骤如下。

步骤① 单击“草图”|“修改”|“线型阵列”按钮，打开线型阵列属性设置任务窗格，如图 3-42 所示。

步骤② 在“选择实体”框中单击，然后在绘图区选取需要阵列的图像。

步骤③ “方向 1”框中默认是在 X 轴下方输入 X 轴方向的间隔距离和阵列数目。若按照一定方向阵列，则需在“阵列角度”文本框中输入角度值。

步骤④ “方向 2”框中默认是在 Y 轴下方输入 Y 轴方向的阵列间距和阵列数目。若按照一定方向阵列，则需在“阵列角度”文本框中输入角度值。

步骤⑤ 单击任务窗格上部的 ✔ 按钮，结束操作。

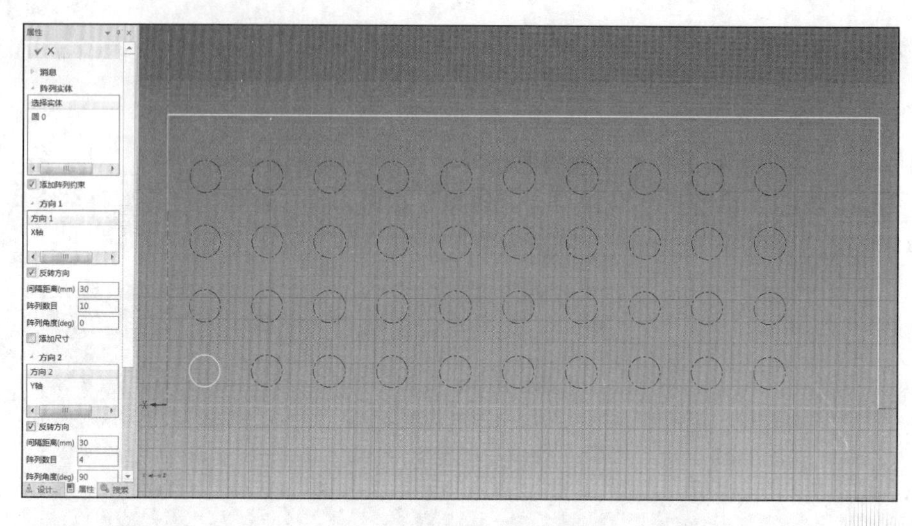

图 3-42　线型阵列属性设置

（2）圆型阵列

圆型阵列的操作步骤如下。

步骤① 单击“线型阵列”右侧的三角形按钮切换至“圆型阵列”，打开圆型阵列属性设置任务窗格，如图 3-43 所示。

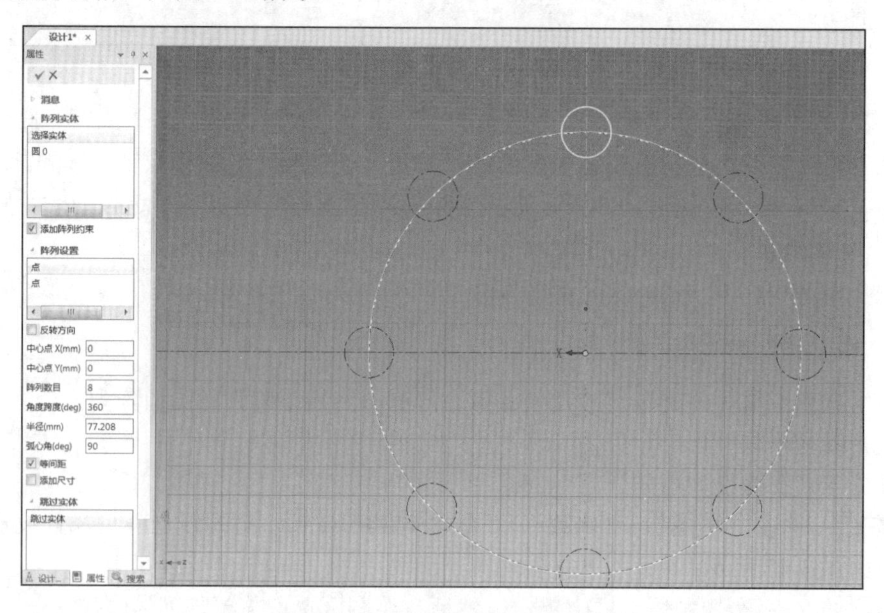

图 3-43　圆型阵列属性设置

步骤② 在“选择实体”框中单击，然后在绘图区选择需要阵列的图形。

步骤③ 输入圆型阵列中心点的 X 坐标和 Y 坐标，系统默认围绕坐标原点阵列。

步骤④ 输入阵列数目。

步骤⑤ 单击任务窗格上部的 ✔ 按钮，结束操作。

7. 圆角过渡和倒角

（1）圆角过渡

圆角过渡是指在两条曲线的交叉点生成圆弧过渡，其操作步骤如下。

步骤① 单击“草图”|“修改”|“圆角过渡”按钮，打开圆角过渡属性设置任务窗格，如图 3-44 所示。

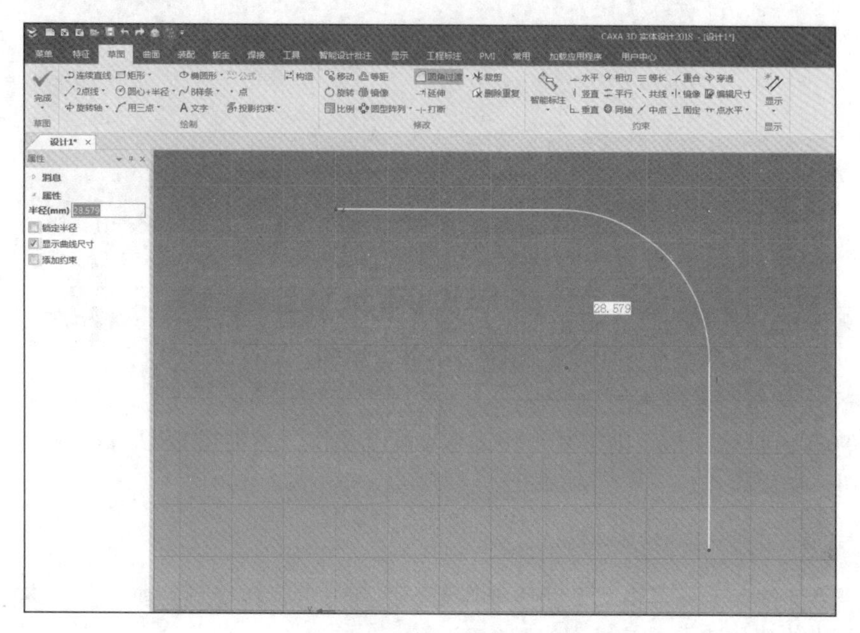

图 3-44　圆角过渡属性设置

步骤② 单击需要过渡的曲线交叉点。拖动鼠标指针，该交叉点会自动生成圆弧过渡，且过渡圆弧的半径随鼠标指针移动而变化。

步骤③ 在“半径”文本框中输入过渡圆弧的半径；或者直接右击，在打开的“编辑半径”对话框中输入半径值，单击“确定”按钮，退出当前交叉点的过渡设置。

步骤④ 若继续对其他交叉点进行过渡设置，则重复步骤②和步骤③操作，否则按 ESC 键，或者单击草图编辑功能区的“过渡”按钮，结束操作。

（2）倒角

倒角是曲线交叉生成的，其操作步骤如下。

步骤① 单击“圆角过渡”右侧的三角形按钮，切换至“倒角”，打开倒角属性设置任务窗格，如图 3-45 所示。

步骤② 在“倒角类型”列表中可以选择“距离”、“两边距离”或者“距离-角度”选项。其中，距离是指倒角两边的距离相等；两边距离可分别定义倒角两边的距离；距离-角度是指用起始边的倒角距离加上倒角的角度定义倒角。大多数系统默认的倒角类型是距离。

图 3-45　倒角属性设置

步骤③ 在“距离”文本框中输入距离值。在“距离”模式下，只需输入第一个距离即可，第二个距离会自动定义为与第一个距离相等。

步骤④ 单击需要倒角的交叉点。

步骤⑤ 若继续倒角，则重复步骤②和步骤③操作，否则按 ESC 键，或者单击“倒角”按钮，结束操作。

8. 延伸

利用“延伸”工具可将一条曲线延伸到一系列与它存在交点的曲线上，该功能支持延伸到曲线的延长线上，其操作步骤如下。

步骤① 单击“草图”|“修改”|“延伸”按钮。

步骤② 延伸操作没有属性设置任务窗格，只需将鼠标指针放置在曲线需要延伸的部位，系统自动显示曲线沿着该方向的延伸预览，单击，即可确定延伸。

曲线延伸效果如图 3-46 所示。

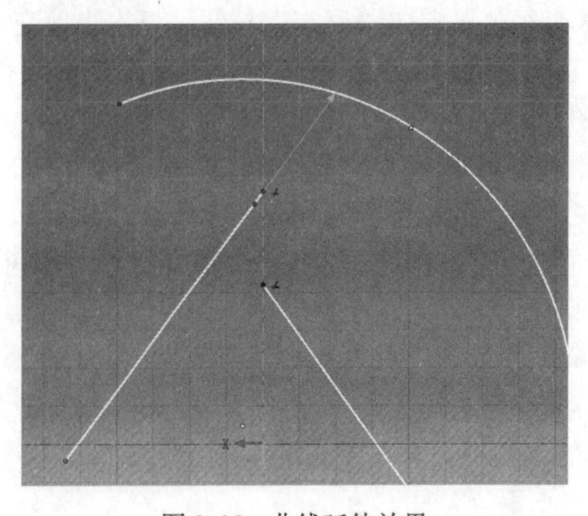

图 3-46　曲线延伸效果

步骤③ 若继续延伸，则重复步骤②操作，否则按 ESC 键，或者单击“延伸”按钮，结束操作。

9. 打断

若在草图平面上现有直线段或曲线段中添加新的几何图形，或者必须对某条现有直线段或曲线段单独进行操作，则可利用“打断”工具将它们分割成单独的线段，其操作步骤如下。

步骤① 单击“草图”|“修改”|“打断”按钮。

步骤② 打断操作没有属性设置任务窗格，直接将鼠标指针置于曲线需要打断的位置，系统自动生成曲线在该处的打断预览，单击，即可确定打断。

打断效果如图 3-47 所示。

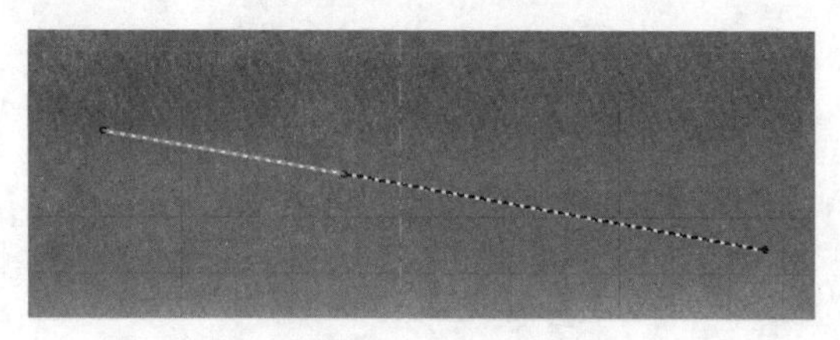

图 3-47　打断效果

步骤③ 若继续打断，则重复步骤②操作，否则按 ESC 键，或者单击“打断”按钮，结束操作。

10. 裁剪

利用本工具可裁剪一个或多个曲线段，其操作步骤如下。

步骤① 单击“草图”|“修改”|“裁剪”按钮。

步骤② 裁剪操作没有属性设置任务窗格，直接在曲线需要裁剪的部位单击即可。

裁剪效果如图 3-48 所示。

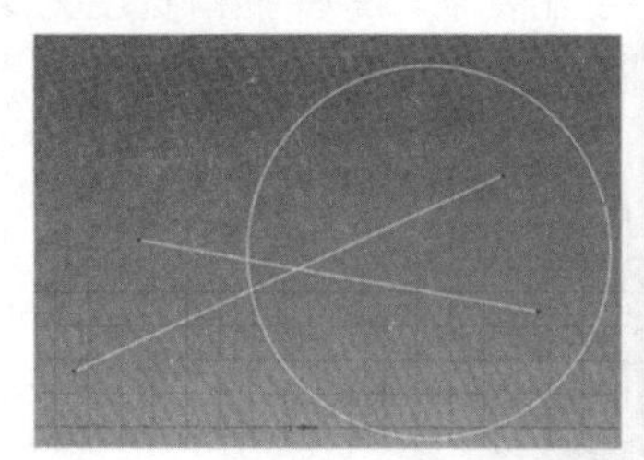 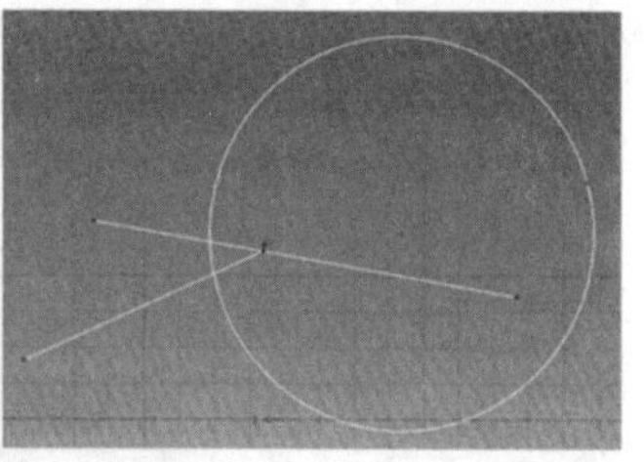

图 3-48　裁剪效果

步骤③ 若继续裁剪，则重复步骤②操作，否则按 ESC 键，或者单击“裁剪”按钮，结束操作。

11. 删除重复

“删除重复”命令用于删除草图中重复的线条。在以草图为基础的三维实体特征造型中，草图界面必须是封闭的、无重复的轮廓线，该功能简化了对草图重复线的检查，其操作步骤如下。

步骤① 单击“草图”|“修改”|“删除重复”按钮。

步骤② 在绘图区框选需要检查的草图，一旦有重复的线条，系统就会自动删除，并且弹出“删除重线”信息框，提示删除重复的线条，如图 3-49 所示。

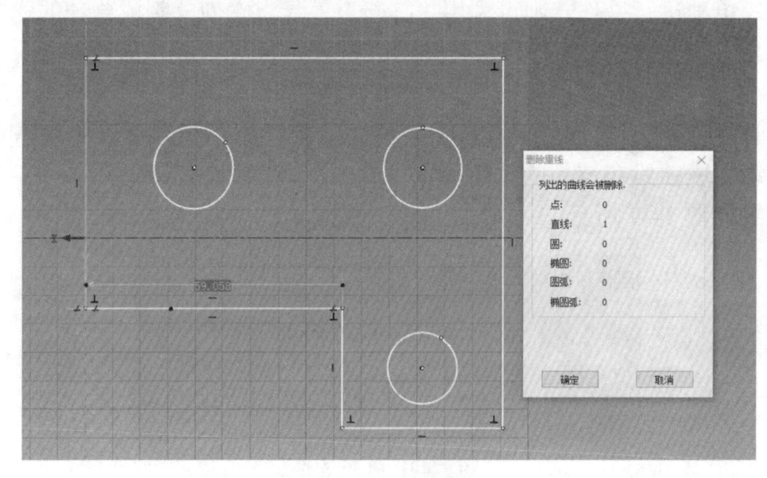

图 3-49　删除重线

步骤③ 单击提示框的“确定”按钮，结束操作。

任务实施

躺椅由躺椅背面、躺椅底面、躺椅侧面 3 种零件组成。其中，躺椅侧面的数量是 2 个，其余零件数量是 1 个。躺椅的三维造型如图 3-50 所示。本任务要求设计一个个性化的躺椅背面，躺椅底面和躺椅侧面均在课后练习中完成，相关的零件图在书本配套资源项目三任务三文件夹中。注意 3 个零件的装配要求，零件插口宽度为 2.3mm，零件厚度为 2mm。按照图 3-51 所示躺椅背面零件图样绘制躺椅背面三维实体。

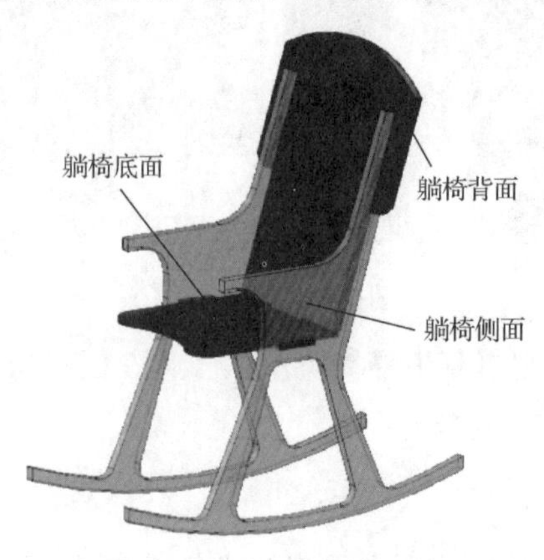

图 3-50　躺椅装配图

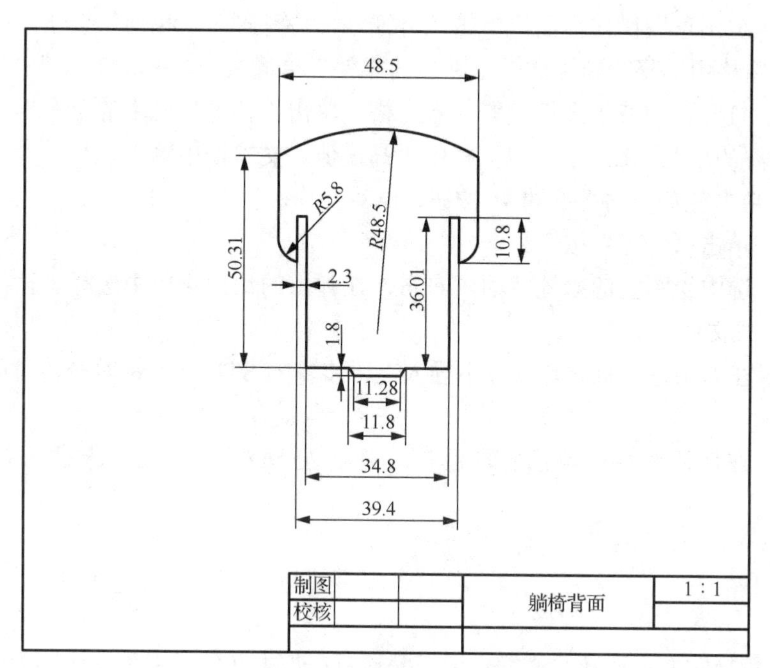

图 3-51　躺椅背面零件图样

具体操作步骤如下。

步骤① 打开 CAXA 3D 实体设计 2018，新建设计文件，单击“草图”|“草图”|“在 X-Y 基准面”，建立草图。

步骤② 在坐标原点沿着 X 轴正向绘制一条长度为 5.64mm 的直线，沿着坐标原点向 Y 轴正方向画长度为 1.8mm 的直线。

步骤③ 在 1.8mm 长的直线上端沿着 X 轴正向画长度为 5.9mm 的直线，并连接这条直线端点和 5.64mm 直线的另一端点。

步骤④ 继续画出长度为 17.4mm 的水平线，长度为 36.01mm 的竖直线，长度为 2.3mm 的水平线。

步骤⑤ 沿着 2.3mm 直线的右端点竖直向下画长度为 10.8mm 的直线。利用“两点圆”命令，以 10.8mm 直线的下端点为第一点，将第二点移至第一点的正上方后右击，在打开的“编辑半径”文本框中输入“5.8”。

步骤⑥ 利用“等距”功能，分别将 17.4mm 的直线向上等距 50.4mm，将 10.8mm 的直线向右等距 4.55mm。

步骤⑦ 利用“延伸”功能，将等距的两条直线相交。

步骤⑧ 利用“镜像”功能，以 Y 轴为镜像轴镜像所有直线。

步骤⑨ 分别以图形的左上角和右上角作为圆弧的起始点和终止点，以 48.5mm 为半径，利用“三点圆弧”命令绘制圆弧。

步骤⑩ 按照零件图裁剪删除多余直线，并利用“删除重线”功能检查草图是否有重线。

步骤⑪ 退出草图操作界面，单击“特征”|“特征”|“拉伸”按钮，在打开的属性设置任务窗格中选择“新生成一个独立的零件”单选按钮。

步骤⑫ 打开拉伸特征属性设置任务窗格，单击“轮廓”栏中的空白框，再选择绘图区刚绘制好的草图。在“方向1”栏中“高度值”文本框中输入“2”，其余选项保持默认设置。单击任务窗格上部的✔按钮，结束操作。

步骤⑬ 单击“保存”按钮。

步骤⑭ 选中绘图区的躺椅背面，右击，在弹出的快捷菜单中选择“输出”命令，输出STL格式文件。

步骤⑮ 在弘瑞打印机切片软件中导入上一步骤的STL文件，对躺椅背面模型进行切片。

步骤⑯ 在切片软件中输出打印程序，保存至SD卡，将SD卡插入打印机进行打印。

任务创新

上例中躺椅背面没有花纹镂空。请在躺椅背面加上花纹，重新设计一个属于自己的个性作品。图3-52所示例子可供参考。

图3-52　个性躺椅背面

任务四　自行车车轮的设计与打印

任务导读

自行车，又称脚踏车或单车，是绿色环保的代步交通工具。自行车由车架、轮胎、脚踏、刹车、链条等25个部件组成。其中，车架是自行车的骨架，它所承受的人和货

物的重量最大。按照自行车各部件的工作特点，大致将其分为导向系统、驱动系统、制动系统。此外，为了安全和美观，以及从实用角度出发，自行车还装配了车灯、支架、车铃等部件。图 3-53 所示为某型号自行车的结构示意图。

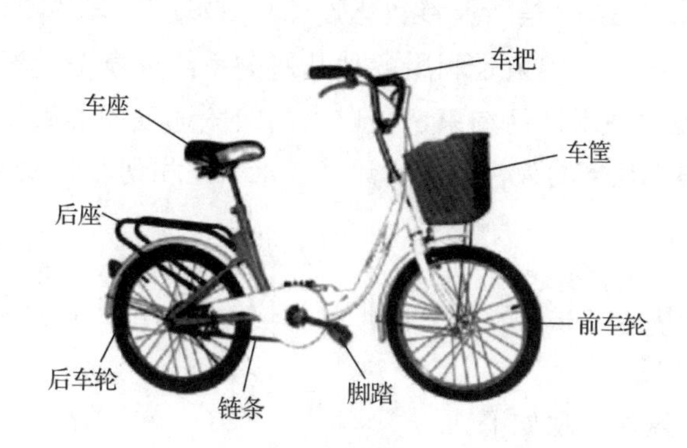

图 3-53 某型号自行车结构示意图

本任务利用 CAXA 3D 实体设计 2018 的草图功能绘制自行车的主要零部件，并通过 3D 打印组装成一辆自行车模型，如图 3-54 所示。可以设计属于自己的个性化自行车车轮。

图 3-54 自行车模型装配图

任务目标

熟悉 CAXA 3D 实体设计 2018 的草图约束功能。

任务内容

完成自行车车轮的个性化设计和打印。

知识链接

CAXA 3D实体设计2018是一款参数化设计CAD软件，其草图功能支持尺寸驱动、几何约束等命令。草图几何约束是利用各种几何关系约束草图元素的位置或形状的一种功能。正确、合理地利用几何约束，可以提高绘图速度和准确性。几何约束也是进行参数化设计的前提。几何约束包括编辑尺寸、水平、相切、共线等16种类型。

1. 智能标注

智能标注是指利用尺寸标注对图素的形状和位置进行约束，是最基本的约束类型。

（1）建立尺寸约束

建立尺寸约束的操作步骤如下。

步骤① 单击“草图”|“约束”|“智能标注”按钮，如图3-55所示。

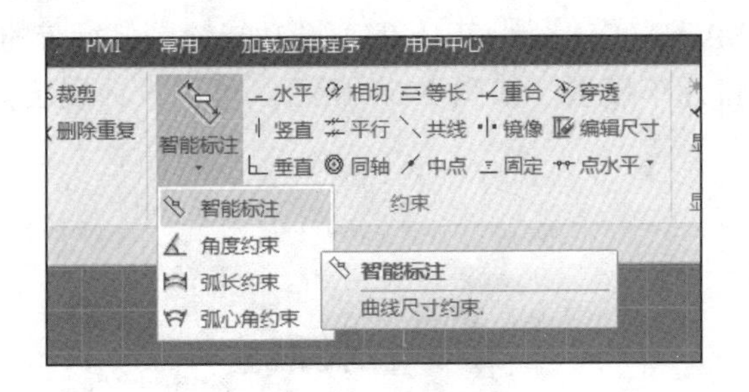

图3-55 智能标注

步骤② 将光标移动到应用尺寸约束条件的曲线上，然后单击。

步骤③ 从该几何图形上移开光标，并将光标移动到所希望的尺寸显示位置，单击，此时将显示一个红色尺寸约束符号和该位置的尺寸值。

步骤④ 如果需要标注两个图素之间的尺寸关系，那么在选取第一个图素后再选取第二个图素，系统自动判断两者的尺寸关系并进行标注。

步骤⑤ 按ESC键，或者再次单击“智能标注”按钮，结束操作。

（2）修改尺寸约束

将光标移动到尺寸上，右击，弹出尺寸约束编辑快捷菜单，如图3-56所示。常用命令说明如下。

1）锁定：对曲线的尺寸值锁定或清除（关系仍保留）。

2）编辑：对曲线的约束尺寸值进行编辑，精确确定尺寸。

3）删除：清除尺寸约束条件。

4）转换到工程图：在将图形投影到工程图时，实现约束尺寸值的自动标注。

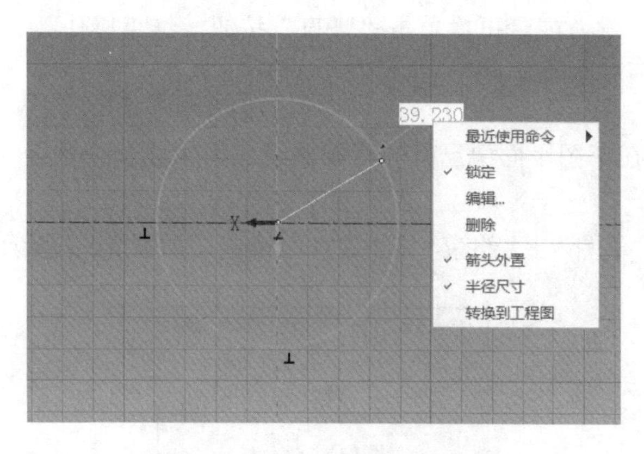

图 3-56　尺寸约束编辑快捷菜单

2. 水平约束

利用此功能可在一条直线上生成一个相对于栅格 X 轴的水平约束条件，其操作步骤如下。

步骤① 单击“草图”|“约束”|“水平”按钮，如图 3-57 所示。

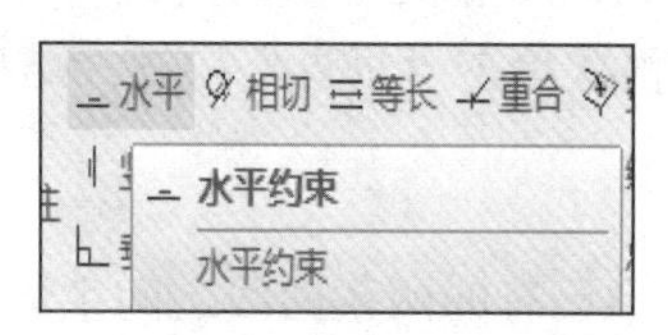

图 3-57　水平约束

步骤② 在直线上单击以应用该约束条件，选定的直线将立即重定位为相对于栅格的 X 轴水平。

步骤③ 按 ESC 键，或者再次单击“水平”按钮，结束操作。

3. 竖直约束

利用此功能可在一条直线上生成一个相对于栅格 X 轴的竖直约束条件，其操作步骤如下。

步骤① 单击“草图”|“约束”|“竖直”按钮，如图 3-58 所示。

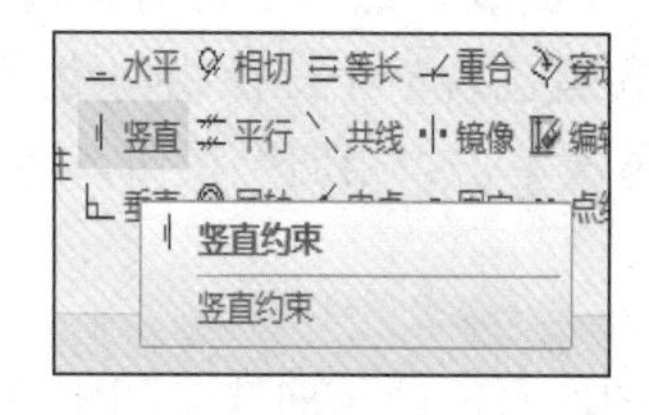

图 3-58　竖直约束

步骤② 在直线上单击以应用该约束条件，选定的直线将立即重定位为相对于栅格的 X 轴竖直。

步骤③ 按 ESC 键，或者再次单击“竖直”按钮，结束操作。

4. 垂直约束

利用此功能可在草图平面中已有的两条曲线之间生成一个垂直约束条件，其操作步骤如下。

步骤① 单击“草图”|“约束”|“垂直”按钮，如图 3-59 所示。

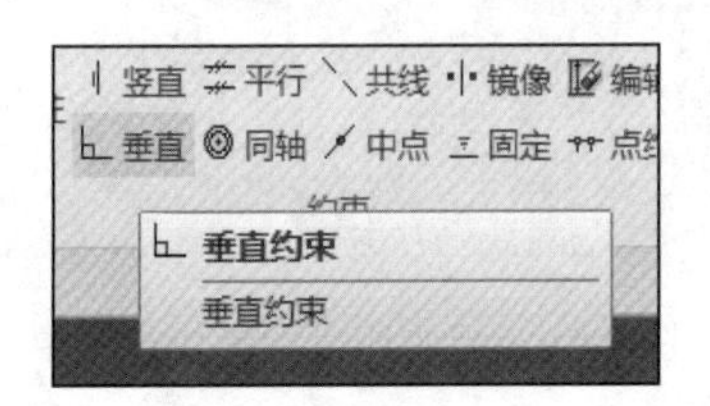

图 3-59　垂直约束

步骤② 选择应用垂直约束条件的曲线之一。

步骤③ 将光标移动到第二条曲线，然后单击将其选中。这两条曲线将立即重定位到相互垂直，同时在其相交处出现一个红色垂直约束符号。

步骤④ 按 ESC 键，或者再次单击“垂直”按钮，结束操作。

5. 相切约束

利用此功能可在草图平面中已有的两条曲线之间生成一个相切约束条件，其操作步骤如下。

步骤① 单击“草图”|“约束”|“相切”按钮，如图 3-60 所示。

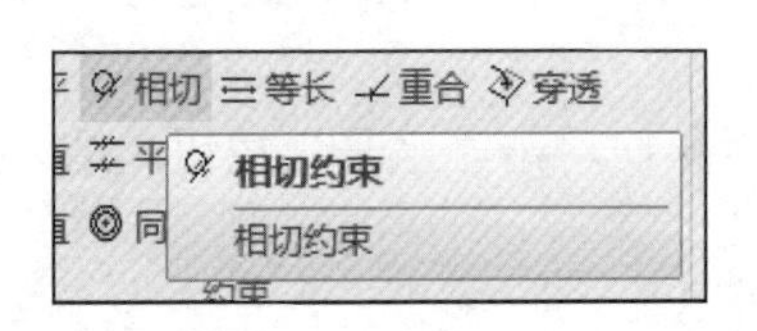

图 3-60　相切约束

步骤② 选择应用相切约束条件的曲线之一。

步骤③ 将光标移动到第二条曲线，然后单击将其选中。这两条曲线将立即重定位到相切于选定点，同时在切点位置出现一个红色相切约束符号。

步骤④ 按 ESC 键，或者再次单击“相切”按钮，结束操作。

6. 平行约束

利用此功能可在草图平面中已有的两条曲线之间生成一个平行约束条件，其操作步骤如下。

步骤① 单击“草图”|“约束”|“平行”按钮，如图 3-61 所示。

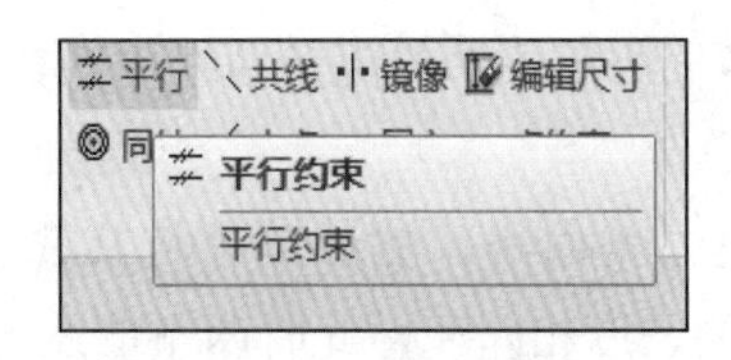

图 3-61　平行约束

步骤② 选择平行约束中将被包含的两条曲线中的第一条曲线。

步骤③ 将光标移动到将被包含的第二条曲线，然后单击选定该曲线。这两条曲线将立即重定位到相互平行，此时每条曲线上都出现一个红色平行约束符号。

步骤④ 按 ESC 键，或者再次单击“平行”按钮，结束操作。

7. 同心约束

利用此功能可在草图平面上的两个已知圆上生成一个同心约束条件，其操作步骤如下。

步骤① 在草图平面上绘制两个圆。

步骤② 单击“草图”|“约束”|“同轴”按钮，如图 3-62 所示。

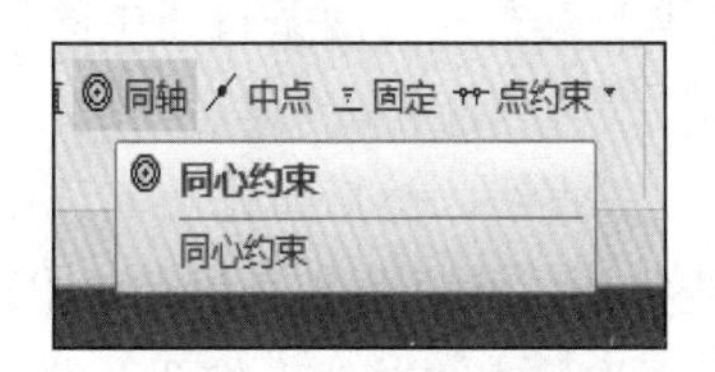

图 3-62　同心约束

步骤③ 在应用同心约束条件的两个圆中选择一个圆，此时在选定圆的圆周上出现一个浅蓝色标记。

步骤④ 将光标移动到第二个圆，然后单击将其选中。系统将立即对这两个圆重定位以满足所采用的同心约束条件，此时在两圆的圆心位置均会出现一个红色同心圆约束符号。

步骤⑤ 按 ESC 键，或者再次单击“同轴”按钮，结束操作。

8. 等长约束

利用此功能可在两条已知曲线上生成一个等长约束条件，其操作步骤如下。

步骤① 单击“草图”|“约束”|“等长”按钮，如图 3-63 所示。

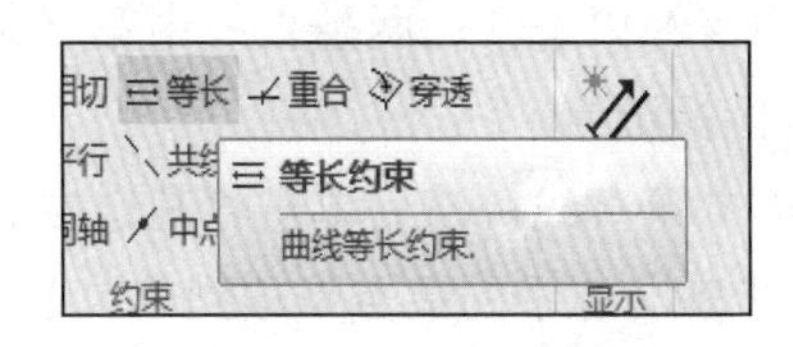

图 3-63　等长约束

步骤② 选择需要应用等长约束条件的两条曲线中的第一条曲线，此时在选定的曲线上出现一个浅蓝色标记。

步骤③ 将光标移动到第二条曲线，然后单击将其选中。其中一条选定的曲线将被修改，使其与另一条曲线的长度相匹配，此时两条曲线上都出现红色等长约束符号。

步骤④ 按ESC键，或者再次单击“等长”按钮，结束操作。

9. 共线约束

利用此功能可在现有两条直线上生成一个共线约束条件，其操作步骤如下。

步骤① 单击“草图”|“约束”|“共线”按钮，如图3-64所示。

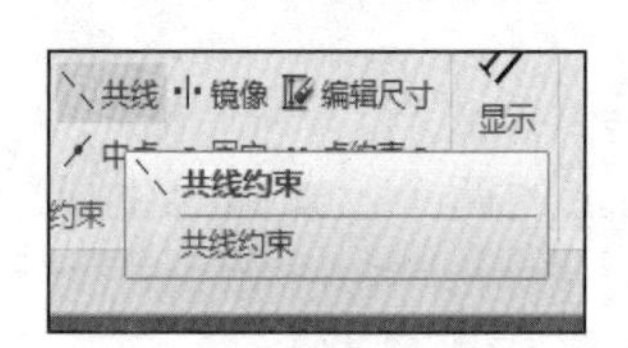

图3-64 共线约束

步骤② 选择需要应用共线约束条件的两条直线中的第一条直线，此时在选定直线上出现一个浅蓝色标记。

步骤③ 将光标移动到第二条直线，然后单击将其选中。系统将重新调整第二条直线的位置，使其与第一条直线共线，此时两条直线上都出现红色共线约束符号。

步骤④ 按ESC键，或者再次单击“共线”按钮，结束操作。

10. 中点约束

利用此功能可在草图平面中的直线与直线、直线与圆弧、圆弧与圆弧之间生成中点约束条件，其操作步骤如下。

步骤① 单击“草图”|“约束”|“中点”按钮，如图3-65所示。

图3-65 中点约束

步骤② 选择需要应用中点约束条件的两条直线中第一条直线的端点，此时在选定直线的端点上出现一个浅蓝色标记。

步骤③ 将光标移动到第二条直线，然后单击将其选中。系统将重新调整第一条直线的位置，使第一条直线在步骤②选中的端点平移到第二条直线的中点位置，并在该处附近出现红色中点约束符号。

步骤④ 按 ESC 键，或者再次单击“中点”按钮，结束操作。

11. 重合约束

该工具可对曲线的端点进行重合约束。重合约束可将端点、中点约束到草图中的其他元素，其操作步骤如下。

步骤① 在草图平面上绘制一个圆和一个长方形，单击“草图”|“约束”|“重合”按钮，如图 3-66 所示。

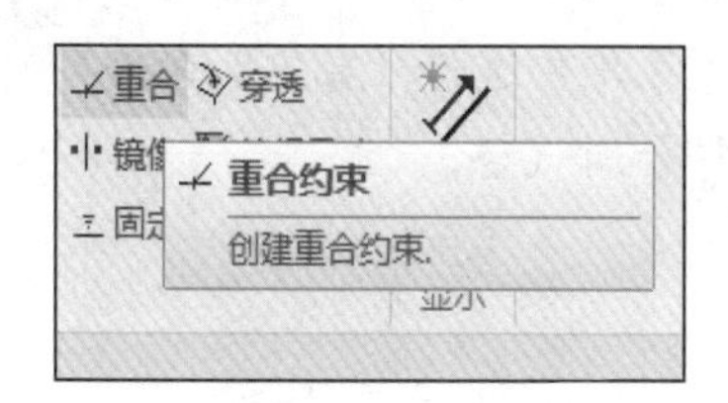

图 3-66　重合约束

步骤② 分别单击圆形边上一点和长方形的一个角点，为这两个点重合添加约束。其中一个图形平移可使选择的两点重合，具体哪一个图形平移要根据两个图形的其他约束情况而定。

步骤③ 按 ESC 键，或者再次单击“重合”按钮，结束操作。

12. 镜像约束

镜像约束功能是指建立两组几何图形相对于镜像轴的对称功能，其操作步骤如下。

步骤① 单击“草图”|“约束”|“镜像”按钮，如图 3-67 所示。

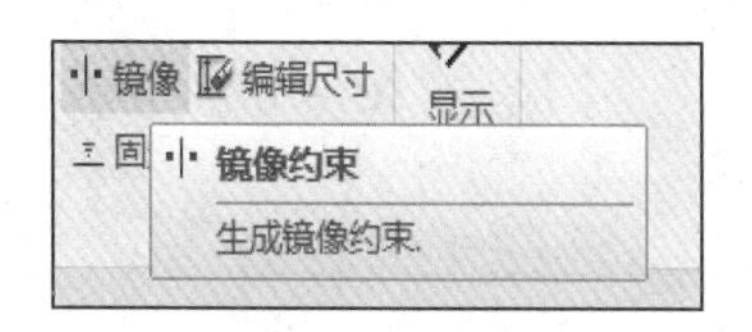

图 3-67　镜像约束

步骤② 单击需要镜像约束的第一个图形，再单击需要镜像约束的第二个图形，然后单击镜像轴直线。其中一个图形会移动到另一个图形的镜像位置，具体哪一个图形平移要根据两个图形的其他约束情况而定。

步骤③ 按 ESC 键，或者再次单击“镜像”按钮，结束操作。

13. 固定约束

此功能用于固定图形，使图形的位置和形状在任何情况下都不发生改变。

14. 穿透约束

此功能用于在不同的草图平面上圆/椭圆的中心在曲线/样条曲线的端点上穿过。

15. 点约束

此功能用于在两个点之间提供水平和垂直两种点约束。

注意：如果需要，可以清除这些约束条件：在约束符号上移动光标，当光标变成小手形状时右击，在弹出的快捷菜单中选择“锁定”命令即可。此时，约束恢复到关系状态，约束符号被深蓝色关系符号所代替。

任务实施

本任务要求完成自行车前、后轮的造型设计与打印。前轮零件图样如图3-68所示，后轮零件图样如图3-69所示。自行车其他零件的零件图样详见本书配套资源“项目三任务四自行车车轮的设计与打印”文件夹。

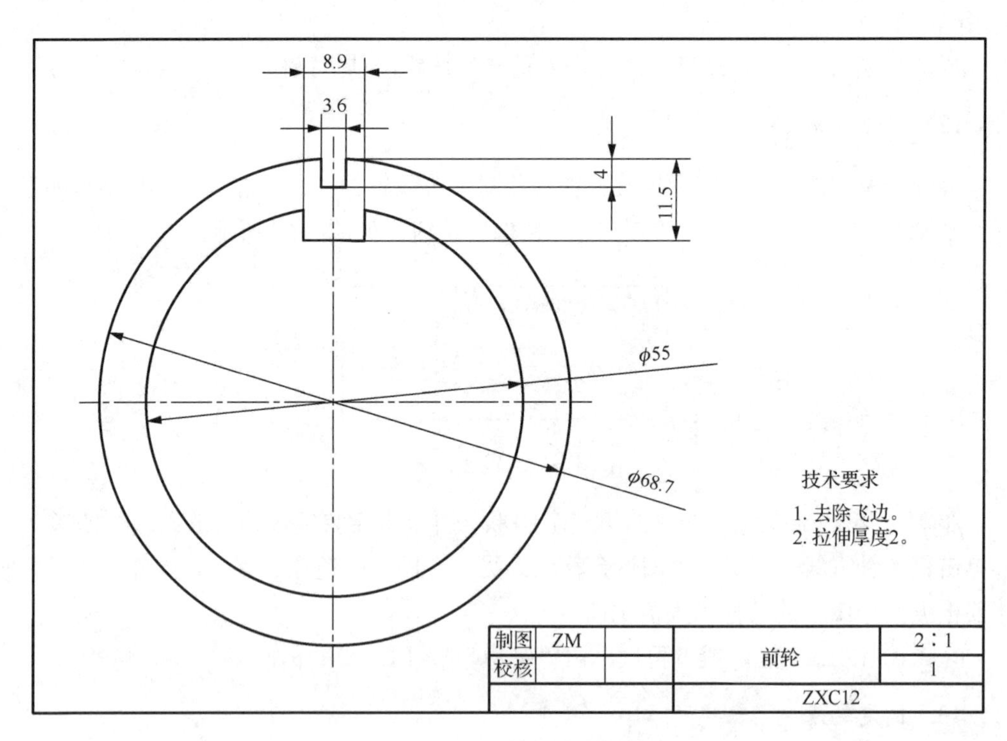

图3-68　前轮零件图样

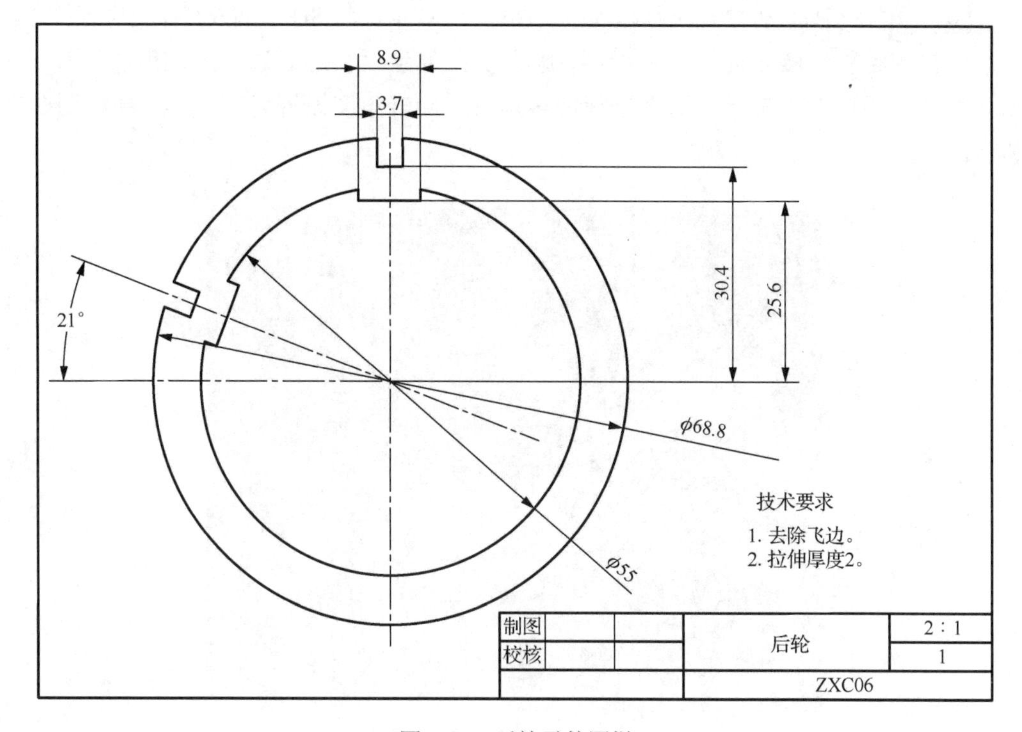

图 3-69　后轮零件图样

具体操作步骤如下。

步骤① 打开 CAXA 3D 实体设计 2018，新建设计文件，单击“草图”|“草图”|“在 X-Y 平面”按钮，建立草图。

步骤② 以坐标原点为圆心绘制两个圆，并参照前轮零件图样绘制圆的上部结构。

步骤③ 对两个圆标注尺寸，并编辑尺寸至图样要求。

步骤④ 对圆的上部结构中的水平线端点做关于 Y 轴的镜像约束。

步骤⑤ 根据安装图样要求对圆的上部结构进行尺寸标注与编辑。

步骤⑥ 利用裁剪功能裁剪多余直线。

步骤⑦ 退出草图操作界面，单击“特征”|“特征”|“拉伸”按钮，打开属性设置任务窗格，选择“新生成一个独立的零件”单选按钮。

步骤⑧ 打开拉伸特征属性设置任务窗格，单击“轮廓”栏的输入框，再选择绘图区刚绘制好的草图。在“方向 1”栏中的“高度值”文本框中输入“2”，其余选项保持默认设置。单击任务窗格上部的✔按钮，结束操作。

步骤⑨ 单击“保存”按钮。

步骤⑩ 选中绘图区的前轮，右击，在弹出的快捷菜单中选择“输出”命令，输出 STL 格式文件。

步骤⑪ 在打印机切片软件中导入上一步骤的 STL 文件，对前轮模型进行切片。

步骤⑫ 在切片软件中输出打印程序，保存至 SD 卡，将 SD 卡插入打印机进行打印。

后轮的绘制步骤与前轮基本相同，区别仅在于步骤⑤之后选中上部所有直线。利用“修改”组中的“旋转”命令进行旋转拷贝，旋转角度设置为 69°，效果如图 3-70 所示。

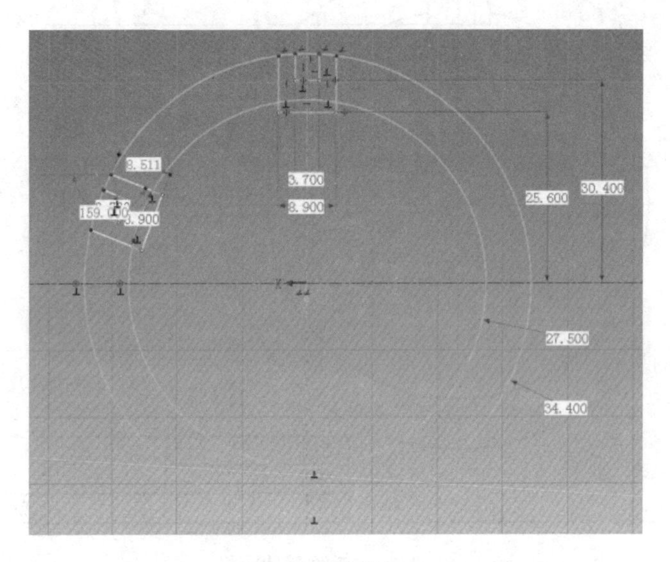

图 3-70　旋转拷贝

任务创新

上例轮子的中间并没有轮毂，请读者发挥自己的想象力给前后轮加上个性化的轮毂。图 3-71 所示为各种轮毂图案，可供参考。

图 3-71　各种轮毂图案

任务五　城堡的设计与打印

任务导读

城堡是欧洲中世纪的产物，公元 1066～1400 年是兴建城堡的鼎盛时期。图 3-72 和图 3-73 所示为两种不同风格的城堡。

图 3-72　城堡实例 1

图 3-73　城堡实例 2

历史悠久的城堡奢华壮丽，是人类智慧的杰作。本任务将设计、打印一个属于自己的城堡。

任务目标

1）掌握创建拉伸特征的方法。
2）熟练编辑拉伸特征。
3）灵活应用拉伸特征。

任务内容

1）学习 CAXA 3D 实体设计 2018 中拉伸的方法。
2）完成城堡的三维造型及创新设计。
3）利用 3D 打印机打印创新作品。

知识链接

拉伸是将二维草图轮廓沿着某一特定方向延伸一定距离，最终生成三维特征。在使用CAXA 3D实体设计2018建模时，可从设计元素库中直接拖放，也可使用拉伸向导和拉伸两种方法进行拉伸建模。

1. 拉伸向导

利用“拉伸向导”功能创建拉伸特征，其操作步骤如下。

步骤① 打开CAXA 3D实体设计2018，选择空白模板创建一个新的设计环境，单击“特征”|“特征”|“拉伸向导”按钮，如图3-74所示。

图3-74 拉伸向导

打开“拉伸特征向导-第1步/共4步”对话框，其中各个选项的作用如下。

① 独立实体：可创建一个新的独立实体模型（新的零件）。

② 增料：针对已创建完成的零件或实体图素，在此基础上增加拉伸特征操作。

③ 除料：针对已创建完成的零件或实体图素，在此基础上去除拉伸特征部分的材料。

④ 实体：创建的拉伸特征为实体造型。

⑤ 曲面：创建的拉伸特征为曲面造型。

步骤② 选择所需的选项，如选择“独立实体”单选按钮和“实体”单选按钮，然后单击“下一步”按钮，如图3-75所示。

步骤③ 打开“拉伸特征向导-第2步/共4步”对话框。在该对话框中，可根据需要选择“在特征末端（向前拉伸）”单选按钮或“在特征两端之间（双向拉伸）”单选按钮，还可选择“沿着选择的表面”单选按钮或“离开选择的表面”单选按钮，然后单击“下一步”按钮，如图3-76所示。

图3-75 拉伸特征向导-第1步

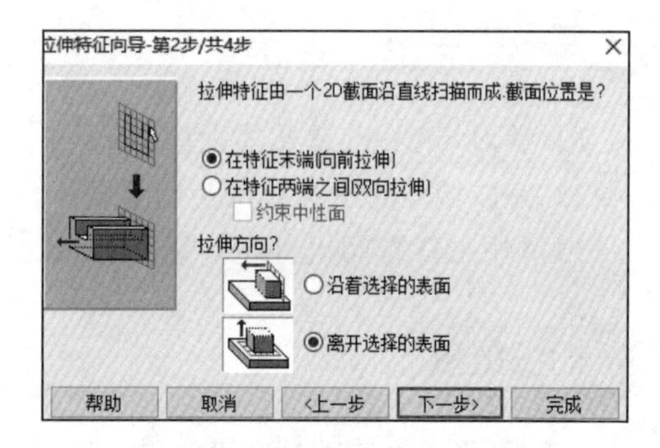

图3-76 拉伸特征向导-第2步

此对话框中各选项的作用如下。

① 在特征末端（向前拉伸）：选择此选项，草图将位于新建拉伸特征的一端，新建拉伸特征向前单向拉伸。

② 在特征两端之间（双向拉伸）：选择此选项，草图将位于新建拉伸特征的中间，草图向两侧拉伸，即双向拉伸。选择此选项，“约束中性面”复选框可用，若选中该选项，则通过双向对称拉伸创建特征。

③ 沿着选择的表面：选择此选项，拉伸方向平行于所选择的平面，即草图平面垂直于所选平面。

④ 离开选择的表面：选择此选项，拉伸方向垂直于所选择的平面，即草图平面在所选的平面上。

步骤④ 打开“拉伸特征向导-第 3 步/共 4 步”对话框，如图 3-77 所示。在该对话框中可以设定拉伸距离等参数。此对话框中各个选项的作用如下。

① 到指定的距离：选择此功能，可在“距离”文本框中输入拉伸的距离。

② 到同一零件表面：选择此功能，拉伸至实体零件的表面，该表面可以是曲面或平面。

③ 到同一零件曲面：选择此功能，拉伸至实体零件的曲面。

④ 贯穿：只有在减料时才可用，用于除去草图轮廓拉伸后与实体零件相交的材料。

步骤⑤ 单击“下一步”按钮，打开“拉伸特征向导-第 4 步/共 4 步”对话框。在此对话框中可以设置是否显示绘制栅格、主栅格线间距和辅助栅格线间距等，如图 3-78 所示。其中各个选项的作用如下。

① 栅格：栅格是一个包含零件设计主要参考系和坐标系的平面。这些参考系和坐标系对零件的设计很重要，一般用来辅助定位和绘制网格，可根据自身实际情况选择显示栅格或不显示栅格。

② 显示栅格：栅格以十字交叉影线网的形式显示。无论是否能使图素和模型透过栅格或定位到栅格之后，都应将栅格考虑为设计环境的“底板”。

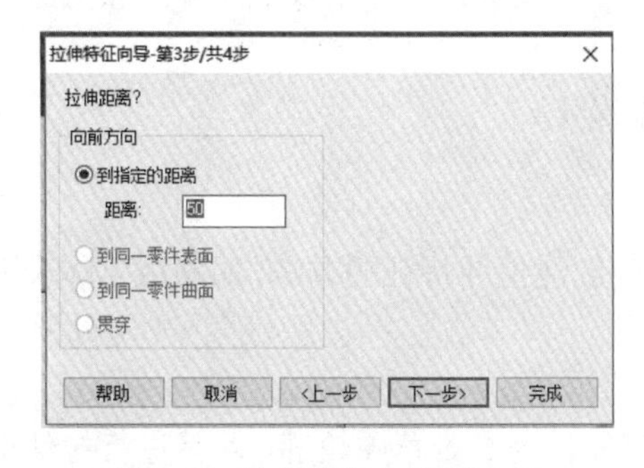

图 3-77　拉伸特征向导-第 3 步

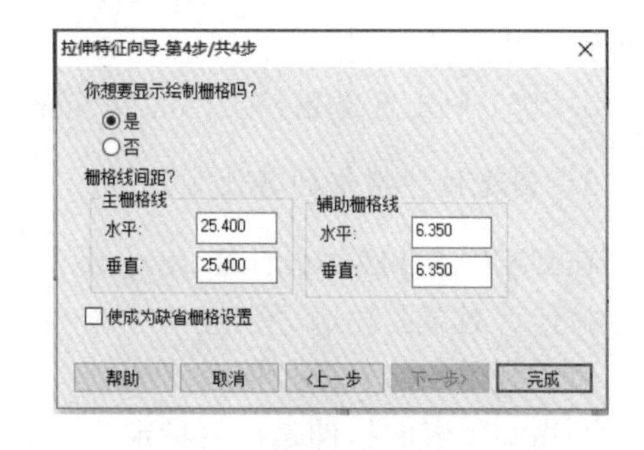

图 3-78　拉伸特征向导-第 4 步

步骤⑥ 设置好后单击“完成”按钮，此时图形窗口中不显示二维草图栅格，而功能区自动切换到“草图”选项卡并激活相关的草图工具。

步骤⑦ 根据图样利用二维草图绘制工具绘制所需的草图，并利用相关的草图修改工具和草图约束工具处理草图，使草图满足拉伸截面的要求，然后单击“草图”|“草图”|“完成”按钮，系统即将二维草图轮廓按照设定的拉伸参数拉伸成三维实体造型。

2. 拉伸

在 CAXA 3D 实体设计 2018 中，还可通过拉伸已绘制好的草图轮廓创建拉伸特征，其操作步骤如下。

步骤① 打开 CAXA 3D 实体设计 2018，选择空白模板创建一个新的设计环境，单击“草图”|“草图”|“二维草图”按钮，或从中选择一个基准面（如“在 X-Y 基准面”），在其上绘制一个草图轮廓几何图形，单击“完成”按钮，退出草图操作界面。

步骤② 单击“特征”|“特征”|“拉伸”按钮。

步骤③ 打开拉伸属性设置任务窗格，选择“新生成一个独立的零件”单选按钮，如图 3-79 所示。

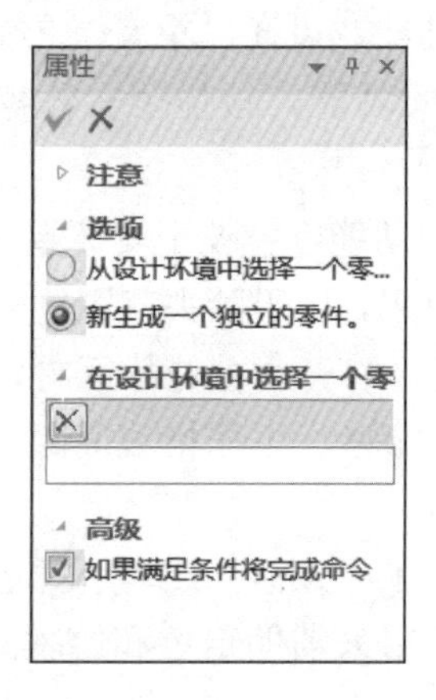

图 3-79 拉伸属性设置任务窗格

步骤④ 打开拉伸特征属性设置任务窗格，选择已经绘制完成的草图，然后在“方向 1”栏和“方向 2”栏中设置拉伸深度，并在“一般操作”栏中设置拉伸结果为生成为曲面、增料或除料。

步骤⑤ 单击任务窗格上部的 ✓ 按钮，结束操作。

3. 创建拉伸特征的其他方法

在 CAXA 3D 实体设计 2018 中还有其他几种创建拉伸特征的方法，如利用实体表面进行拉伸、对草图轮廓分别拉伸等。

（1）利用实体表面拉伸

利用实体表面拉伸是指将特定实体的某一表面作为二维草图轮廓，对其进行拉伸造型，其操作步骤如下。

步骤① 打开已有的三维模型，在设计环境中单击要拉伸草图轮廓的表面，选中后该表面会显示绿色。

步骤② 右击该表面，在弹出的快捷菜单中选择“生成”|“拉伸”命令，如图 3-80 所示。也可从属性设置任务窗格的“动作”栏中单击“创建拉伸特征”按钮。

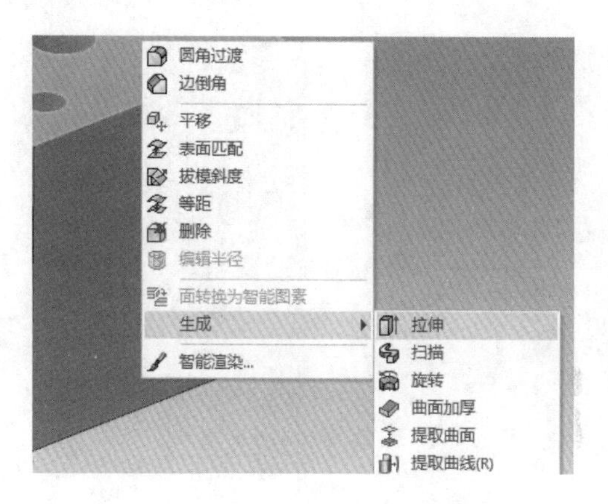

图 3-80 右击后显示的快捷菜单

步骤③ 打开“创建拉伸特征”对话框，从中可选择生成的类型、拉伸方向和拉伸的距离，设定各项参数，如图 3-81 所示。

图 3-81 创建拉伸特征

步骤④ 单击“确定”按钮完成拉伸操作。

（2）对草图轮廓分别拉伸

可对同一草图中的多个轮廓分别进行拉伸，如图 3-82 和图 3-83 所示。此功能可将同一个视图的多个不相交轮廓一次性地输入草图，使得一个视图的多个轮廓在同一个草图中约束完成，并在草图中选择性地构建特征。使用这种拉伸可提高设计效率。尤其对于习惯在实体草图中输入 EXB 格式文件或 DWG 格式文件并利用输入后的轮廓构建特征的用户而言，这个功能较实用。用户可将同一视图的多个轮廓一次性输入实体草图，可选择性地利用轮廓构建特征（此功能只支持创新模式零件），大幅提高绘图速度。

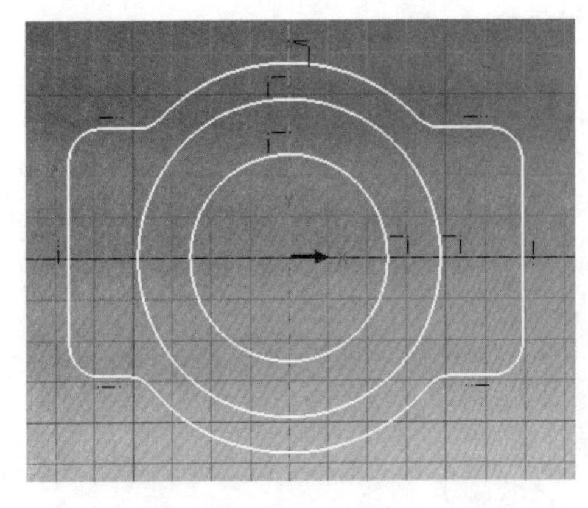

图 3-82　草图

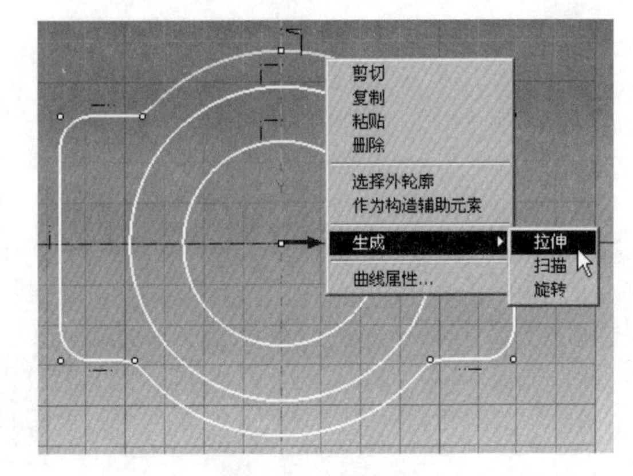

图 3-83　草图拉伸

4. 编辑拉伸特征

对于已经生成好的拉伸特征，可以通过单击设计环境中设计树目录中的零件图标前的加号，展开设计树，如图 3-84 所示。

图 3-84　零件设计环境的设计树目录

选中需要修改的拉伸特征步骤，如图 3-84 中的“拉伸 1”，右击，弹出快捷菜单，如图 3-85 所示。

通过快捷菜单，可以对该拉伸特征进行各种编辑，常用的编辑方式有编辑草图截面和编辑特征操作。选择“编辑草图截面”命令，可以重新进入该拉伸特征的草图环境。选择“编辑特征操作”命令，可以打开拉伸特征的属性设置任务窗格，如图 3-86 所示。

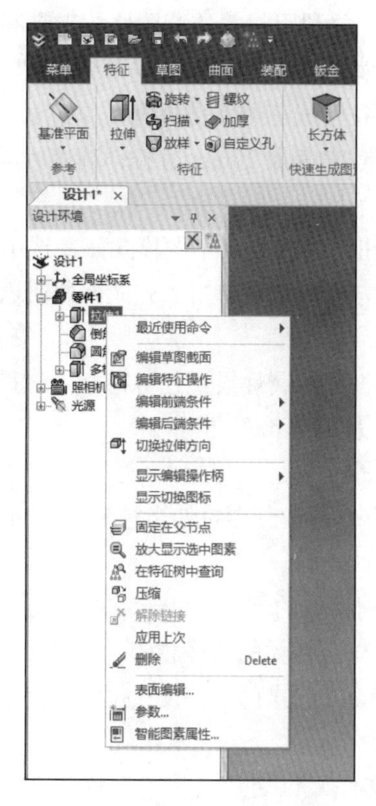

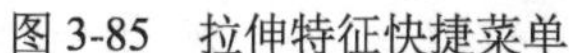
图 3-85　拉伸特征快捷菜单

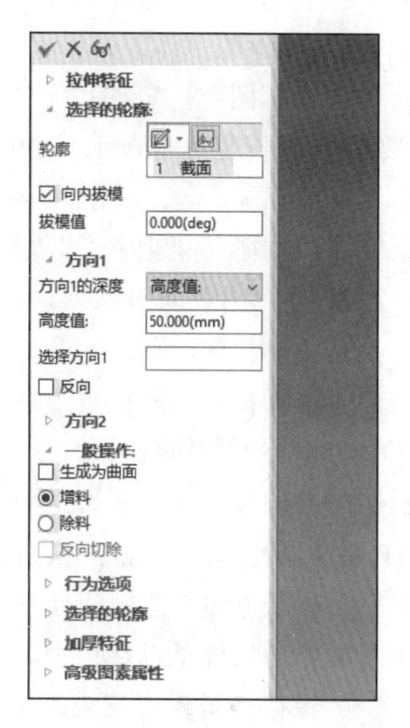

图 3-86　拉伸特征的属性设置任务窗格

重新设置对应的拉伸参数可以修改之前的拉伸特征，如设置拔模值、拉伸高度和增料、除料等。

任务实施

根据图样，利用 CAXA 3D 实体设计 2018 创建“城堡”的三维实体特征，并利用 3D 打印机将其打印成实物，其操作步骤如下。

步骤① 打开 CAXA 3D 实体设计 2018，选择空白模板新建一个设计环境，创建城堡的主体部分——长方体。具体的操作方法有以下 3 种。

方法一：在该设计环境中直接从设计元素库中拖入一个“长方体”图素，并将其长度设置为 40mm、宽度设置为 20mm、高度设置为 40mm。

方法二：利用“拉伸向导”功能拉伸一个长度为 40mm、宽度为 20mm 且拉伸高度为 40mm 的长方体作为城堡的主体部分。

① 单击“特征”|“特征”|“拉伸向导”按钮，在打开的对话框中选择“独立实体”单选按钮和“实体”单选按钮，选择“在特征末端（向前拉伸）”单选按钮，拉伸方向为离开选择的表面，拉伸距离设为 40mm。

② 利用二维草图绘制工具绘制所需的长方形，并利用相关的草图修改工具和草图约束工具处理草图，使草图满足拉伸截面的要求，然后单击“草图”|“草图”|“完成”按钮，系统即将二维草图轮廓按照设定的拉伸参数拉伸成三维实体造型。

方法三：利用“拉伸”功能拉伸一个长度为40mm、宽度为20mm且拉伸高度为40mm的长方体作为城堡的主体部分。

① 单击“草图”|“草图”|“二维草图”按钮，进入绘制草图模式，在选中的基准面上绘制一个长度为40mm、宽度为20mm的长方形，然后单击“完成”按钮退出草图操作。

② 单击“特征”|“特征”|“拉伸”按钮，在打开的属性设置任务窗格中选择“新生成一个独立的零件”单选按钮，并设置拉伸深度为40mm。

③ 完成主体拉伸操作。

步骤② 选择长方体的底面作为基准面，在长方体两边分别拉伸半径为15mm且拉伸高度为50mm的圆柱体。

步骤③ 在圆柱体上方放置从设计元素库中分别调入的圆锥体和半球体，使圆锥体的底面直径与圆柱体的直径相等，使半球体的直径与圆柱体的直径相等。

步骤④ 在长方体下方中间处拉伸一个半径为5mm的拱门，并设置拉伸深度为“贯穿”(贯穿是指将实体从前往后去除材料)。

步骤⑤ 保存“城堡”三维造型并输出STL文件，在切片软件中设置其3D打印参数，保存至SD卡。

步骤⑥ 利用3D打印机将绘制好的“城堡”打印成实物。城堡模型如图3-87所示。

图3-87 城堡模型

任务创新

请读者开动脑筋，发挥想象力与创造力，在原来城堡的基础上进行修改，绘制出你心目中的神秘城堡。例如，修改城堡主体、门窗形状、位置等。城堡创新设计举例如图 3-88 所示。

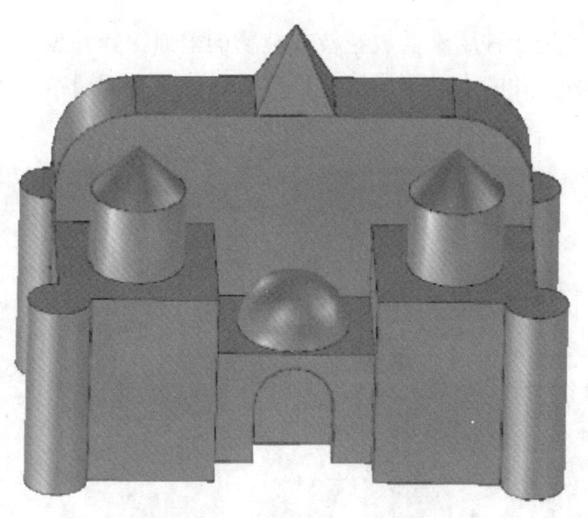

图 3-88 城堡创新设计举例

图 3-89 所示城堡可供参考。

图 3-89 城堡实例

任务六 花瓶的设计与打印

任务导读

花瓶（图 3-90）是一种用于盛放花枝或植物的器皿，其外表美观光滑，多为陶瓷或玻璃制成，其中的名贵者由水晶等昂贵材料制成。花瓶底部通常盛水，让植物保持活性与美丽。

图 3-90 花瓶

对于现代家居装饰品而言，仅仅实用是不够的。越来越多的家居设计者在设计时融入巧妙的心思，将美化家居的功能应用于平凡的家居装饰品。

下面请读者尝试设计一个花瓶，为生活增添一道靓丽的风景线。花瓶实例如图 3-91 所示。

图 3-91 花瓶实例

任务目标

1）掌握创建旋转特征的方法。

2）熟练编辑旋转特征。

3）灵活应用旋转特征。

任务内容

1）学习 CAXA 3D 实体设计 2018 中旋转的方法。

2）完成花瓶的三维造型及创新设计。

3）利用 3D 打印机打印创新作品。

知识链接

在 CAXA 3D 实体设计 2018 中，回转体零件是通过旋转方法创建的。

旋转特征是指由一个草图截面轮廓围绕一根轴旋转而创建的特征，可创建曲面特征，也可创建实体特征。例如，利用 CAXA 3D 实体设计 2018 可把绘制成的一个直角三角形（二维）旋转成一个圆锥体（三维）。创建旋转特征的方法与创建拉伸特征的方法类似，可利用“旋转”命令和“旋转向导”命令进行旋转建模。下面分别介绍这两种创建旋转特征的方法。

1. 旋转向导

使用“旋转向导”功能创建旋转特征，其操作步骤如下。

步骤① 打开 CAXA 3D 实体设计 2018，选择空白模板创建一个新的设计环境，单击“特征”|“特征”|“旋转向导”按钮，如图 3-92 所示。

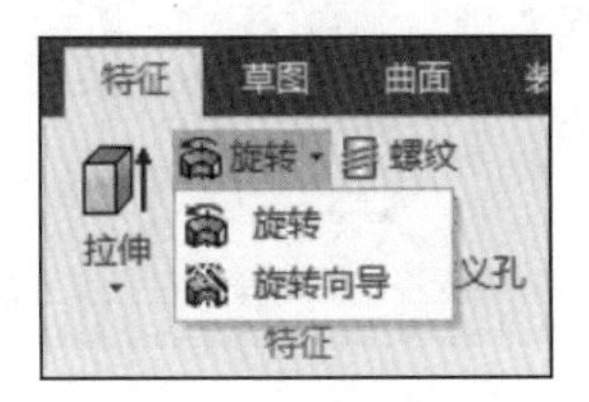

图 3-92　“特征”面板

打开“旋转特征向导-第 1 步/共 3 步” 对话框，如图 3-93 所示。在该对话框中可设置的选项如下。

① 独立实体：可创建一个新的独立实体模型（新的零件）。

② 增料：可对已存在的零件或实体图素进行旋转增料操作。

③ 除料：可对已存在的零件或实体图素进行旋转除料操作。

④ 实体：创建的旋转特征为实体造型。

⑤ 曲面：创建的旋转特征为曲面造型。

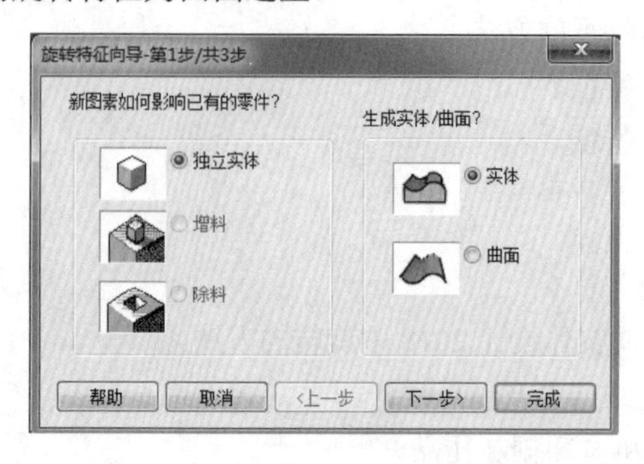

图 3-93　旋转特征向导-第 1 步

步骤② 根据实际情况，在“旋转特征向导-第 1 步/共 3 步”对话框中选中选项，如选择“独立实体”单选按钮和“实体”单选按钮，然后单击“下一步”按钮，如图 3-94 所示。

步骤③ 打开“旋转特征向导-第 2 步/共 3 步”对话框，根据需要设置旋转角度，并选择新形状如何定位，然后单击“下一步”按钮，如图 3-94 所示。该对话框中各按钮的作用如下。

① 旋转角度：根据自身需要设置旋转角度（可设置的旋转角度为 0°～360°）。

② 沿着选择的表面：旋转方向平行于所选择的平面，即草图平面垂直于所选平面。

③ 离开选择的表面：旋转方向垂直于所选择的平面，即草图平面在所选的平面上。

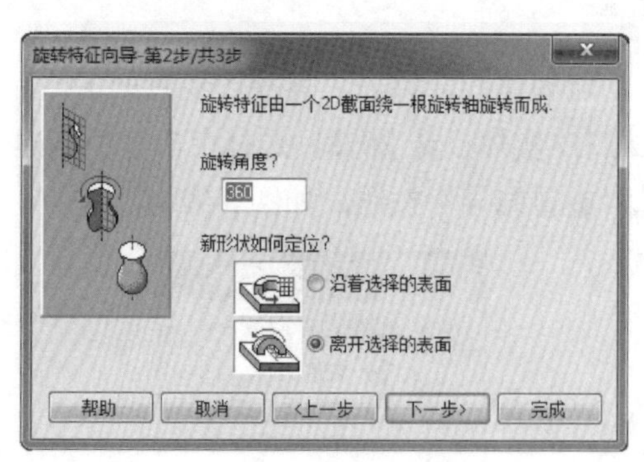

图 3-94　旋转特征向导-第 2 步

步骤④ 打开“旋转特征向导-第 3 步/共 3 步”对话框，可根据设计情况设置是否显示栅格，然后单击“完成”按钮，如图 3-95 所示。该对话框中各按钮的作用如下。

① 栅格：是一个包含零件设计主要参考系和坐标系的平面。这些参考系和坐标系对零件的设计很重要，一般用来辅助定位和绘制网格，可根据实际情况选择显示栅格或不显示栅格。

② 显示栅格：栅格以十字交叉影线网的形式显示。无论是否能使图素和模型透过栅格或定位到栅格之后，都应将栅格考虑为设计环境的“底板”。

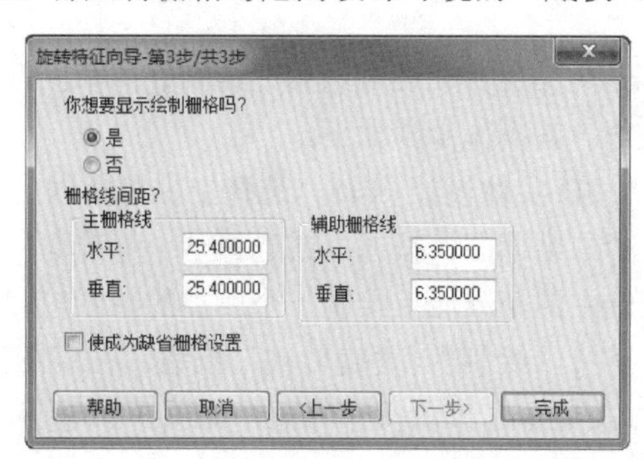

图 3-95　旋转特征向导-第 3 步

步骤⑤ 单击“完成”按钮，切换到“草图”界面，并激活相关的草图工具。

步骤⑥ 利用二维草图绘制工具绘制旋转所需的草图截面轮廓，并利用相关的草图修改工具和草图约束工具处理草图，使绘制的草图符合旋转操作要求，单击“草图”|“草图”|“完成”按钮，系统即将二维草图轮廓按照预先设定的旋转参数完成旋转。

注意：若不对旋转轴作出选择，则系统将自动默认围绕 Y 轴进行旋转。当编辑特征，进入特征属性后，是无法选择草图中已有直线作为旋转轴的。这是 CAXA 3D 实体设计 2018 的一个特性。假设不想让它围绕 Y 轴旋转，而是围绕指定的直线旋转，则需在草图中使用“旋转轴”功能，单独绘制一个旋转轴，如图 3-96 所示。

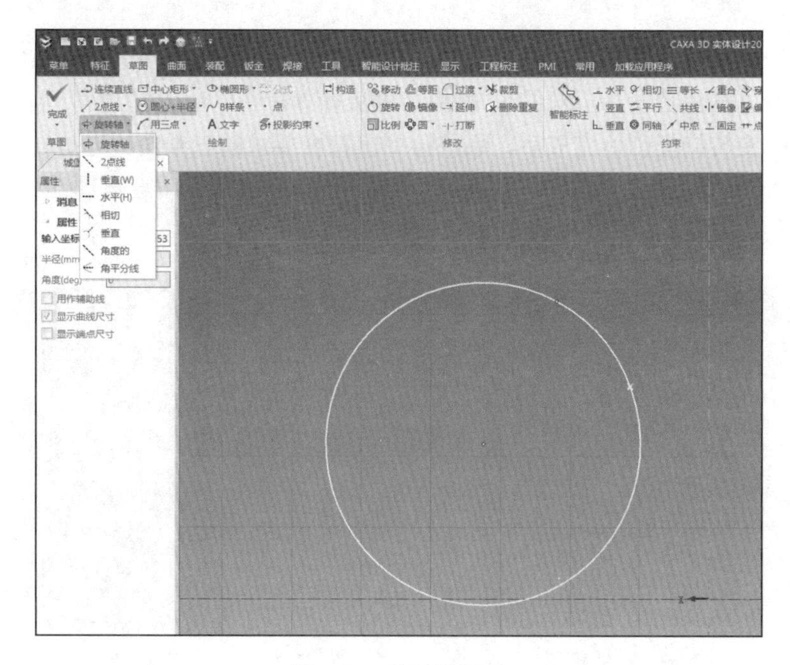

图 3-96　旋转轴设置

步骤⑦ 完成旋转操作后，系统绘制出符合要求的三维实体造型。

2. 旋转

在 CAXA 3D 实体设计 2018 中，还可利用已绘制好的草图轮廓创建旋转特征，即使用“旋转”功能进行操作，其操作步骤如下。

步骤① 打开 CAXA 3D 实体设计 2018，选择空白模板创建一个新的设计环境，单击“草图”|“草图”|“二维草图”按钮，或选择一个基准面（如“在 X-Y 基准面”），进入绘制草图模式，在选中的基准面上绘制一个所需的草图轮廓几何图形。

步骤② 单击“草图”|“绘制”|“旋转轴”按钮，在草图区绘制一条纵向的旋转轴，然后单击 “完成”按钮退出草图操作界面，如图 3-97 所示。

步骤③ 切换到功能区的“特征”选项卡，在设计树中选中之前完成的 2D 草图，然后单击“旋转”按钮，激活旋转功能，如图 3-98 所示。

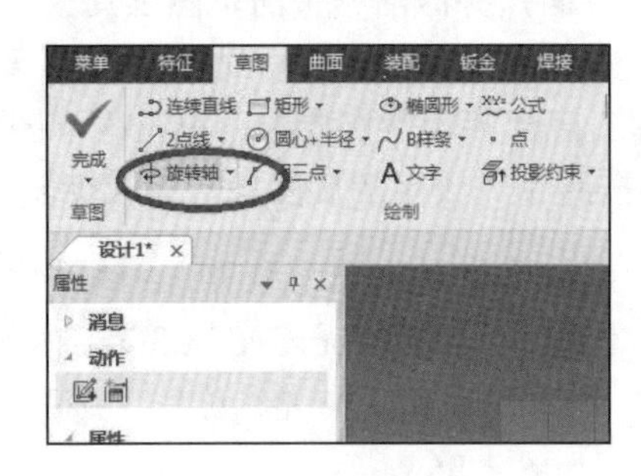

图 3-97 旋转轴

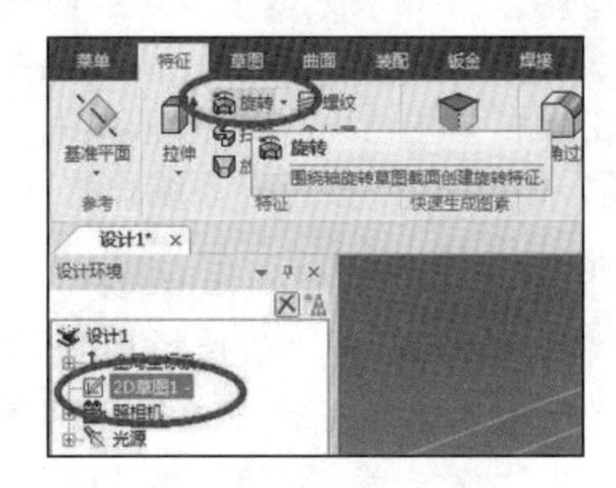

图 3-98 绘制旋转轴

步骤④ 在属性设置任务窗格中选择“新生成一个独立的零件”单选按钮。

步骤⑤ 单击任务窗格上部的 ✔ 按钮，结束操作。

步骤⑥ 旋转特征创建完成后，系统绘制出符合要求的三维实体造型。

在创建旋转特征时，如果草图本身是不封闭的，那么系统将会自动地将轮廓进行延伸封闭，创建出实体，如图 3-99 和图 3-100 所示。

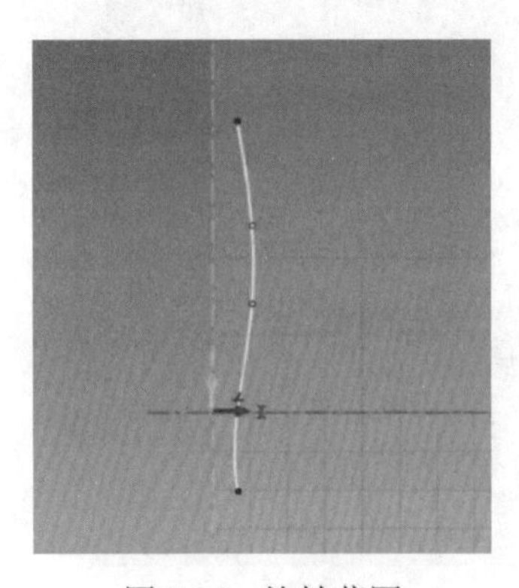

图 3-99 旋转草图

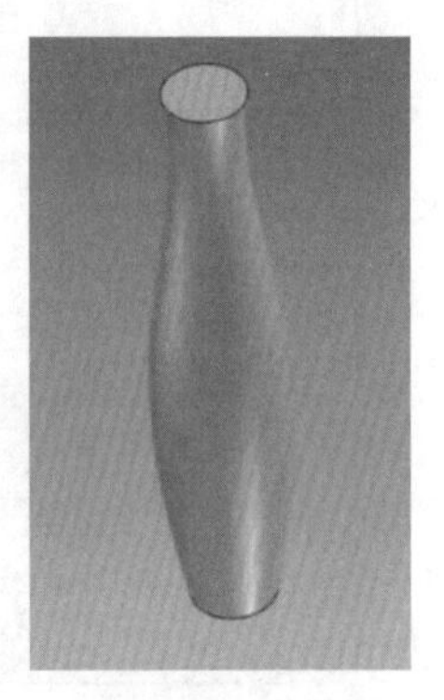

图 3-100 旋转

3. 编辑旋转特征

对已生成的旋转特征，仍然可对它进行编辑处理，包括编辑截面或其他属性。与拉伸编辑类似，通过单击零件设计环境中的设计树目录，选中需要修改的旋转特征，右击，在弹出的快捷菜单中选择相应命令，即可对相应的旋转参数和草图进行编辑，如图 3-101 所示。

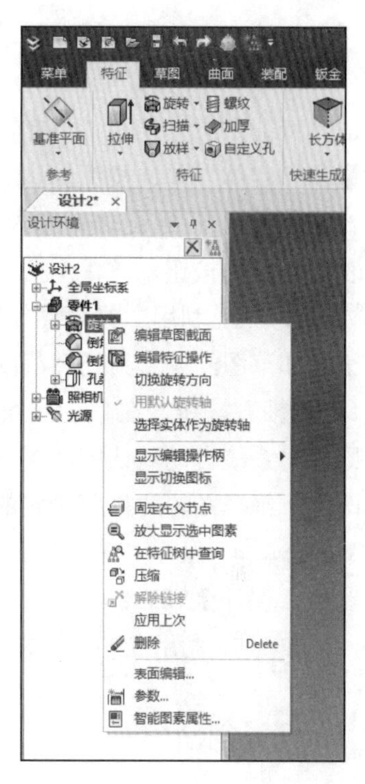

图 3-101　旋转特征快捷菜单

任务实施

设计一个花瓶。花瓶是一种典型的回转类实体。根据图样在 CAXA 3D 实体设计 2018 中创建花瓶的三维实体特征，并利用 3D 打印机将其打印成实物。可使用不同命令完成这一任务。

方法一：使用旋转功能操作，其操作步骤如下。

步骤① 打开 CAXA 3D 实体设计 2018，选择空白模板创建一个新的设计环境，默认文件名为“设计 1”，单击“草图”|“草图”|“二维草图”按钮，或从中选择一个基准面，进入绘制草图模式，绘制花瓶截面草图。单击“完成”按钮退出草图操作。

步骤② 单击“特征”|“特征”|“旋转”按钮，打开属性设置任务窗格，选择“新生成一个独立的零件”单选按钮，然后单击已绘制完成的花瓶二维截面草图，此时系统默认旋转轴为 Y 轴，单击“完成”按钮，即可完成花瓶的旋转操作（也可先选中绘制好的花瓶二维截面草图，然后单击“旋转”按钮）。

步骤③ 保存“花瓶”三维造型并输出 STL 文件，在切片软件中设置其 3D 打印参数，保存至 SD 卡。

步骤④ 利用 3D 打印机将绘制好的“花瓶”打印成实物。花瓶模型如图 3-102 所示。

图 3-102　花瓶模型

方法二：使用旋转向导功能操作，其操作步骤如下。

步骤① 打开CAXA 3D实体设计2018，选择空白模板创建一个新的设计环境，单击“特征”|“特征”|“旋转向导”按钮，在打开的对话框中选择“独立实体”单选按钮和“实体”单选按钮。

步骤② 设置旋转角度为360°，在 “新形状如何定位？”栏中选择“离开选择的表面”单选按钮。

步骤③ 利用二维草图绘制工具绘制所需的花瓶截面草图，并利用相关的草图修改工具和草图约束工具处理草图，使草图满足旋转操作的要求，单击“草图”|“绘制”|“旋转轴”按钮，在草图区绘制一条纵向的旋转轴。若不对旋转轴进行选择或者绘制，则此时系统自动默认围绕Y轴进行旋转。单击“草图”|“草图”|“完成”按钮，系统即将二维草图轮廓按照设定的旋转参数旋转成三维实体造型。

步骤④ 保存“花瓶”三维造型并输出STL文件，在切片软件中设置其3D打印参数，保存至SD卡。

步骤⑤ 利用3D打印机将绘制好的“花瓶”打印成实物。

任务创新

请读者开动脑筋，发挥想象力与创造力，设计并制作一款个性化的花瓶模型。可根据自己的想法设计或修改花瓶，如修改花瓶形状等。图3-103和图3-104所示花瓶可供参考。

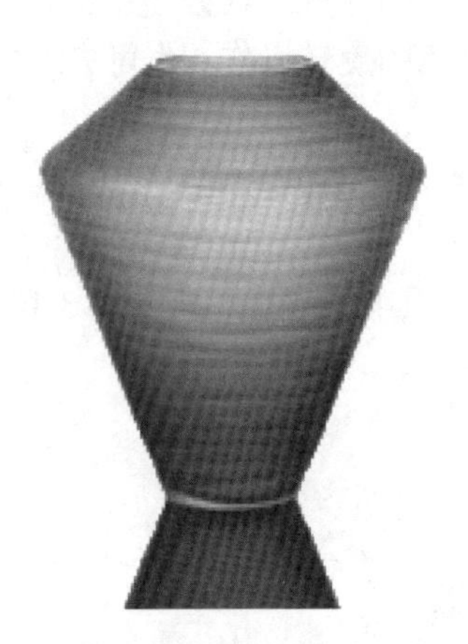

图3-103　花瓶举例1

图3-104　花瓶举例2

任务七　茶杯的设计与打印

任务导读

茶杯（图 3-105）是盛茶水的用具，其基本器型大多是直口或敞口，且杯口沿直径与杯高近乎相等。茶杯有平底、圈足或高足之分。考古资料表明，茶杯最早见于新石器时代。无论是在仰韶文化遗址、龙山文化遗址还是河姆渡文化遗址中，考古人员都发现了陶制杯。这一时期杯型最为奇特多样：带耳的有单耳杯或双耳杯；带足的多为锥形杯、三足杯、觚形杯、高柄杯等。

图 3-105　茶杯

茶杯在现代生活中同样扮演着重要角色，人们为其赋予了各种不同的形状与图案，使其在实用的基础上更加美观。下面请读者设计一个属于自己的茶杯。茶杯实例如图 3-106 所示。

图 3-106　茶杯实例

任务目标

1）掌握创建扫描特征的方法。
2）熟练编辑扫描特征。
3）灵活应用扫描特征。

任务内容

1）学习 CAXA 3D 实体设计 2018 中扫描的方法。
2）完成茶杯的三维造型及创新设计。
3）利用 3D 打印机打印创新作品。

知识链接

在 CAXA 3D 实体设计 2018 中，扫描特征是将一个草图截面沿着一条轨迹线进行扫描而生成的特征。

在拉伸设计和旋转设计中，CAXA 3D 实体设计 2018 把自定义二维剖面沿着预先设定的路径移动，从而生成三维造型。在扫描设计中，除了需要生成截面，还需要指定一条导向曲线。该导向曲线可定义为一条直线、一系列直线、一条 B 样条曲线或一条弧线。扫描设计在路径上的各点的界面形状保持不变。

在 CAXA 3D 实体设计 2018 中，可使用扫描向导和扫描功能进行扫描操作建模。

1. 使用“扫描向导”创建扫描特征

具体操作步骤如下。

步骤① 打开 CAXA 3D 实体设计 2018，选择空白模板生成一个新的设计环境，单击“特征”|“特征”|“扫描向导”按钮，如图 3-107 所示。

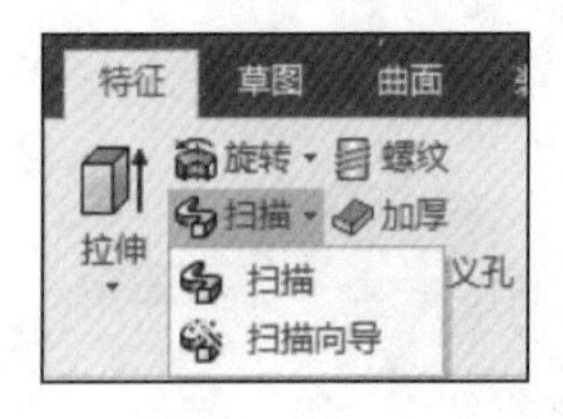

图 3-107　扫描

步骤② 打开“扫描特征向导-第 1 步/共 4 步”对话框，如图 3-108 所示。在该对话框中设置选项为“独立实体”，生成类型为“实体”，然后单击“下一步”按钮。该对话框中各选项的作用如下。

① 独立实体：系统将创建一个新的独立实体模型（新的零件）。
② 增料：针对已创建的零件或实体图素，在此基础上增加扫描特征操作。

③ 除料：针对已存在的零件或实体图素，在此基础上去除扫描特征部分的材料。

④ 实体：创建的扫描特征为实体造型。

⑤ 曲面：创建的扫描特征为曲面造型。

步骤③ 打开“扫描特征向导-第 2 步/共 4 步”对话框，如图 3-109 所示。在该对话框中可选择“沿着表面”单选按钮或“离开表面”单选按钮，然后单击“下一步”按钮。

图 3-108 扫描特征向导-第 1 步

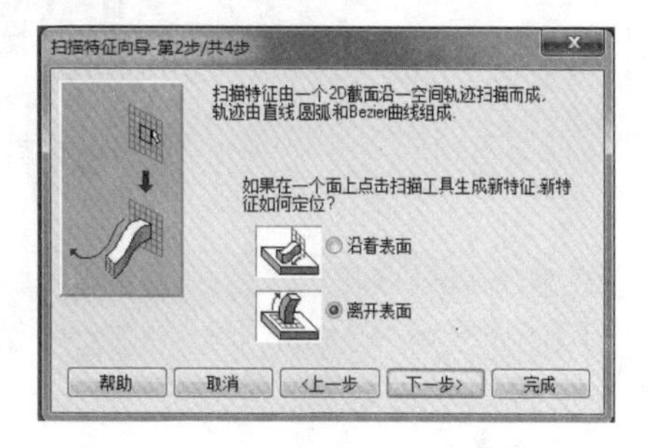

图 3-109 扫描特征向导-第 2 步

该对话框中各按钮的作用如下。

① 沿着表面：扫描方向平行于所选择的平面，即草图平面垂直于所选平面。

② 离开表面：扫描方向垂直于所选择的平面，即草图平面在所选的平面上。

步骤④ 打开“扫描特征向导-第 3 步/共 4 步”对话框，如图 3-110 所示，选择“2D 导动线”单选按钮，选择“圆弧”单选按钮，并选中“允许沿尖角扫描”复选框，然后单击“下一步”按钮。

该对话框中各按钮的作用如下。

① 2D 导动线：用于设置二维草图线为导动线，可选择直线、圆弧和贝塞尔（Bezier）曲线。

② 3D 导动线：用于设置 3D 曲线为导动线。

③ 允许沿尖角扫描：允许特征扫描有尖角。

步骤⑤ 打开“扫描特征向导-第 4 步/共 4 步”对话框，如图 3-111 所示。在该对话框中可设置是否显示绘制栅格，可设置主栅格线间距和辅助栅格线间距等。若选择默认设置，则单击“完成”按钮。

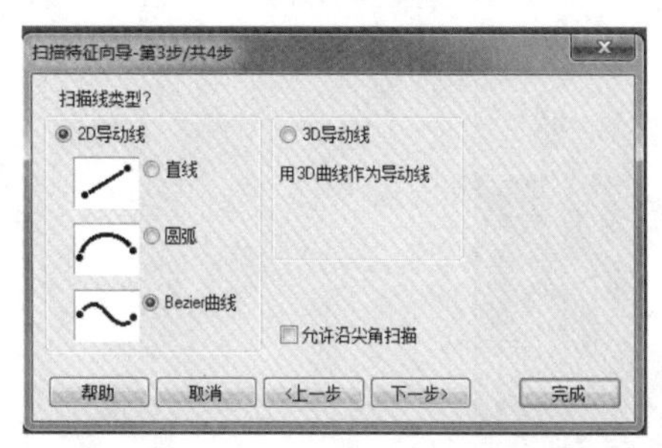

图 3-110 扫描特征向导-第 3 步

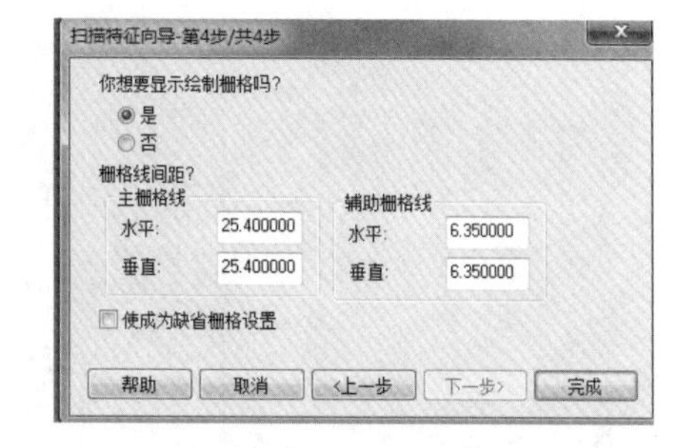

图 3-111 扫描特征向导-第 4 步

步骤⑥ 此时图形窗口中显示草图栅格平面，绘制和编辑二维导动线，完成后单击“完成”按钮。

步骤⑦ 进入草图界面，利用二维绘制工具绘制所需的草图作为扫描截面轮廓，单击“草图”|“草图”|“完成”按钮，完成扫描操作。

扫描效果如图 3-112 所示。

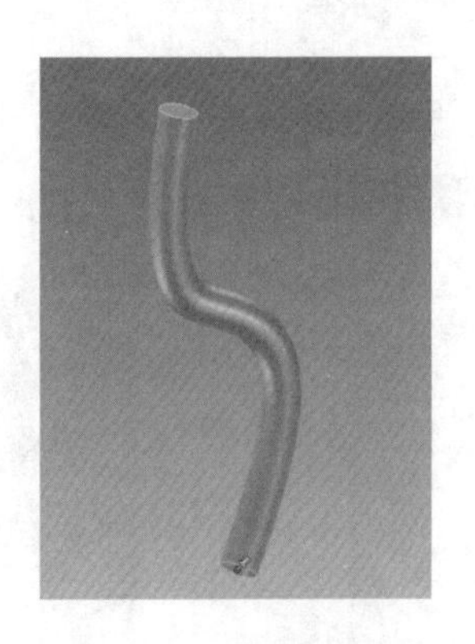

图 3-112 扫描效果

注意：当生成扫描实体特征时，草图轮廓必须封闭；当生成扫描曲面时，草图轮廓可以不封闭。

2. 使用“扫描”功能

在 CAXA 3D 实体设计 2018 中，还可利用已绘制好的草图创建扫描特征，其操作步骤如下。

步骤① 打开 CAXA 3D 实体设计 2018，选择空白模板创建一个新的设计环境。

步骤② 单击“特征”|“特征”|“扫描”按钮。

步骤③ 在属性设置任务窗格中选择“新生成一个独立的零件”单选按钮。

步骤④ 在扫描特征属性设置任务窗格的“轮廓”栏单击“草图”图标后的三角形符号，在打开的列表中选择“在 X-Y 平面”选项，如图 3-113 所示。

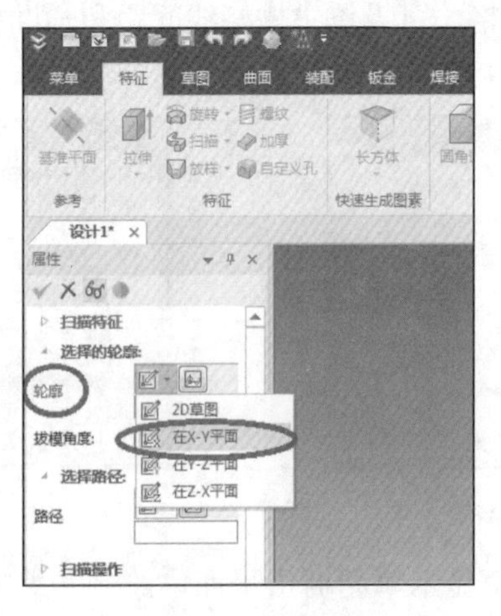

图 3-113 轮廓草图

步骤⑤ 此时进入绘制草图模式，在 X-Y 基准面上绘制一个草图轮廓几何图形。单击“草图”|“绘制”|“圆心+半径”按钮，以坐标原点为圆心画一个圆，单击“完成”按钮，结束操作。

步骤⑥ 在轮廓草图画好后，接下来画扫描路径。在扫描特征属性设置任务窗格的“路径”栏单击“草图”图标后的三角形符号，在打开的列表中选择“在 Y-Z 平面”选项，如图 3-114 所示。

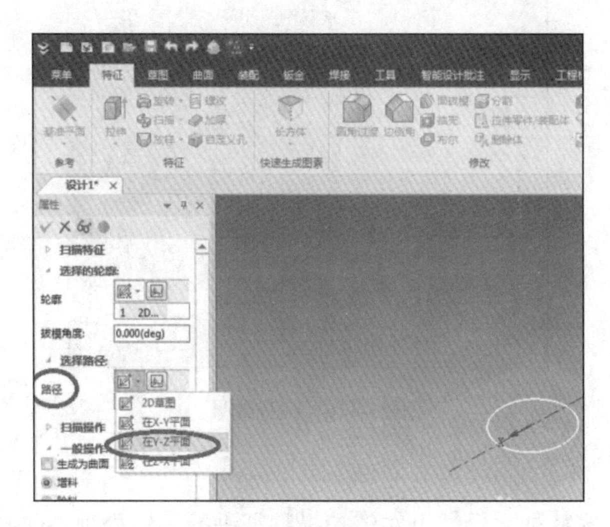

图 3-114　路径草图

步骤⑦ 进入草图绘制界面。单击“草图”|“绘制”|“B 样条”按钮，在绘图区以坐标原点为起点画一条样条曲线，尽量画长一点，然后单击“草图”|“草图”|“完成”按钮，如图 3-115 所示。

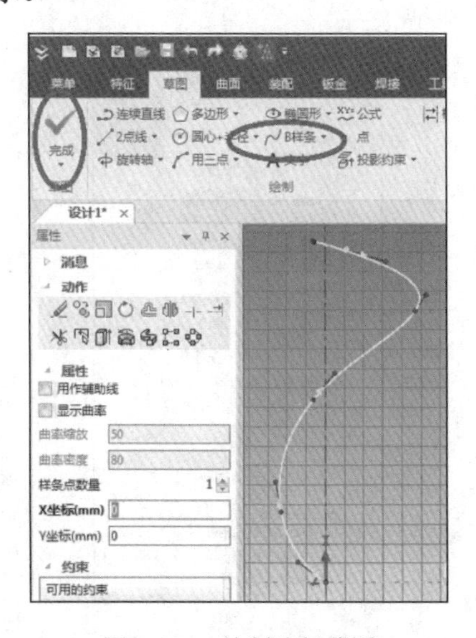

图 3-115　绘制路径草图

步骤⑧ 退出草图操作界面，可看到预览效果。单击任务窗格上部的✔按钮，结束操作。

步骤⑨ 完成扫描操作，效果如图 3-116 所示。

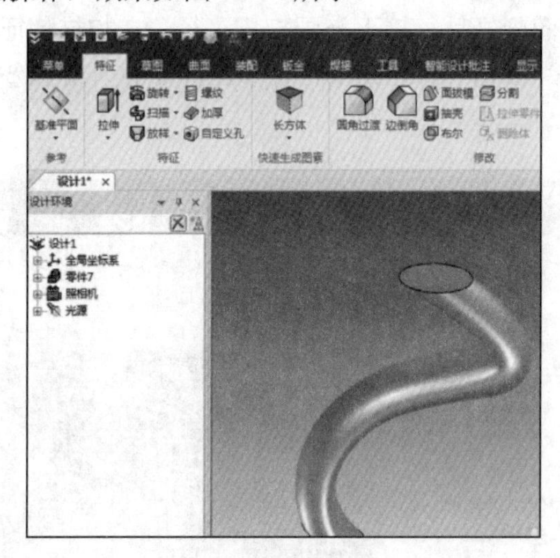

图 3-116　扫描效果

3. 编辑扫描特征

对已生成的扫描特征，仍然可对该扫描特征进行编辑处理，包括编辑截面或其他属性。

与拉伸编辑类似，通过单击零件设计环境中的设计树目录，选中需要修改的扫描特征，右击，在弹出的快捷菜单中选择相应命令，即可对相应的扫描参数和草图进行编辑，如图 3-117 所示。

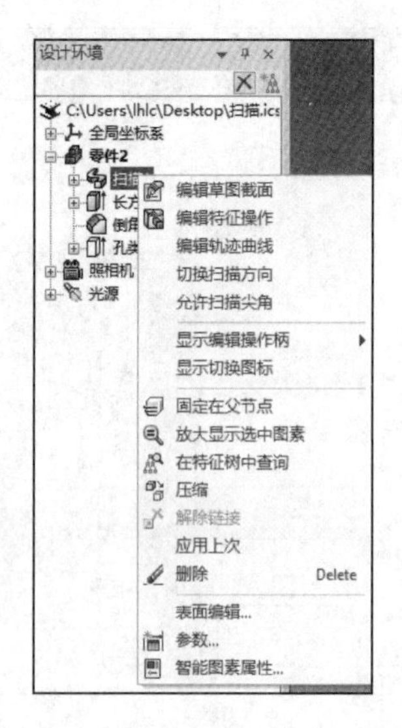

图 3-117　设计树中的扫描特征快捷菜单

任务实施

根据图样创建茶杯的三维实体特征，并利用 3D 打印机将其打印成实物。可使用不同的命令完成这一任务。

方法一：使用“扫描向导”功能操作，其操作步骤如下。

步骤① 打开 CAXA 3D 实体设计 2018，选择空白模板新建一个设计环境，拉伸一个圆柱体作为茶杯的主体部分。

步骤② 单击“特征”|“特征”|“扫描向导”按钮，在打开的对话框中选择“独立实体”单选按钮和“实体”单选按钮，定位方式选择离开表面，扫描线类型选择 2D 导动线中的 Bezier 曲线，选择显示绘制栅格，系统进入二维草图绘制模式，在杯体部分扫描把手（截面形状为圆形），如图 3-118 所示。

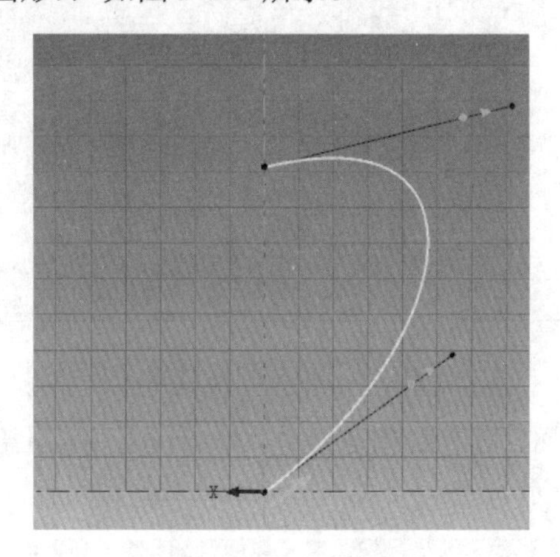

图 3-118 扫描曲线

步骤③ 完成“茶杯”三维造型。

步骤④ 保存“茶杯”三维造型并输出 STL 文件，在切片软件中设置其 3D 打印参数，保存至 SD 卡。

步骤⑤ 利用 3D 打印机将绘制好的“茶杯”打印成实物。

方法二：使用“扫描”功能操作，其操作步骤如下。

步骤① 打开 CAXA 3D 实体设计 2018，选择空白模板新建一个设计环境，拉伸一个圆柱体作为茶杯的主体部分。

步骤② 单击“特征”|“特征”|“扫描”按钮。

步骤③ 在属性设置任务窗格中选择“新生成一个独立的零件”单选按钮。

步骤④ 打开扫描特征属性设置任务窗格，单击“轮廓”栏中“草图”图标后的三角按钮，在打开的列表中选择“在 X-Y 平面”选项。

步骤⑤ 此时进入绘制草图模式，在 X-Y 基准面上绘制一个草图轮廓几何图形。单击“圆心+半径”按钮，以坐标原点为圆心画一个圆，单击“完成”按钮退出草图界面。

步骤⑥ 打开扫描特征属性设置任务窗格，单击“路径”栏后面“草图”图标后的三角形符号，在打开的列表中选择“在 Y-Z 平面”选项。

步骤⑦ 进入草图绘制界面。单击“B 样条”按钮，在绘图区以坐标原点为起点画一条样条曲线，尽量画长一点，然后单击“完成”按钮，如图 3-119 所示。

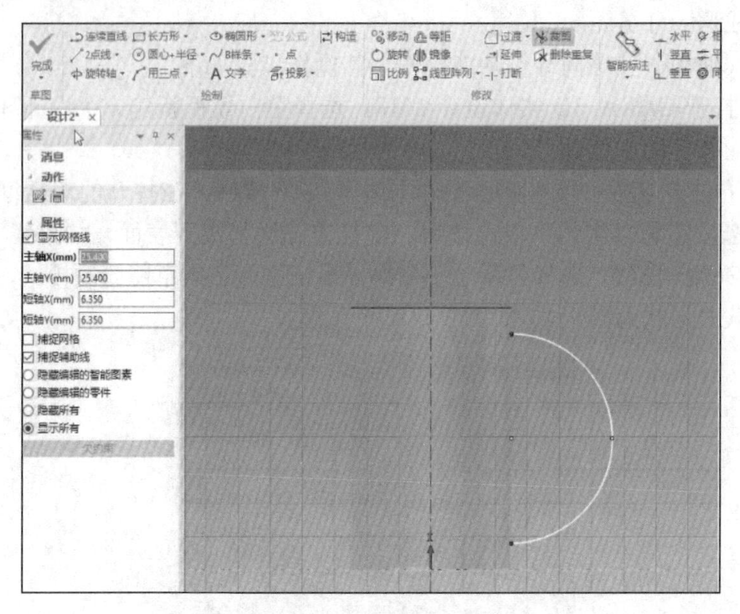

图 3-119　绘制 B 样条

步骤⑧ 退出草图界面，可看到预览效果。单击任务窗格上部的 ✓ 按钮，结束操作。创建的模型如图 3-120 所示。

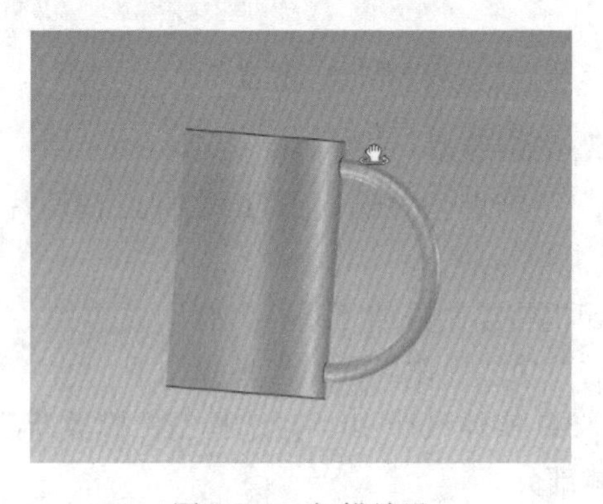

图 3-120　扫描效果

步骤⑨ 保存茶杯三维造型并输出 STL 文件，在切片软件中设置其 3D 打印参数，保存至 SD 卡。

步骤⑩ 利用 3D 打印机将绘制好的“茶杯”打印成实物。

任务创新

请读者开动脑筋，发挥想象力与创造力，设计并制作一款个性化的茶杯模型。可根据自己的想法设计茶杯，如修改茶杯外形、在茶杯上印字等。

任务八　柱子的设计与打印

任务导读

柱，俗称柱子（图 3-121），在工程结构中主要承受压力或弯矩的竖向构件，用以支撑梁、桁架、楼板等。

柱子应用广泛，在建筑物上扮演着不可或缺的角色。为了满足人们的审美需求，设计师们为柱子赋予了千变万化的造型。

本任务请读者发挥想象力和创造力，设计建造一根奇特的柱子。柱子实例如图 3-122 所示。

图 3-121　柱子

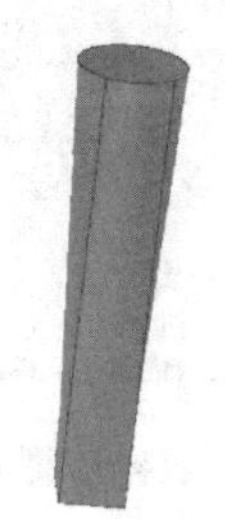

图 3-122　柱子实例

任务目标

1）掌握创建放样特征的方法。

2）灵活应用放样特征。

任务内容

1）完成多截面六边形柱子的三维造型及创新设计。

2）利用 3D 打印机打印创新作品。

在CAXA 3D实体设计2018中，可使用多个截面生成自由形状的放样特征。放样设计的对象是多重截面，这些截面必须经由用户编辑和重新设定尺寸。

1. 使用“放样向导”创建放样特征

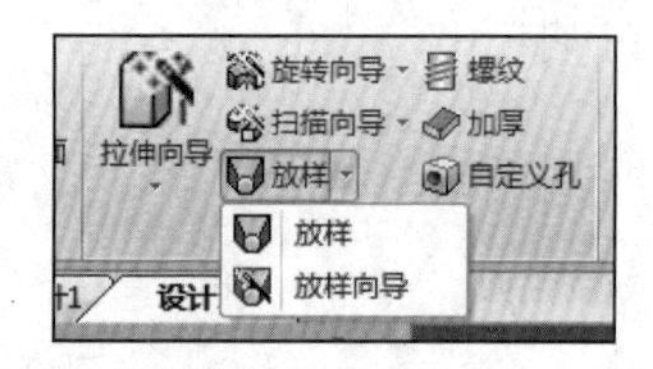

图3-123　放样

具体操作步骤如下。

步骤① 生成一个新的设计环境后，单击“特征”|“特征”|“放样向导”按钮，如图3-123所示，打开“放样造型向导-第1步/共4步”对话框，如图3-124所示。选择“独立实体”单选按钮和“实体”单选按钮，单击“下一步”按钮。

步骤② 打开“放样造型向导-第2步/共4步”对话框，如图3-125所示。在该对话框中的“截面数”栏中选择“指定数字”单选按钮，可自由设置界面数量，单击“下一步”按钮。

图3-124　放样造型向导-第1步

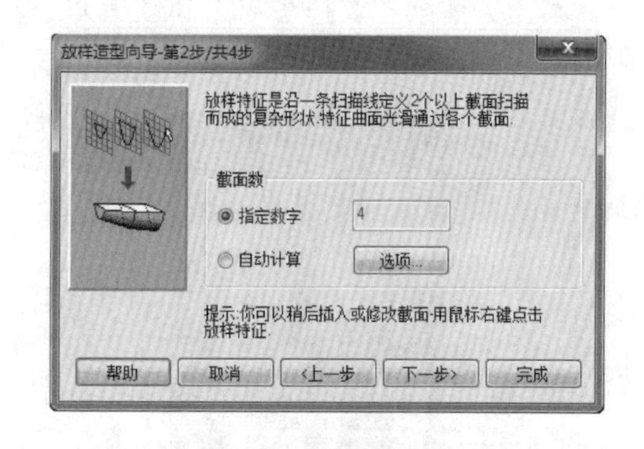

图3-125　放样造型向导-第2步

步骤③ 打开“放样造型向导-第3步/共4步”对话框，如图3-126所示，设置截面类型为矩形，轮廓定位曲线类型为圆弧，然后单击“下一步”按钮。

注意： 如果选择圆或矩形作为截面，那么系统就会自动生成一个方块或圆柱，其截面有待编辑。

步骤④ 打开“放样造型向导-第4步/共4步”对话框，如图3-127所示。在该对话框中可设置是否显示绘制栅格，可设置主栅格线间距和辅助栅格线间距等。设置完成后，单击“完成”按钮。

步骤⑤ 在草图栅格上，用鼠标指针拖动默认曲线可修改放样定位曲线，然后在“编辑轮廓定位曲线”对话框中单击“完成造型”按钮，如图3-128所示。由此得到的放样造型，如图3-129所示。

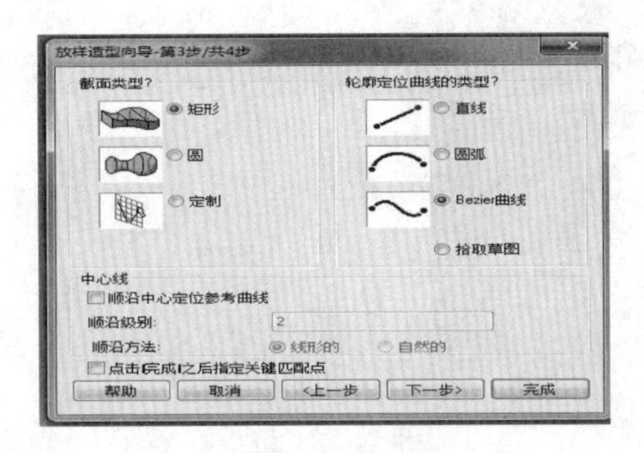

图 3-126　放样造型向导-第 3 步

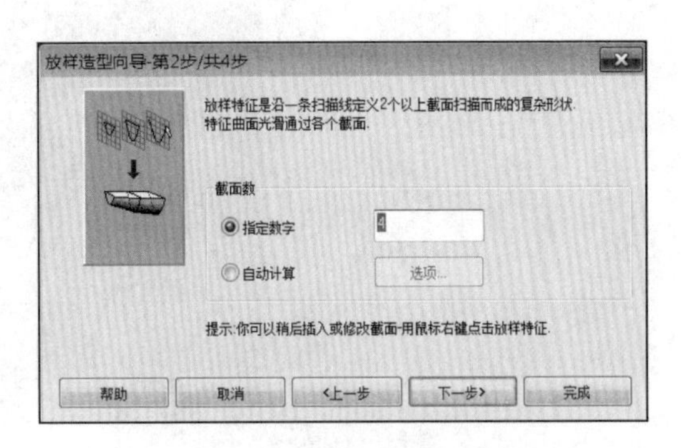

图 3-127　放样造型向导-第 4 步

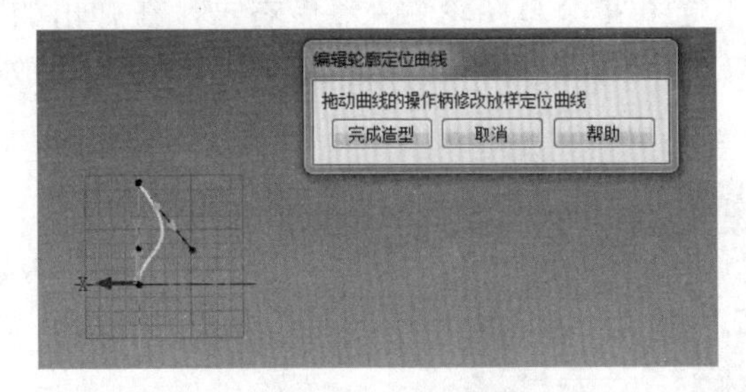

图 3-128　修改放样定位曲线

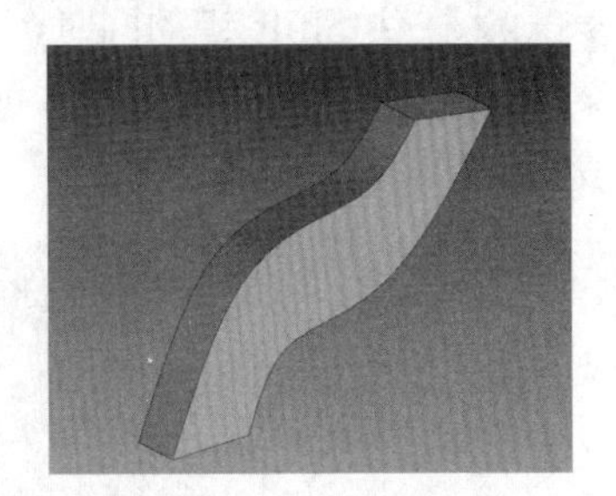

图 3-129　放样造型

若对默认造型不满意，则可在放样特征处于编辑状态下时修改截面。在“截面编号”按钮（如图 3-130 中的 1、2、3、4 处）处右击，在弹出的快捷菜单中选择“编辑截面”命令，可将截面修改至任意大小。

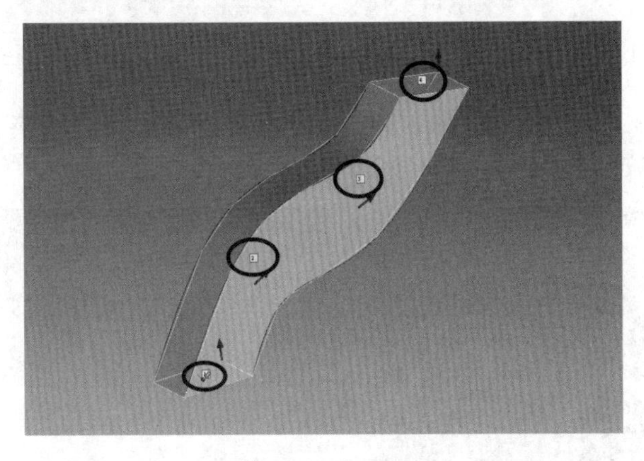

图 3-130　编辑截面操作

2. 利用已有草图轮廓创建放样特征

可利用已绘制好的草图轮廓创建放样特征，其操作步骤如下。

步骤① 先绘制 4 个截面的草图轮廓，然后退出草图界面，如图 3-131 所示。

图 3-131　草图轮廓

步骤② 按住 Shift 键的同时，从上往下选中 4 个草图轮廓，然后右击，在弹出的快捷菜单中单击“放样”命令，如图 3-132 所示。也可单击“特征”|“特征”|“放样”按钮。

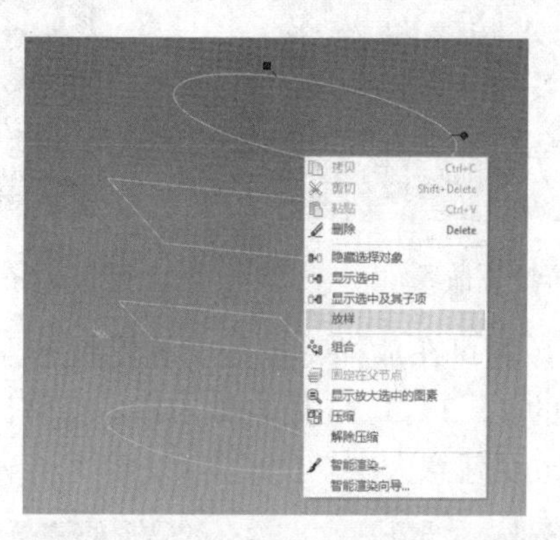

图 3-132　放样

步骤③ 在“生成放样”对话框的“放样”选项卡中选择“实体”和“独立零件”单选按钮，然后单击“确定”按钮。如图 3-133 所示

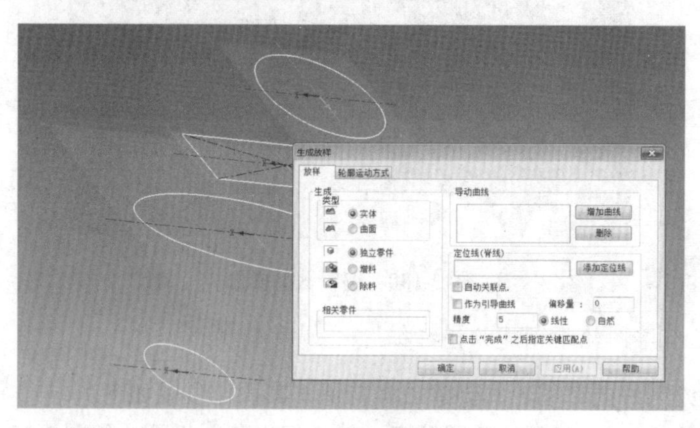

图 3-133　“生成放样”对话框

步骤④ 完成放样操作，创建的模型如图 3-134 所示。

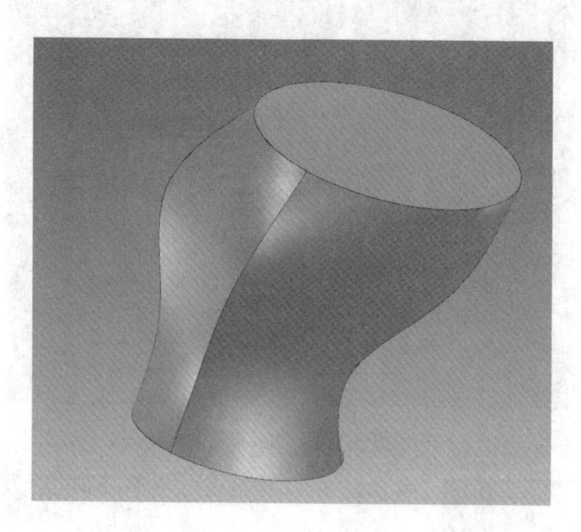

图 3-134　放样模型

3. 编辑放样特征

放样特征生成后，可对其进行编辑以获得满意的放样造型。编辑放样特征主要包括编辑放样轮廓截面和放样参数编辑。可以通过单击设计环境设计树中零件下的放样特征，如图 3-135 所示。此时，零件上显示放样截面的序号，右击序号，在弹出的快捷菜单中选择“编辑截面”命令，即可重新编辑截面，如图 3-136 所示。如果在设计树中右击放样步骤，则可在弹出的快捷菜单中选择“编辑特征操作”命令，如图 3-137 所示。在编辑特征操作界面中可以对放样的具体参数进行修改，如图 3-138 所示。

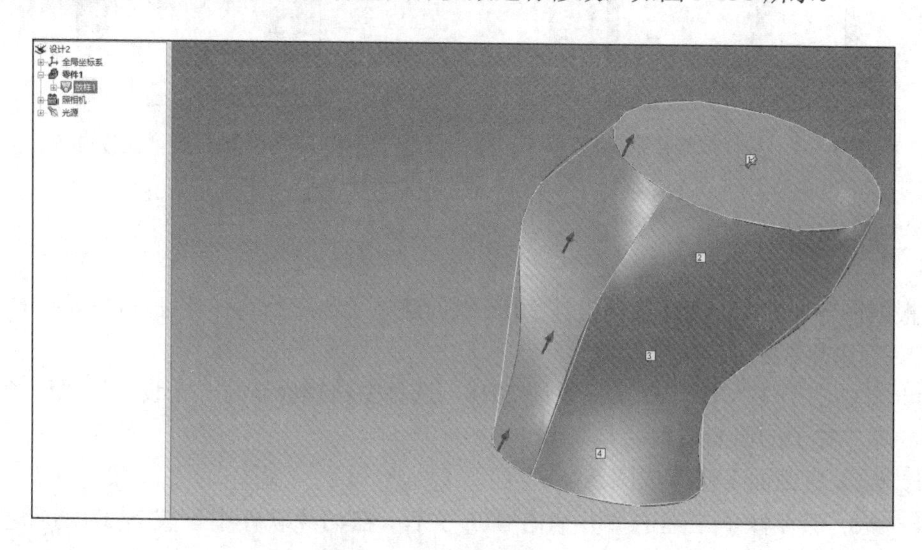

图 3-135　放样截面序号

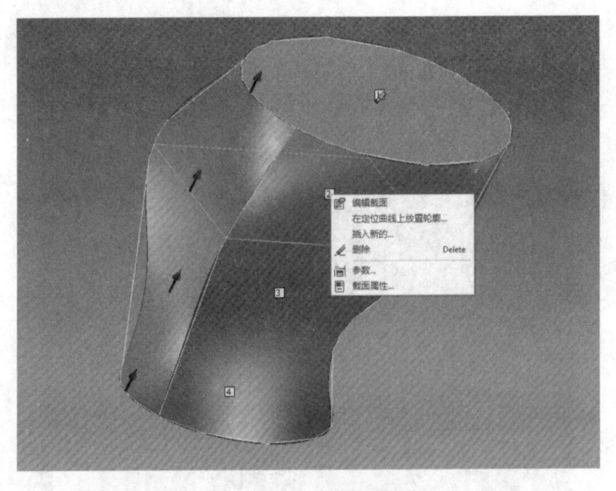

图 3-136　编辑截面

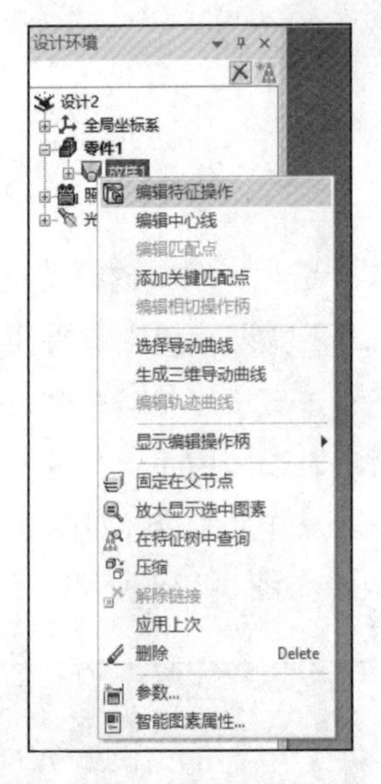

图 3-137　放样编辑特征操作

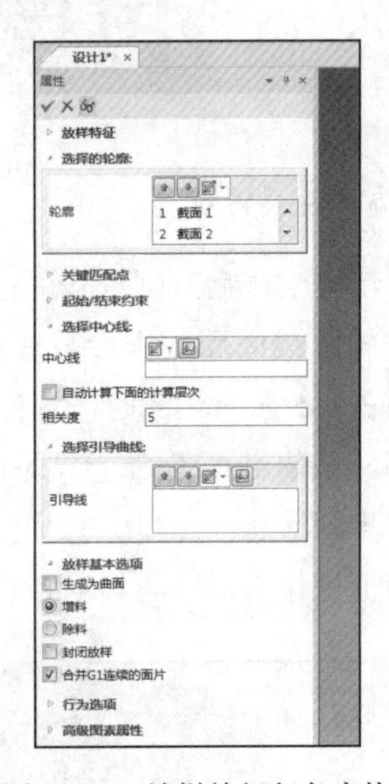

图 3-138　放样特征任务窗格

任务实施

根据图样在 CAXA 3D 实体设计 2018 中创建柱子的三维实体特征，并利用 3D 打印机将其打印成实物，其操作步骤如下。

步骤① 打开 CAXA 3D 实体设计 2018，选择空白模板新建一个设计环境，利用放样向导完成柱子的原始造型。

步骤② 将截面 2 修改成圆。

步骤③ 保存柱子三维造型并输出 STL 文件，在切片软件中设置其 3D 打印参数，保存至 SD 卡。

步骤④ 利用 3D 打印机将绘制好的“柱子”打印成实物。

柱子的放样造型如图 3-139 所示。

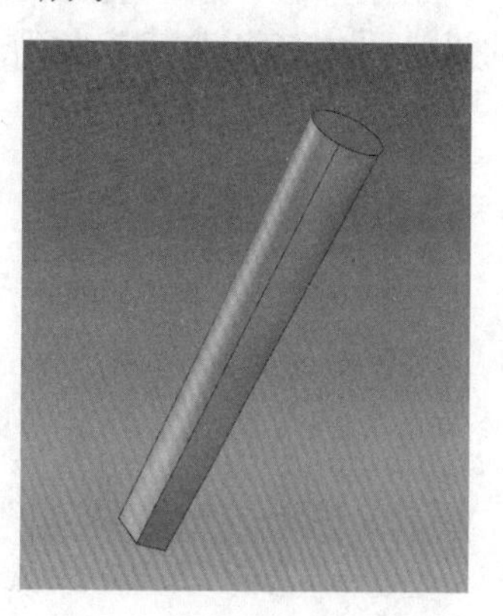

图 3-139 柱子的放样造型

任务创新

请读者开动脑筋，发挥想象力与创造力，设计并制作一个彰显个性的柱子模型。可根据自己的想法设计柱子，如修改柱子的高度、截面数量、截面形状等。

任务九 铲车铲斗的设计与打印

任务导读

铲车（图 3-140）是一种在公路、铁路、建筑、水电、港口、矿山等建设工程中广泛应用的土石方施工机械，它主要用于铲装土壤、砂石、石灰、煤炭等散状物料，也可对矿石、硬土等进行轻度铲挖作业。在换装不同的辅助工作装置后，铲车还可进行推土、起重和其他物料（木材等）的装卸作业。

图 3-140 铲车

铲车铲斗是整个机器的重要组成部分，承担主要工作任务。铲车能否进行高强度的工作，其关键就在于铲斗的设计。本任务请读者设计一个实用的铲斗。铲斗实例如图 3-141 所示。

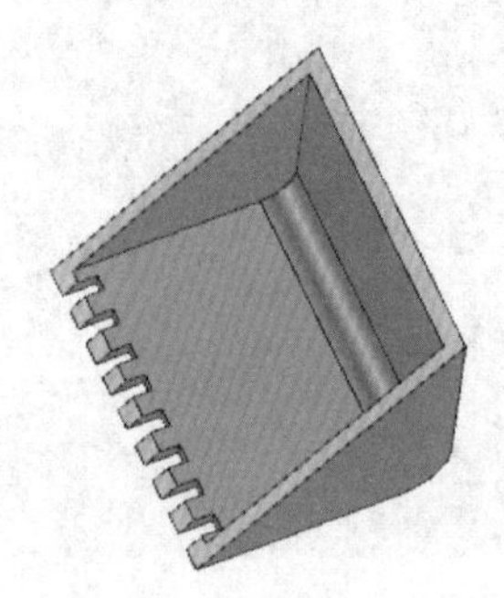

图 3-141　铲斗实例

任务目标

1）熟悉“特征修改”工具的使用方法。

2）熟练应用“圆角过渡”“边倒角”“面拔模”“抽壳”等命令。

3）灵活应用“特征修改”命令。

任务内容

1）学习 CAXA 3D 实体设计 2018 中“特征修改”工具的使用方法。

2）完成铲车铲斗的三维造型及创新设计。

3）利用 3D 打印机打印创新作品。

知识链接

在生成三维实体特征后，需要对其进行修改、编辑与精细设计。CAXA 3D 实体设计 2018 提供了对零件的编辑特征进行修改的功能，可对零件实体特征进行圆角过渡、边倒角、面拔模、抽壳等操作。

这些功能按钮在“特征”选项卡的“修改”组中，如图 3-142 所示。

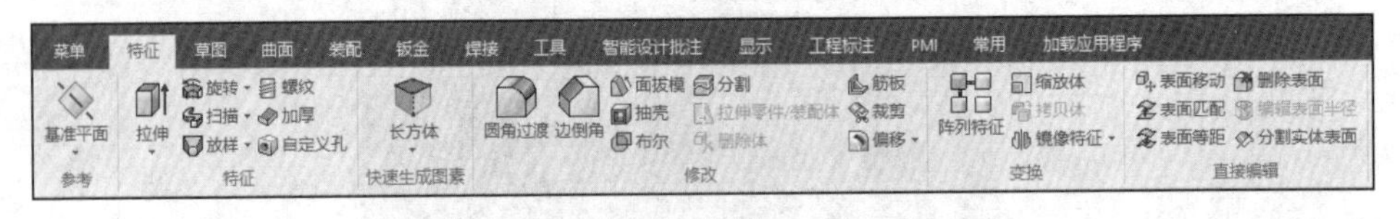

图 3-142　“修改”组

1. 抽壳

抽壳是将实体内部挖空仅保留指定壁厚的设计过程。换言之，抽壳是挖空一个图素的过程。此功能对制作容器、管道和其他内空的对象十分有用。当对一个图素进行抽壳时，可以规定剩余壳壁的厚度。CAXA 3D 实体设计 2018 提供了向里抽壳、向外抽壳及两侧抽壳 3 种方式。

具体操作步骤如下。

步骤① 打开 CAXA 3D 实体设计 2018，选择空白模板新建一个设计环境，从设计元素库中将长方体拖入绘图区。

步骤② 单击“特征”|“修改”|“抽壳”按钮，如图 3-143 所示，打开抽壳特征属性设置任务窗格。

图 3-143　抽壳

步骤③ 在“抽壳类型”栏中选择“内部”单选按钮，如图 3-144 所示。不同抽壳类型的参数说明如下。

① 内部：向内生成抽壳特征，抽壳厚度从实体表面向内部测量。

② 外部：向外生成抽壳特征，抽壳厚度从实体表面向外部测量。

③ 两边：向两侧生成抽壳特征。

图 3-144　抽壳特征属性设置任务窗格

步骤④ 选择一个抽壳开放面。在实体中选中一个表面作为抽壳开放面，此时该表面变成绿色。

步骤⑤ 根据需要设置抽壳厚度。

步骤⑥ 单击任务窗格上部的 ✔ 按钮，结束操作。

“抽壳”参数说明如下。

开放面：选择抽壳实体上开口的表面。

厚度：指定壳体的厚度。其中，单一表面厚度设置是指这里可选择不同的表面，设置不同的抽壳厚度；厚度是指定壳体某一处的壁厚，实现变壁厚抽壳。

2. 圆角过渡

圆角过渡是将零件中尖锐的边线设计成平滑的圆角。单击“特征”|“修改”|“圆角过渡”按钮，如图 3-145 所示，打开圆角过渡特征属性设置任务窗格，如图 3-146 所示，在其中可对零件的棱边实施凸面过渡或凹面过渡，能够可见性检查当前设置值、实施需要的编辑操作或添加新的过渡。CAXA 3D 实体设计 2018 提供了等半径过渡、两个点过渡、变半径过渡、等半径面过渡、边线过渡和三面过渡共 6 种方式。

图 3-145 圆角过渡

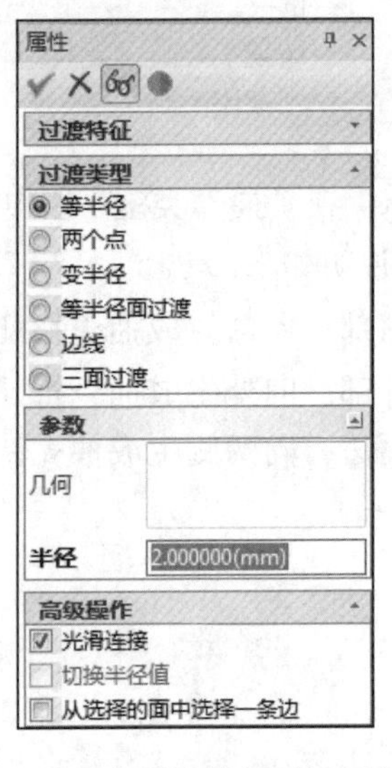

图 3-146 圆角过渡特征属性任务窗格

具体操作步骤如下。

步骤① 打开 CAXA 3D 实体设计 2018，选择空白模板新建一个设计环境，从设计元素库中将长方体拖入绘图区。

步骤② 单击“特征”|“修改”|“圆角过渡”按钮，打开过渡特征属性设置任务窗格。

步骤③ 在“过渡类型”栏中可根据需要选择“等半径”“两个点”“变半径”“等半径面过渡”“边线”“三面过渡”单选按钮，并按照提示输入各项参数。

步骤④ 单击任务窗格上部的 ✔ 按钮，结束操作。图 3-147 和图 3-148 所示为圆角过渡前后对比。

图 3-147　圆角过渡前

图 3-148　圆角过渡后

过渡面、边的选择说明如下。

选择：在进行圆角过渡时，可选择单个边，也可选择一个面。选择的这些面、边的名称会出现在“几何”列表框中。

选择提示信息：选定边绿色加亮显示，每一条边上都显示默认过渡类型和尺寸值。

取消选择：在过渡特征属性设置任务窗格中，若改变当前加亮显示的边的尺寸值，则在“几何”列表框中选择某一个面或某一个边的名称，右击，在弹出的快捷菜单中选择“删除”命令即可，如图 3-149 所示。

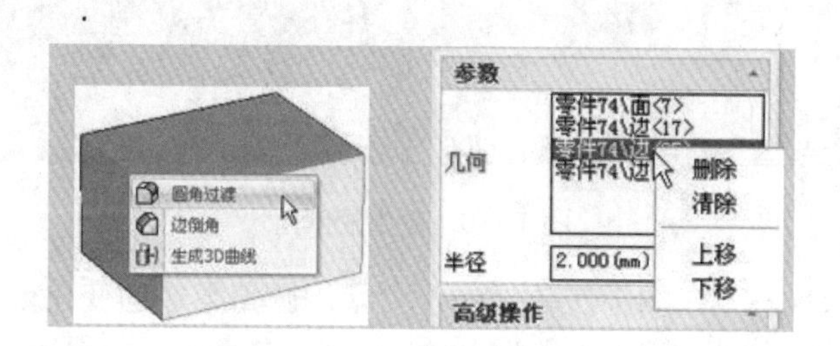

图 3-149　删除选中的边

常用的圆角过渡类型说明如下。

（1）等半径过渡

等半径过渡可实现在实体的边线进行圆角过渡，加工的意义在于将尖锐的边线磨成平滑的圆角。其主要参数说明如下。

几何：选择进行过渡的面或边。

半径：设置圆角过渡半径。

光滑连接：自动选择光滑连接的边，可对与所选择的棱边光滑连接的所有棱边进行圆角过渡。

（2）两个点圆角过渡

两个点圆角过渡是最简单的变半径过渡形式，过渡后圆角的半径值为所选择的过渡边的两个端点的半径值，其主要参数说明如下。

起始半径：两点变半径过渡的开始半径 R_1。

终止半径：两点变半径过渡的终点半径 R_2。

切换半径值：利用此选项可交换过渡半径 R_1 和 R_2 的值。

（3）变半径过渡

变半径过渡可使一条棱边上的圆角有不同的半径变化。在变半径编辑状态下，鼠标指针选中需要改变半径参数的点，可以设置该点的对应参数。其中，“半径”文本框中设定圆角半径值。如果精确定位点所在的位置，就在“百分比”栏中输入变半径点和起始点的距离与长度的比例，如图 3-150 所示。

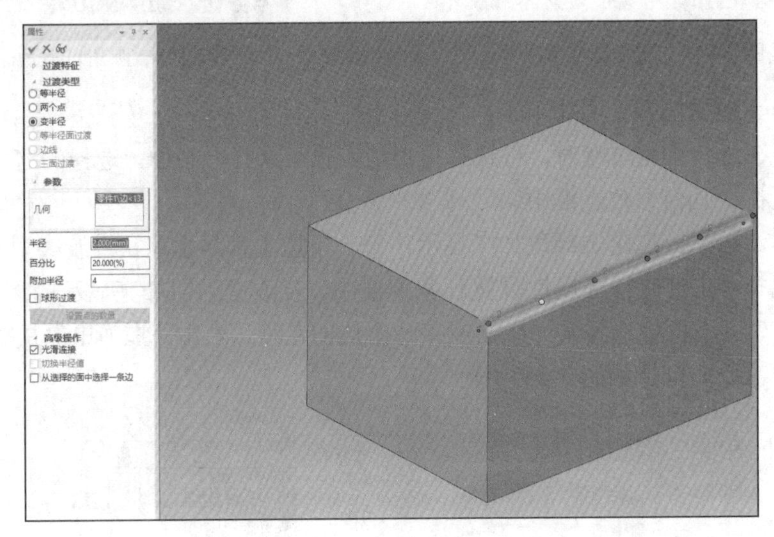

图 3-150　变半径圆角

在变半径编辑状态下，如果在等长的位置增加圆角半径的变化数目（点的数目），则只需在边线对应的点上单击，即可方便地在该位置增加一个控制点，如图 3-151 所示。如果需要删除控制点，则选中需要删除的点，右击，在弹出的快捷菜单中选择“删除”命令即可。变半径过渡的效果如图 3-152 所示。

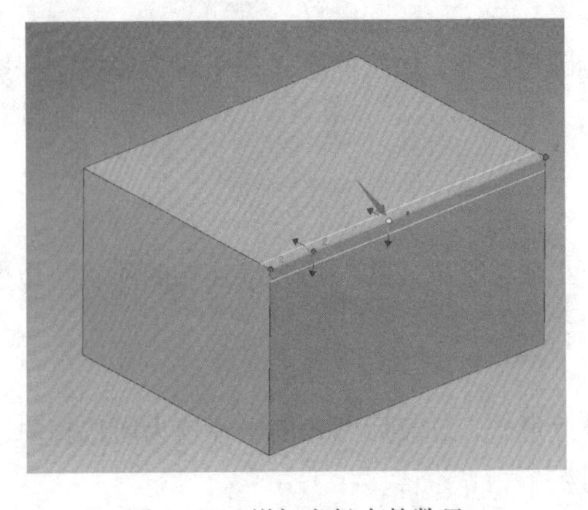

图 3-151　增加半径点的数目

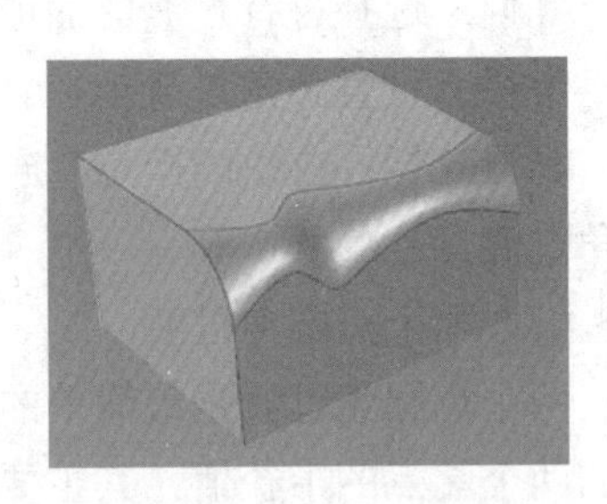

图 3-152　变半径过渡的效果

3. 边倒角过渡

边倒角过渡是将零件中尖锐的边线设计成平滑的倒角。CAXA 3D 实体设计 2018 提供“两边距离”“距离”“距离-角度”多种倒角方式，其操作步骤如下。

步骤① 打开 CAXA 3D 实体设计 2018，选择空白模板新建一个设计环境，从设计元素库中将长方体拖入绘图区。

步骤② 单击“特征”|“修改”|“边倒角”按钮，如图 3-153 所示，打开倒角特征属性设置任务窗格，如图 3-154 所示。

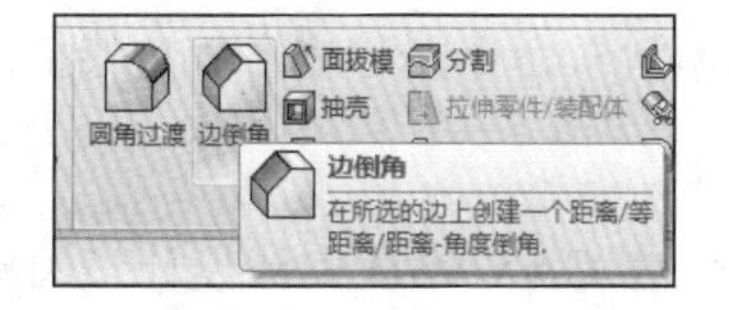

图 3-153　边倒角过渡

图 3-154　倒角特征属性设置任务窗格

步骤③ 在“倒角类型”栏选择“两边距离”“距离”“距离-角度”等单选按钮，并按照提示输入各项参数。

步骤④ 分别单击模型中需要倒角的边线，如图 3-155 所示。单击任务窗格上部的 ✔ 按钮，结束操作。边倒角后效果如图 3-156 所示。

图 3-155　选择倒角边线

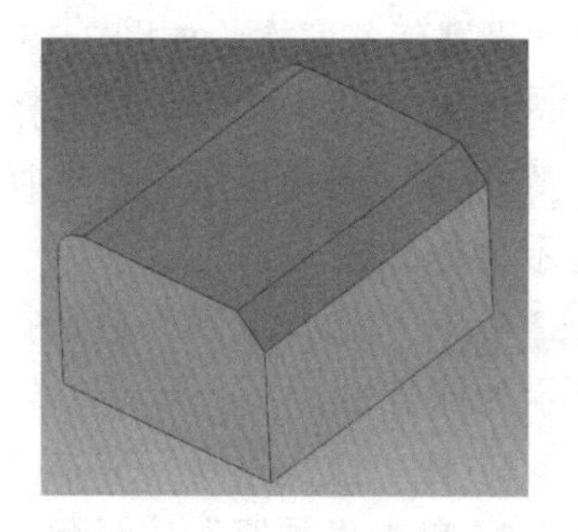

图 3-156　边倒角后效果

（1）边倒角过渡的相关参数

1）常用倒角类型。

距离：倒角的值。

两边距离：在两个方向上倒角的值不同，分别输入两个值。

距离-角度：输入倒角的距离，并设置另一个方向上倒角形成的角度。例如，45°时两边倒角距离相等。

2）参数。

几何：选择进行倒角的面或边。

距离：设置边倒角的值。当两个方向上倒角的值不同时，分别输入两个值。

3）高级操作。

光滑连接：自动选择光滑连接的边，可对与所选择的棱边光滑连接的所有棱边进行边倒角过渡。

切换值：利用此选项可交换倒角的两个值。

（2）倒角的编辑

每一个倒角操作都在设计树中生成一个单一条目。如果倒角操作成功，就会以着色的图标指示。如果倒角操作失败，其图标上就会有一个叉号。若显示用于编辑的倒角，则在设计树中右击其图标，在弹出的快捷菜单中选择“编辑形状”命令。也可直接在零件上选择倒角。当选择零件时，可看到与光标一起显示的倒角图标，并且倒角区域为黄色，此时，右击，在弹出的快捷菜单中选择“编辑形状”命令即可编辑倒角特征。

4. 面拔模

面拔模可在实体选定面上形成特定的拔模角度。在 CAXA 3D 实体设计 2018 中有 3 种拔模类型，分别为中性面拔模、分模线拔模和阶梯分模线拔模。

单击“特征”|“修改”|“面拔模”按钮激活“面拔模”命令，不同的拔模类型的操作具体如下。

（1）中性面拔模

中性面拔模是面拔模的基础，其操作步骤如下。

步骤① 绘制一个实体模型，单击“特征”|“修改”|“面拔模”按钮，打开拔模特征属性设置任务窗格，如图 3-157 所示。

步骤② 在“拔模类型”栏选择“中性面”单选按钮。

步骤③ 在“选择选项”栏选择“中性面”列表框中单击，在实体模型中单击，选中面显示为棕红色。

步骤④ 在“选择选项”栏选择“拔模面”列表框中单击，在实体模型中单击，选中面显示为棕蓝色。

步骤⑤ 在“拔模角度”文本框中输入拔模角度值。

步骤⑥ 单击“预览”按钮，若拔模方向与设想的方向相反，则可在拔模角度前添加负号，使拔模角度方向变反。

步骤⑦ 单击✔按钮，完成拔模操作。

图 3-157 中性面拔模

（2）分模线拔模

分模线拔模是指在模型分模线处形成拔模面，其操作步骤如下。

步骤① 打开 CAXA 3D 实体设计 2018，选择空白模板绘制一个实体模型，在零件的表面绘制草图曲线，并利用分割实体表面的命令在表面分割线，如图 3-158 所示。分割线的具体操作方法见项目三任务十的知识链接部分。单击“特征”|“修改”|“面拔模”按钮，打开拔模特征属性设置任务窗格。

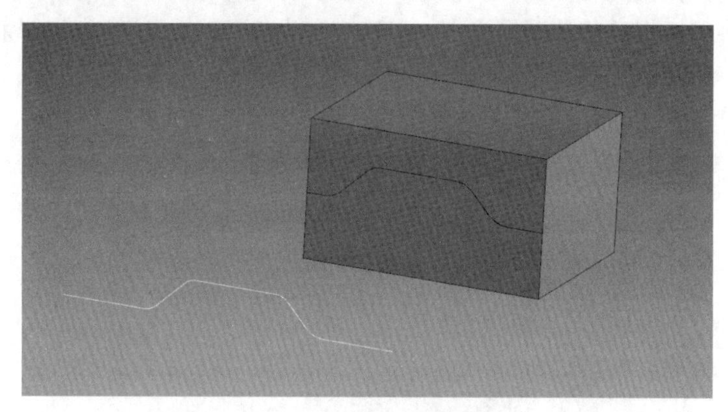

图 3-158 实体表面分割

步骤② 在“拔模类型”栏选择“分模线”单选按钮。

步骤③ 选择拔模的中性面和拔模方向，在实体模型中显示为蓝色箭头。

步骤④ 选择实体表面的分割线作为分模线，在实体模型中出现一个黄色箭头指示拔模方向，将鼠标指针移动到箭头上，当箭头变为粉色时单击箭头，拔模方向即反向。

步骤⑤ 在“拔模角度”文本框中输入拔模角度值。

步骤⑥ 单击✔按钮，完成拔模操作。

分模线拔模效果如图 3-159 所示。

图 3-159　分模线拔模效果

（3）阶梯分模线拔模

阶梯分模线拔模是分模线拔模的一种变形。阶梯分模线拔模能够生成选择面的旋转，即能够生成小平面（小阶梯）。阶梯分模线拔模的步骤与分模线拔模类似，其操作步骤如下。

步骤① 单击“特征”|“修改”|“面拔模”按钮，打开拔模特征属性设置任务窗格。

步骤② 在“拔模类型”栏选择“阶梯分模线”单选按钮。

步骤③ 选择拔模的中性面和拔模方向，在实体设计中显示为蓝色箭头。

步骤④ 将鼠标指针移动到箭头上，当箭头变为粉色时单击箭头，拔模方向即反向。也可使用三维球工具改变拔模方向。

步骤⑤ 单击✔按钮，完成拔模操作。

阶梯分模线拔模效果如图 3-160 所示。

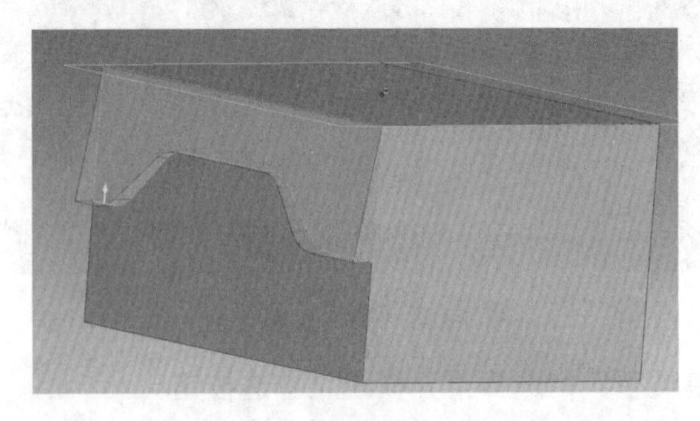

图 3-160　阶梯分模线拔模效果

（4）拔模的编辑

若编辑拔模，则在设计树中选择对应的拔模特征，右击，在弹出的快捷菜单中选择“编辑选项”命令，重新打开拔模特征属性设置任务窗格，以便编辑，如图 3-161 所示。

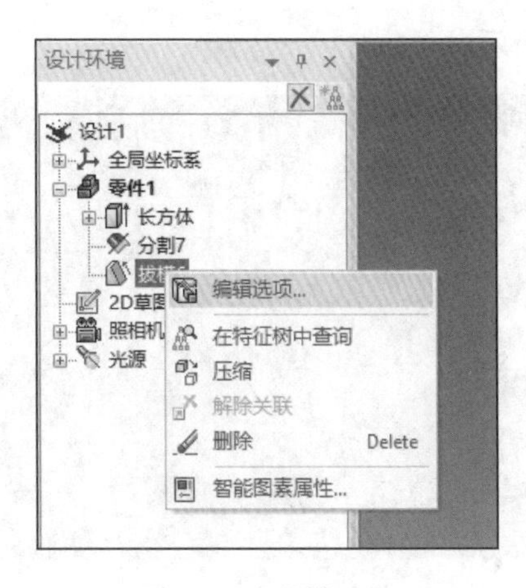

图 3-161　拔模编辑

任务实施

根据图样创建铲斗的三维实体特征，并利用 3D 打印机将其打印成实物，其操作步骤如下。

步骤① 打开 CAXA 3D 实体设计 2018，选择空白模板，单击“特征”|“特征”|“拉伸向导”按钮，在打开的对话框中依步骤选择“独立实体”和“实体”单选按钮、“在特征末端（向前拉伸）”单选按钮，拉伸方向为离开选择的表面，拉伸距离设为 80。

步骤② 利用二维草图绘制工具绘制所需的等腰三角形，三角形底边长为 40，高为 20，并利用相关的草图修改工具和草图约束工具处理草图，使草图满足拉伸截面的要求，单击“完成”按钮，系统即将二维草图轮廓按照设定的拉伸参数拉伸成三维实体造型。

步骤③ 选择三棱柱的棱线，将铲斗做圆角过渡。

步骤④ 在铲斗上抽壳，其操作方法如下。

① 单击“特征”|“修改”|“抽壳”按钮，打开抽壳特征属性设置任务窗格。

② 指定抽壳类型为内部，抽壳厚度从实体表面向内部测量。

③ 选中三棱柱最大的面作为开放面，此时该表面变成绿色。

④ 设置厚度为 5。

⑤ 单击✔按钮，抽壳完成。

步骤⑤ 在铲斗的底部边缘放置长方体孔，调节孔的尺寸，并利用三维球的陈列功能使铲斗的边缘形成铲齿。

步骤⑥ 保存“铲斗”三维造型并输出 STL 文件，在切片软件中设置其 3D 打印参数，保存至 SD 卡。

步骤⑦ 利用 3D 打印机将绘制好的“铲斗”打印成实物。

铲斗模型如图 3-162 所示。

图 3-162　铲斗模型

任务创新

请读者开动脑筋，发挥想象力与创造力，设计并制作一个彰显个性的铲斗模型。可根据自己的想法设计铲斗，如修改铲斗形状、细节等。铲斗创新设计举例如图 3-163 所示。

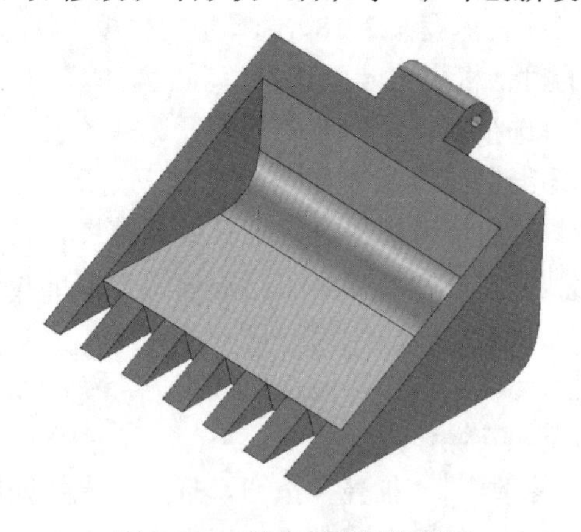

图 3-163　铲斗创新设计举例

任务十　电风扇叶片的设计与打印

任务导读

电风扇（图 3-164）是一种利用电动机驱动扇叶旋转使空气加速流通的家用电器，是夏季主要的防暑降温工具，广泛用于住宅、教室、办公室、商店、医院和宾馆等场所。

图 3-164　电风扇

电风扇主要由扇头、叶片、网罩和控制装置等部件组成。其中，扇头包括电动机、前后端盖和摇头送风机构等。交流电动机是电风扇的主要部件，其工作原理是：通电线圈在磁场中受力转动，将电能转化为机械能。同时，由于线圈电阻的存在，有一部分电能不可避免地转化为热能。

随着社会的发展，人们对生活品质的追求越来越高，电风扇的造型也千变万化。本任务请读者制作一个小型电风扇。电风扇叶片实例如图 3-165 所示。

图 3-165　电风扇叶片实例

任务目标

1）掌握对实体零件镜像、阵列等特征复制的方法。

2）灵活应用特征复制功能，提升实体设计能力，进一步拓展设计思路。

任务内容

1）学习 CAXA 3D 实体设计 2018 中特征复制的方法。

2）完成电风扇的三维造型及创新设计。

3）利用 3D 打印机打印创新作品。

知识链接

对于排列规律的特征，可采用阵列方式完成；对于左右对称的特征，可采用镜像功能完成。

1. 阵列

对于相同结构，可在三维空间中创建对象的矩形阵列或环形阵列，其操作步骤如下。

步骤① 打开 CAXA 3D 实体设计 2018，选择空白模板新建一个设计环境，从设计元素库中将长方体拖入绘图区。

步骤② 单击“特征”|“变换”|“阵列特征”按钮，如图 3-166 所示。

步骤③ 打开阵列特征属性设置任务窗格，选择“阵列类型”栏中的“线型阵列”单选按钮，如图 3-167 所示。

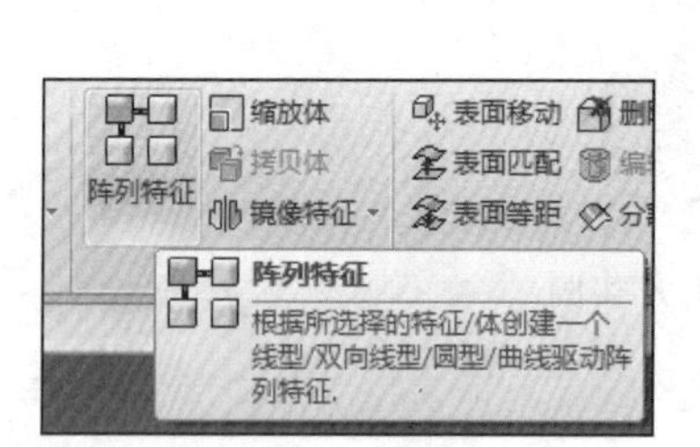

图 3-166 阵列

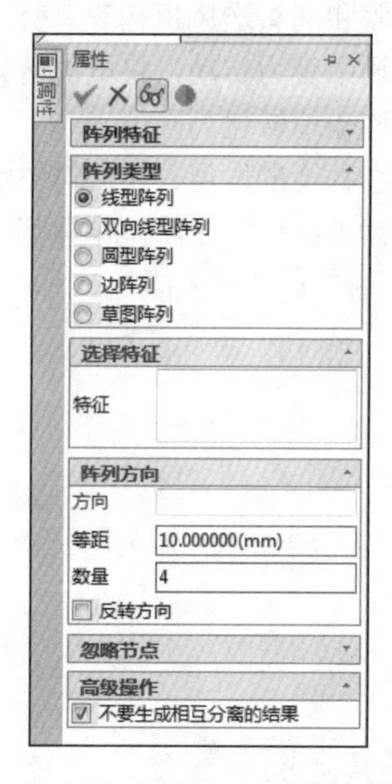

图 3-167 阵列特征属性设置任务窗格

CAXA 3D 实体设计 2018 为用户提供了 5 种阵列类型，分别介绍如下。

① 线型阵列：沿直线单方向进行阵列。

② 双向线型阵列：沿直线双方向进行阵列。

③ 圆形阵列：沿圆周方向进行阵列。

④ 边阵列：曲线驱动进行阵列，可选择一条曲线或边线，然后沿此方向阵列。

⑤ 草图阵列：可以先在草图上绘制几个点，然后按照这几个点的位置阵列。

步骤④ 在“选择特征”栏的“特征”列表框中单击，然后选择要阵列的特征或者模型。

步骤⑤ 根据所选的阵列类型设置相应的阵列参数。

步骤⑥ 在获得所需的阵列后，单击✔按钮完成操作。

2. 镜像

在许多零件的设计中需要复制多个相同的图素或零件。例如，在设计夹持器时，不必制作 99 个独立的夹持器，更有效的办法是先设计 1 个夹持器，然后复制 98 个，这样设计效率就会大大提高。但是在某些设计情况下，所需的不是图素或零件的完全相同的复制品，而是其变形体。例如，设计一副眼镜，左镜框是右镜框的镜像复制品。此时，如果只是简单地复制右镜框，那么左镜框的方向就不对了。在这种情况下，可使用 CAXA 3D 实体设计 2018 中的镜像功能。

镜像特征可使实体对某一个基准面镜像产生左右对称的两个零件，其操作步骤如下。

步骤① 选中需要镜像的零件。

步骤② 单击“特征”|“变换”|“镜像特征”按钮，如图 3-168 所示，打开镜像特征属性设置任务窗格，如图 3-169 所示。

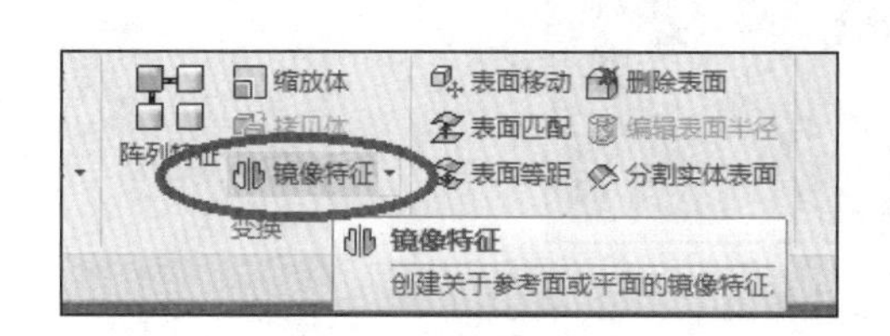

图 3-168　镜像特征

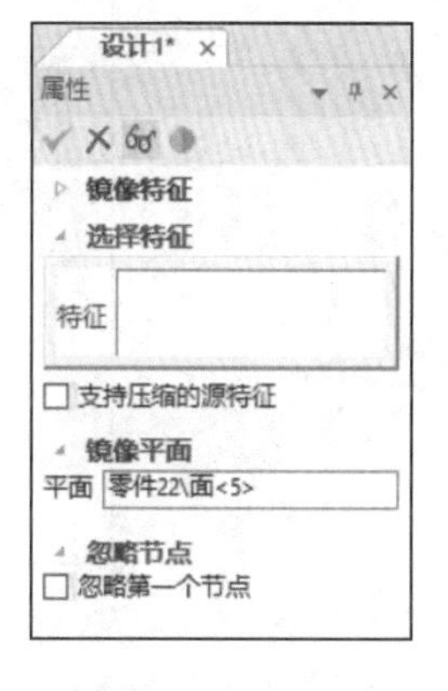

图 3-169　镜像特征属性设置任务窗格

步骤③ 在“选择特征”栏“特征”列表框中单击，然后选择要镜像的零件特征，如图 3-170 所示。

图 3-170　选择零件特征

步骤④ 在“镜像平面”栏“平面”列表框中单击选择镜像平面，如图 3-171 所示。镜像基准面可与镜像特征属于同一个零件，也可是系统的基准面。

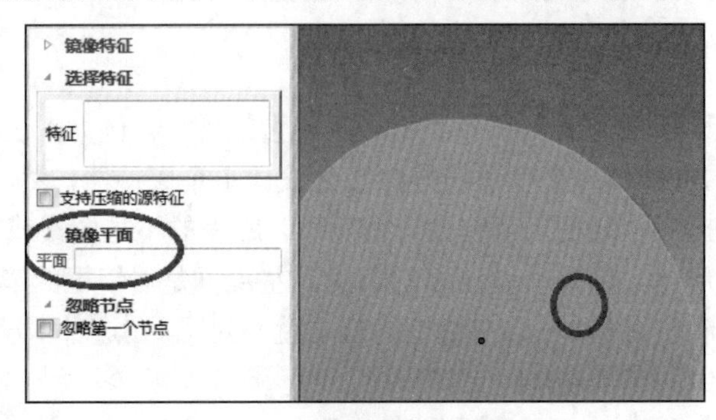

图 3-171 选择镜像平面

步骤⑤ 在获得所需的镜像后，单击✔按钮完成镜像操作。

镜像效果如图 3-172 所示。

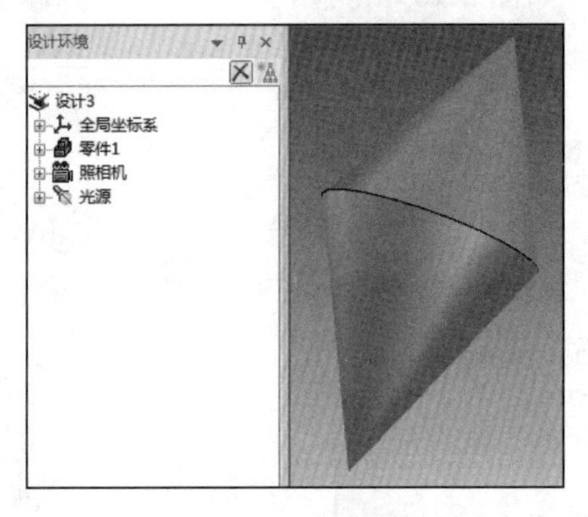

图 3-172 镜像效果

3. 表面等距

在 CAXA 3D 实体设计 2018 中，可使一个面相对其原来位置精确地偏移一定距离。表面等距不同于表面移动，它将为新面计算一组新的尺寸参数。偏移值为正，面就向外偏移，其操作步骤如下。

步骤① 选择要偏移的面。

步骤② 单击“特征”|“直接编辑”|“表面等距”按钮。

步骤③ 在打开的表面等距属性设置任务窗格中输入所需的偏移距离，如图 3-173 所示。

4. 删除表面

有时必须删除一个面而不必对它进行修改，其操作步骤如下。

步骤① 选择要删除的面。

步骤② 单击“特征”|“直接编辑”|“删除表面”按钮。

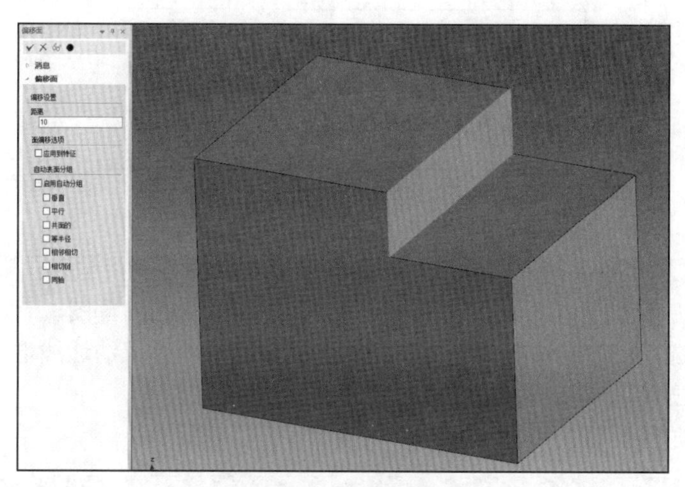

图 3-173　表面等距

注意：在删除一个面后，其相临面将延伸以弥合形成的开口。若相临面的延伸无法弥合开口，则表明操作失败。

5. 分割实体表面

分割实体表面命令将图形（二维草图、已存在边或 3D 曲线）投影到表面上，将选择的面分割成多个可以单独选择的小面，分割实体表面命令可以分割实体表面及独立面。常用的草图投影分割实体表面方法的操作步骤如下。

步骤① 打开 CAXA 3D 实体设计 2018，选择空白模板新建一个设计环境，从设计元素库中将长方体拖入绘图区。

步骤② 在长方体的前方绘制一个草图，对草图中的尖角部分进行圆角过渡，如图 3-174 所示。

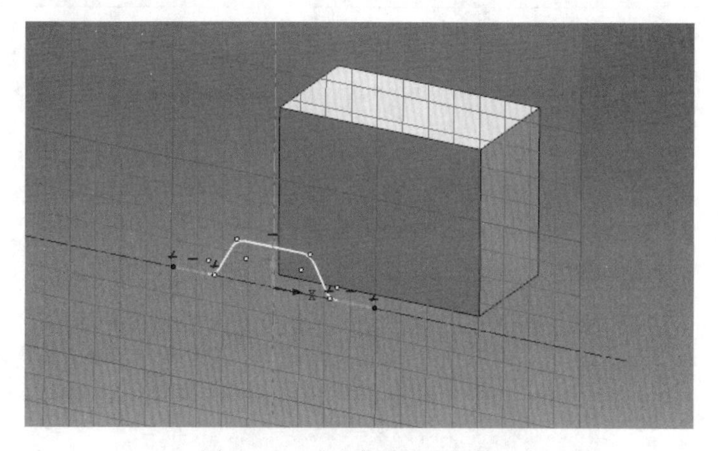

图 3-174　对尖角进行圆角过渡

步骤③ 单击“特征”|“直接编辑”|“分割实体表面”按钮，如图 3-175 所示。

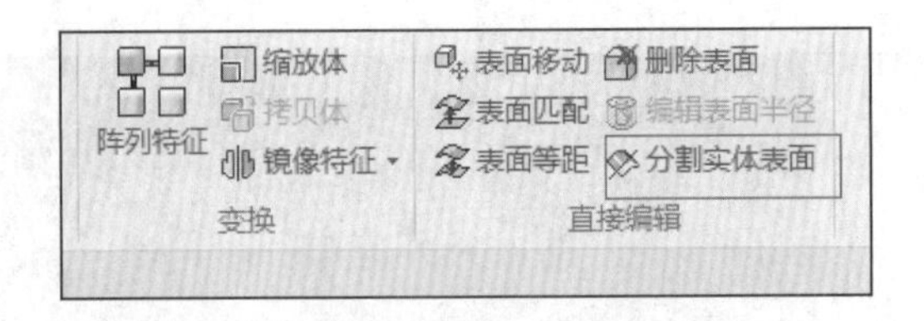

图 3-175　分割实体表面

步骤④ 打开分割实体表面属性设置任务窗格，选择分割类型为投影，要分割面为草图正对的长方体表面，曲线类型为曲线并选择步骤②绘制的草图，一定要选中“延伸光滑连接”复选框。方向选择长方体上任意与要分割的面垂直的边线均可，如图 3-176 所示。最后单击✔按钮完成设置。

分割效果如图 3-177 所示。

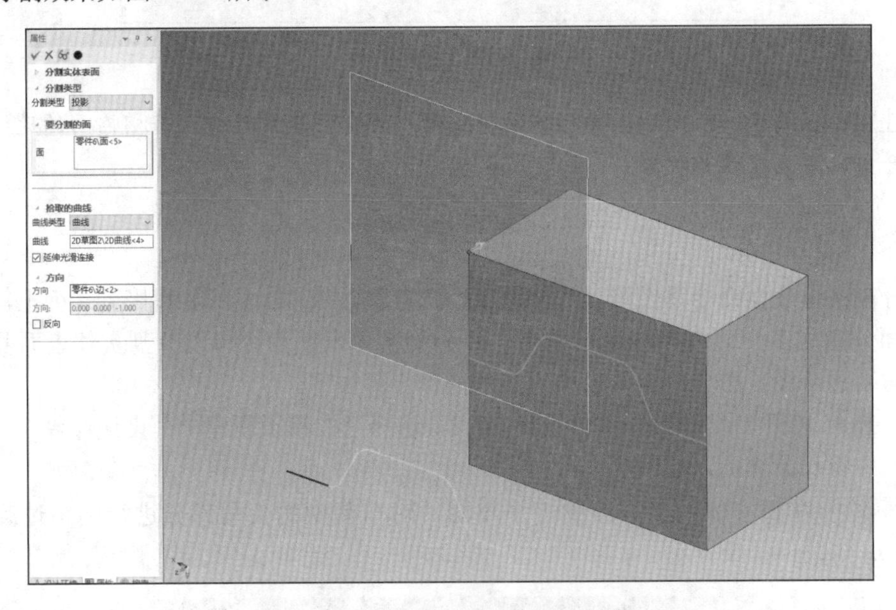

图 3-176　分割实体表面参数设置

图 3-177　实体表面分割效果

任务实施

根据图样在CAXA 3D实体设计2018中创建电风扇的三维实体特征，并利用3D打印机将其打印成实物，其操作步骤如下。

步骤① 打开CAXA 3D实体设计2018，选择空白模板新建一个设计环境，从设计元素库中拖入一个“圆柱体”图素，并将其直径设为20mm、高度设为30mm。

步骤② 在圆柱体上表面绘制一个叶片，如图3-178所示。然后利用三维球工具将叶片特征往下移动30mm，再绕水平轴旋转30°，使叶片处于圆柱体中间位置，并倾斜一定的角度，如图3-179所示。

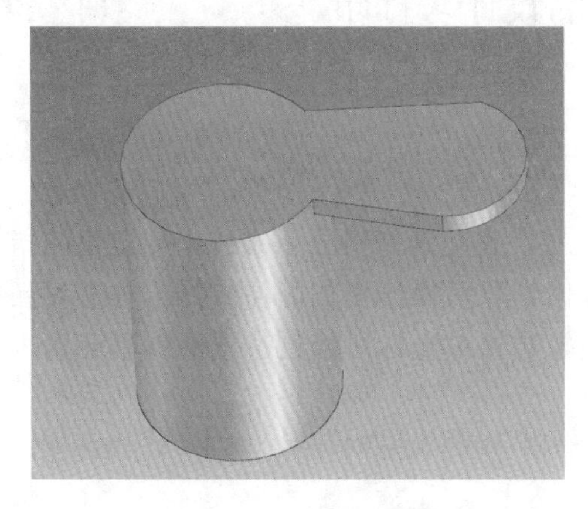

图3-178 圆柱体上表面叶片

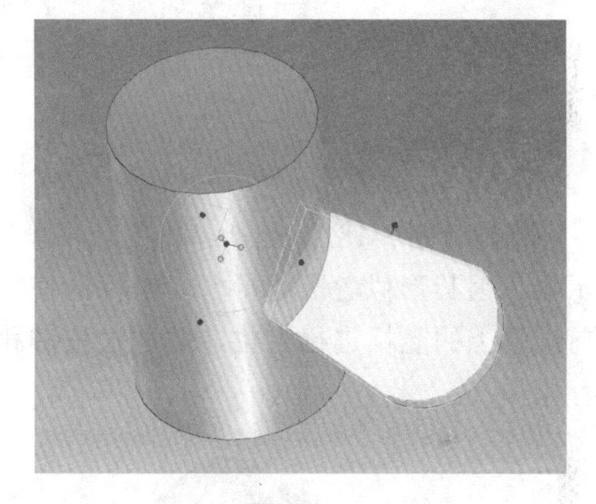

图3-179 调整叶片的位置和角度

步骤③ 将叶片进行圆型阵列。选中电风扇叶片，单击“工具”|“定位”|“三维球”按钮，将三维球的中心定位到圆柱的轴线上，利用三维球工具将叶片圆型阵列成三份，每个叶片之间的夹角是120°。阵列效果如图3-180所示。

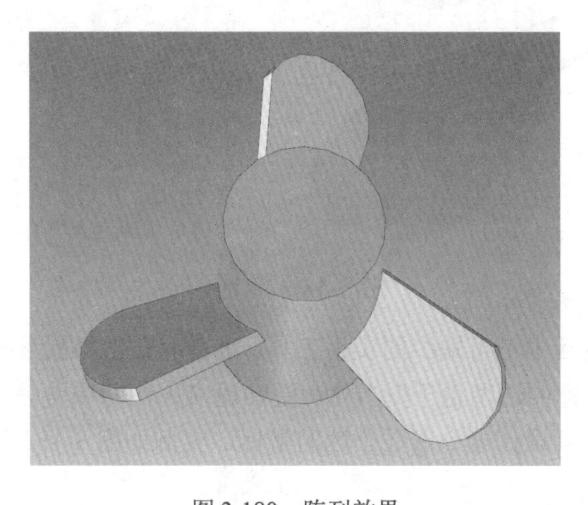

图3-180 阵列效果

步骤④ 保存电风扇三维造型并输出 STL 文件，设置其 3D 打印参数，保存至 SD 卡。

步骤⑤ 利用 3D 打印机将绘制好的“电风扇”打印成实物。

任务创新

请读者结合实际并发挥想象力和创造力，根据自己的想法设计一款个性化的电风扇。例如，修改电风扇叶片的大小、长度、方向等，以便电风扇达到最大风力及最美外观的效果。

任务十一　鼠标的设计与打印

任务导读

鼠标（图 3-181）是计算机的一种输入设备，也是计算机显示系统坐标定位的指示器，因其形似老鼠而得名。鼠标的使用可使计算机操作更加简便快捷。它可对当前屏幕上的光标进行定位，并通过按键和滚轮装置对光标所经过位置的屏幕元素进行操作。

图 3-181　鼠标

鼠标是工作和生活中不可缺少的实用工具。随着科技的不断发展，人们对生活品质的追求越来越高，鼠标的造型也千变万化，更加适应人们的审美需求，也更加符合人体工程学。本任务请读者设计一个彰显个性的鼠标，实例如图 3-182 所示。

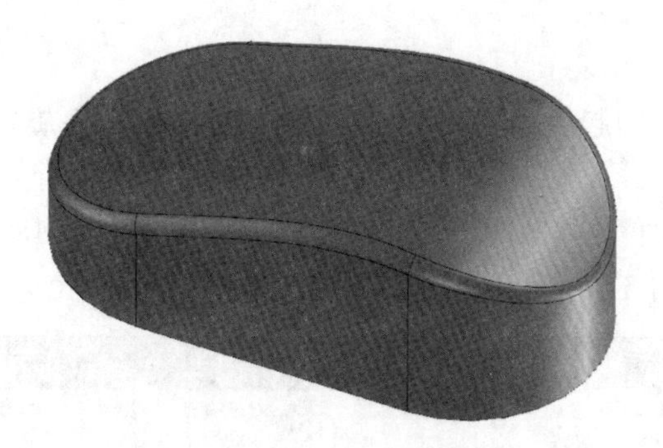

图 3-182　鼠标实例

任务目标

1）掌握创建曲面的方法。
2）了解提取曲面功能。
3）熟练编辑曲面。
4）灵活应用曲面功能，进一步提升实体设计能力，进一步拓展设计思路。

任务内容

1）学习 CAXA 3D 实体设计 2018 中创建曲面和编辑曲面的方法。
2）根据图样完成鼠标的三维造型及创新设计。
3）利用 3D 打印机打印创新作品。

知识链接

CAXA 3D 实体设计 2018 提供了多种曲面造型及处理功能，主要包括封闭网格面、多导动线放样面、高阶连续补洞面、导动面、直纹面、拉伸面、旋转面、偏移面等曲面生成功能，以及曲面延伸、曲面搭接、曲面过渡、曲面裁剪、曲面补洞、还原裁剪面、曲面加厚、曲面缝体、曲面裁体等曲面编辑功能，能够实现各种高品质复杂曲面及实体曲面混合造型的设计要求。

CAXA 3D 实体设计 2018 提供了丰富的曲面造型手段。在构造完成决定曲面形状的关键线框后，就可在线框基础上选用各种曲面的生成方法和编辑方法，通过在线框上构造所需定义的曲面描述零件的外表面。

CAXA 3D 实体设计 2018 具有单独的曲面设计环境。在实体设计中，通过程序组启动曲面设计进入曲面设计环境，完成曲面生成与编辑工作。在这部分工作完成后，通过曲面输出功能和实体设计软件在设计环境下的曲面读入功能，可使曲面参与零件设计。

1. 旋转面

旋转面是按照给定的起始角度、终止角度将曲线绕着一条旋转轴旋转生成的轨迹曲面，其操作步骤如下。

步骤① 单击“曲面”|“曲面”|“旋转面”按钮，如图 3-183 所示，打开旋转面属性设置任务窗格，如图 3-184 所示。

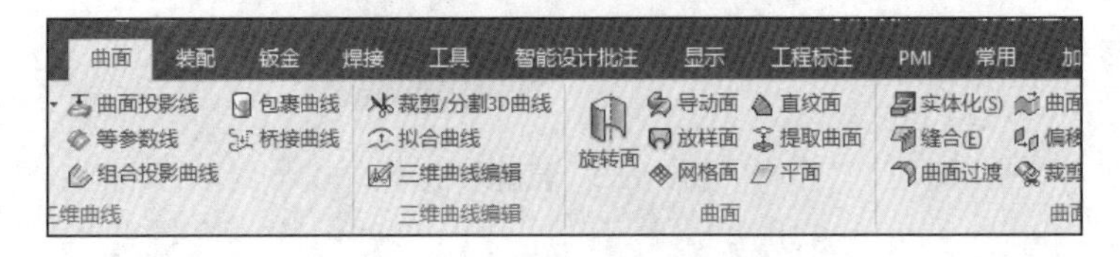

图 3-183 “曲面”组功能按钮

图 3-184 旋转面属性设置任务窗格

步骤② 选择 3D 曲线或边线作为旋转轴。

步骤③ 选择 3D 曲线或边线作为旋转母线。

步骤④ 设置旋转起始角度和旋转终止角度。

起始角度是指生成曲面的起始位置与母线和旋转轴构成平面的夹角。终止角度是指生成曲面的终止位置与母线和旋转轴构成平面的夹角。

步骤⑤ 在旋转面操作中，可切换旋转方向、拾取光滑连接的边界，还可增加智能图素（两个曲面合二为一等）。

步骤⑥ 单击按钮完成操作。

2. 网格面

网格面是以网格曲线为骨架，蒙上自由曲面生成的曲面。网格曲线是由特征线组成的横竖相交线，其操作步骤如下。

步骤① 新建一个设计环境，利用草图功能绘制好两个方向构架的网格曲线，且这两个方向曲线要有交点，如图 3-185 所示。

图 3-185　网格曲线

步骤② 单击“曲面”|“曲面”|“网格面”按钮，打开网格面属性设置任务窗格。

步骤③ 按照两个方向分别选取 U 曲线和 V 曲线，需要依次拾取曲线，如图 3-186 所示。

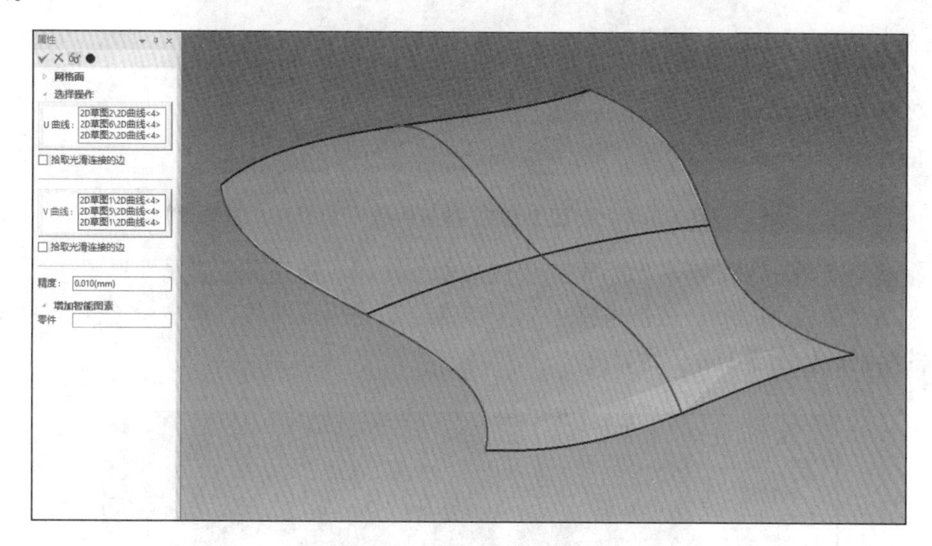

图 3-186　网格面的曲线拾取

步骤④ 单击✔按钮完成操作。

注意：

① 每一组曲线都必须按其方向顺序拾取，而且曲线的方向必须保持一致。曲线的方向与放样面功能中一样，由拾取点的位置确定曲线的起点。

② 拾取的每条 U 曲线与所有 V 曲线都必须有交点。

③ 拾取的曲线应当是光滑曲线。

④ 对特征网格线的要求是网格曲线组成网状四边形网格，规则四边网格与不规则四边网格均可；插值区域是四条边界曲线围成的，不允许有三边域、五边域和多边域。

3. 直纹面

直纹面是由一条直线的两个端点分别在两条曲线上匀速运动形成的轨迹曲面。直纹面生成方式有 3 种：“曲线+曲线”、“点+曲线”和“曲线+曲面”，其操作步骤如下。

步骤① 新建一个设计环境。

步骤② 进入草图环境，在 X-Y 基准面上绘制一个样条曲线，完成后再次进入草图环境绘制一条直线。注意样条曲线和直线是两个不同的草图，如图 3-187 所示。

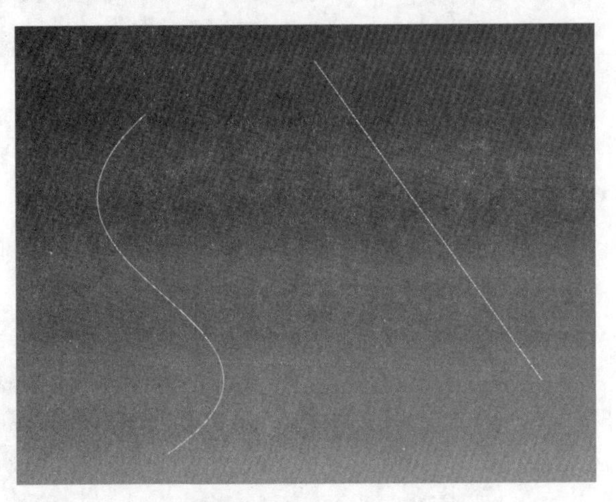

图 3-187　样条曲线

步骤③ 单击“曲面”|“曲面”|“直纹面”按钮，打开直纹面属性设置任务窗格，类型选择“曲线-曲线”，依次选择上一个步骤绘制的两条曲线，单击✔按钮，完成直纹面的绘制，如图 3-188 所示。

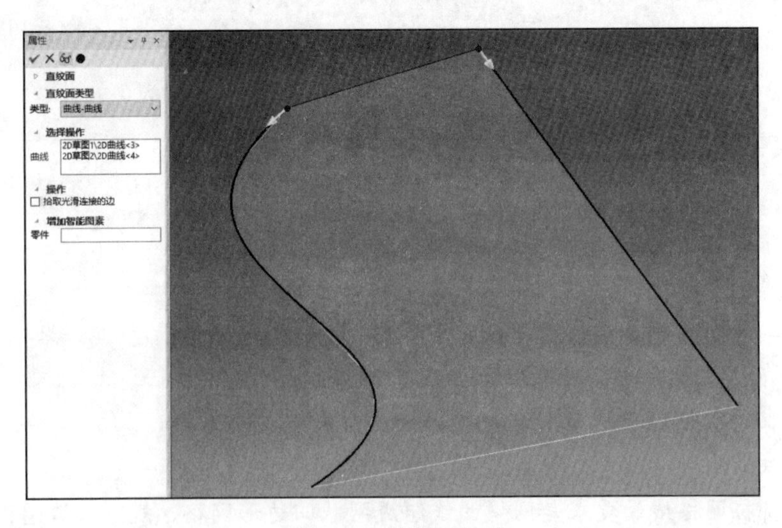

图 3-188　绘制直纹面

4. 放样面

放样曲面是以一组互不相交、方向相同、形状相似的截面线为骨架进行形状控制而生成经过这些曲线的曲面，其操作步骤如下。

步骤① 新建一个设计环境，绘制二维草图。

步骤② 单击“曲面”|“曲面”|“放样面”按钮，打开放样面属性设置任务窗格。

步骤③ 设置起始切向控制量和末端切向控制量，也可采用默认值。选中“拾取光滑连接的边”复选框，以启用链拾取状态，依次（按照顺序）选取各个截面。各截面的选取位置要靠近曲线的同一侧，如图 3-189 所示。

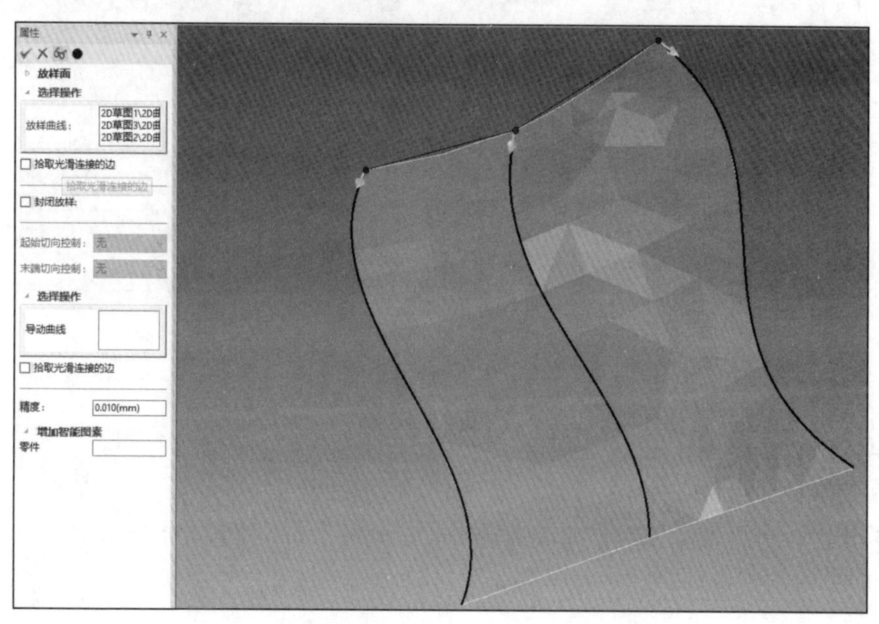

图 3-189　放样曲面生成界面

步骤④ 单击✔按钮，生成放样曲面。

5. 导动面

导动面是让特征截面线沿着特征轨迹线的某一方向扫动生成曲面，其操作步骤如下。

步骤① 新建一个设计环境，分别在 X-Y 基准面和 Y-Z 基准面绘制二维草图。

步骤② 单击“曲面”|“曲面”|“导动面”按钮，打开导动面属性设置任务窗格。

步骤③ 依次选择 X-Y 基准面的草图为截面，Y-Z 基准面的草图为导动曲线，其余设置保存默认。

步骤④ 单击✔按钮生成导动面，如图 3-190 所示。

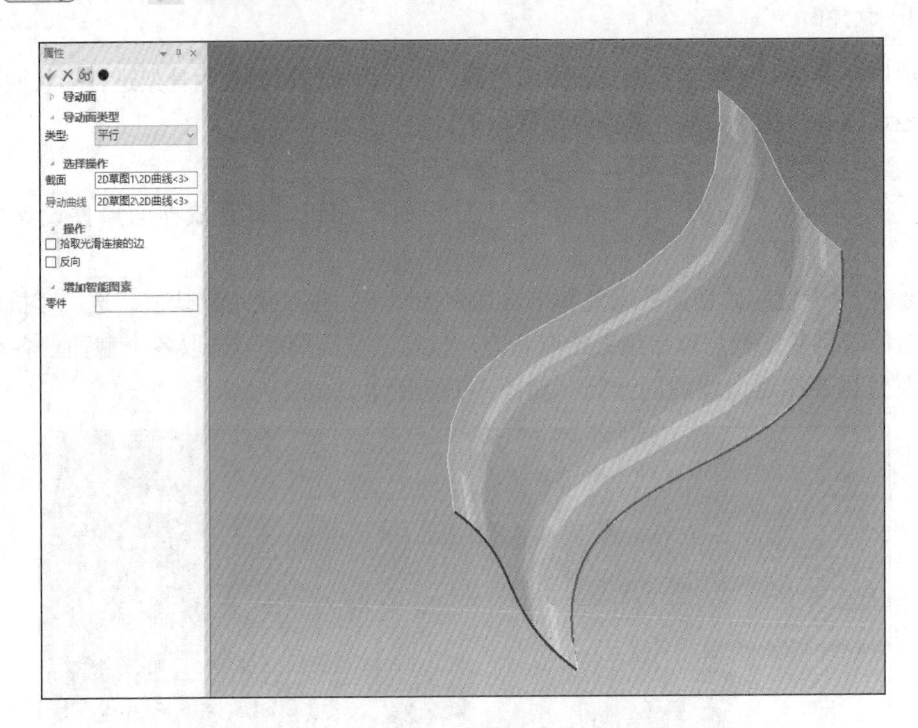

图 3-190　生成导动面

6. 其他

CAXA 3D 实体设计 2018 还提供了以下曲面的生成方法。

1）提取曲面：从零件上提取零件的表面，生成曲面。

2）平面：可以通过三点平面、向量平面、曲线平面、坐标平面等多种方式创建指定大小的平面。

任务实施

根据图样在 CAXA 3D 实体设计 2018 中创建鼠标的三维实体特征，并利用 3D 打印机将其打印成实物，其操作步骤如下。

步骤① 打开 CAXA 3D 实体设计 2018，选择空白模板新建一个设计环境，在 X-Y 基准面创建如图 3-191 所示的鼠标底面草图截图。

步骤② 用鼠标左键选中草图 1 曲线，右击，在弹出的快捷菜单中选择“生成”|“拉伸”命令，打开“创建拉伸特征”对话框，设置拉伸距离为 50，拉伸完成，如图 3-192 所示。

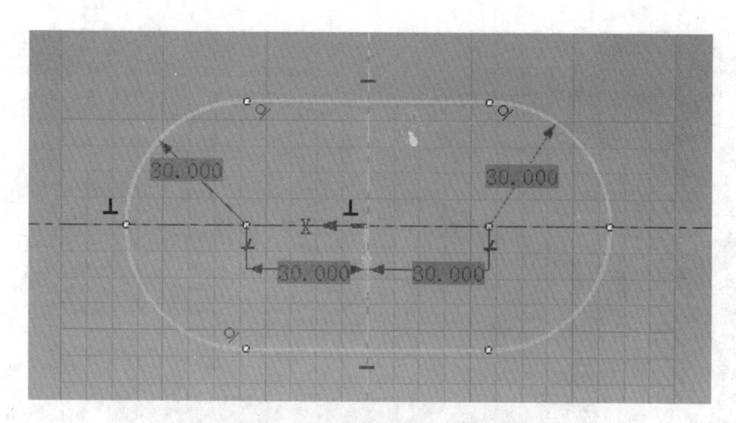

图 3-191　鼠标底面草图截面

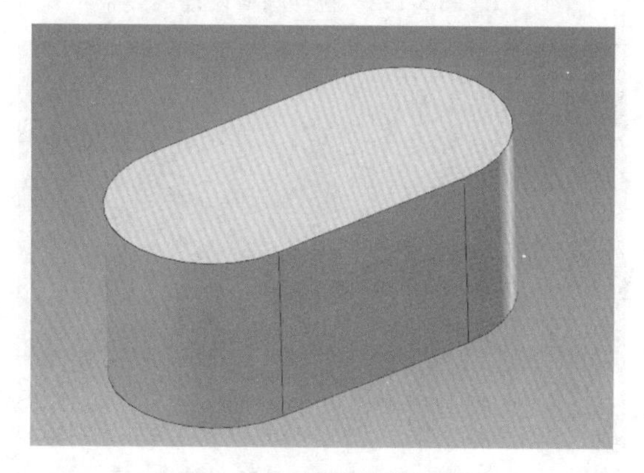

图 3-192　拉伸鼠标毛坯

步骤③ 单击“草图”|“草图”|“在 Z-X 基准面”按钮，创建如图 3-193 所示的草图 2。

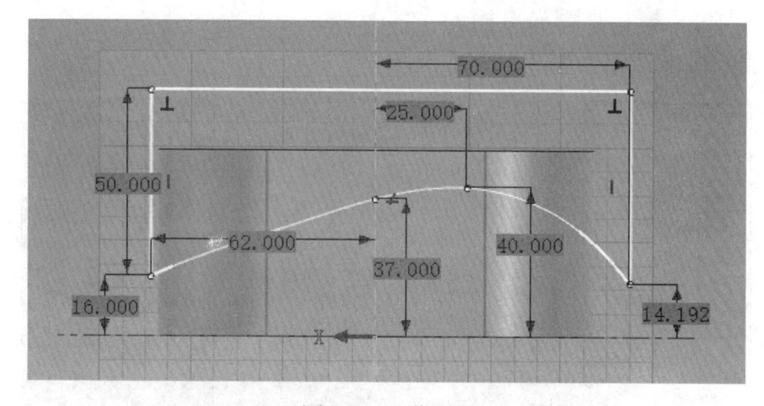

图 3-193　草图 2

步骤④ 拉伸切除多余材料。选择草图 2，右击，在弹出的快捷菜单中选择“生成”|“拉伸”命令，打开“创建拉伸特征”对话框，按图 3-194 所示设置拉伸参数，完成效果如图 3-195 所示。

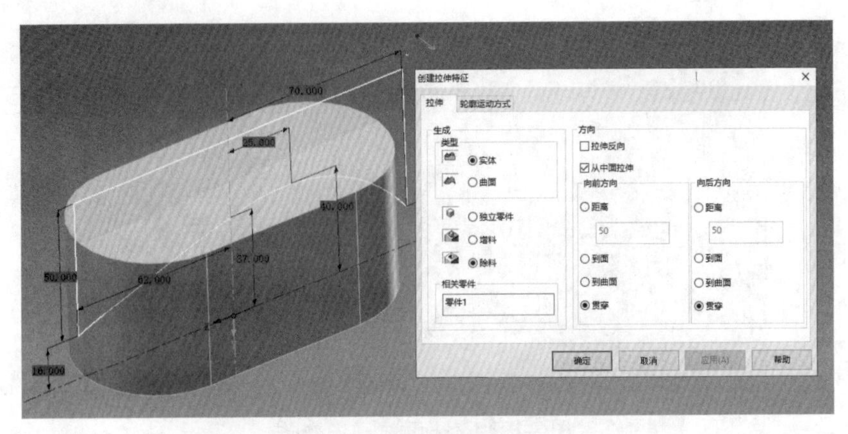

图 3-194　拉伸除料设置

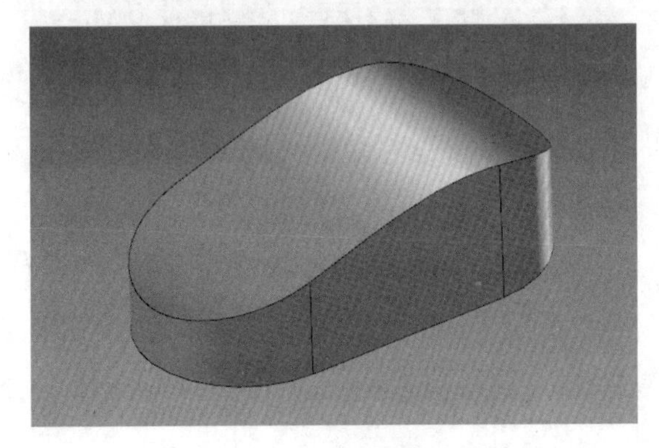

图 3-195　完成拉伸除料效果

步骤⑤ 创建圆角特征。单击“特征”|“修改”|“圆角过渡”按钮，在打开的过渡特征属性设置任务窗格的“半径”文本框中输入“3”，将鼠标边缘倒圆角，如图 3-196 所示。

最终完成的鼠标造型如图 3-197 所示。

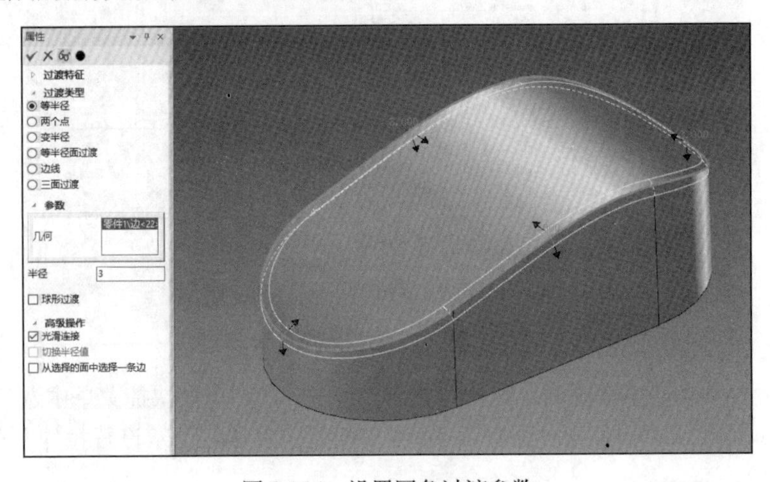

图 3-196　设置圆角过渡参数

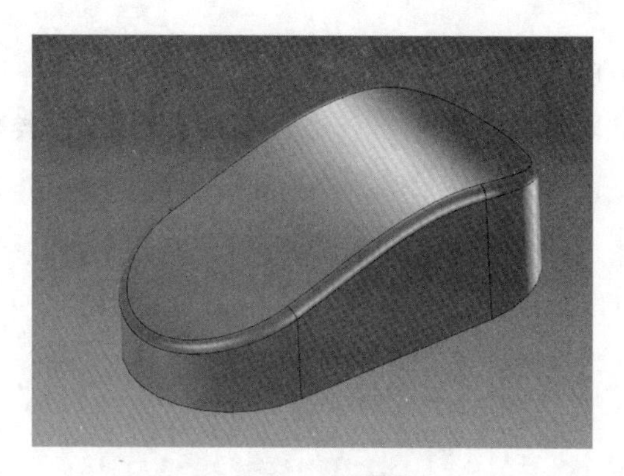

图 3-197　鼠标造型

步骤⑥ 保存“鼠标”三维造型并输出 STL 文件，设置其 3D 打印参数，保存至 SD 卡。

步骤⑦ 利用 3D 打印机将绘制好的“鼠标”打印成实物。

任务创新

请读者开动脑筋，发挥想象力与创造力，设计并制作一款个性化的鼠标。可根据自己想法和生活实际充分利用本任务所学的曲面知识设计鼠标。

任务十二　轴承座的工程图

任务导读

轴承座（图 3-198）是现代机械设备中的一种重要零部件。它的主要功能是支撑机械旋转体，降低其运动过程中的摩擦系数，并保证其回转精度。

图 3-198　轴承座

凡是有轴承的地方就有支撑点，轴承的内支撑点是轴，轴承的外支撑就是轴承座。一个轴承可选用不同的轴承座，同时一个轴承座又可选用不同类型的轴承。

轴承座的种类很多，可分为剖分式轴承座、滑动轴承座、滚动轴承座、带法兰的轴承座、外球面轴承座等。

本任务设计并制作一个轴承座，并输出它的二维工程图。

任务目标

1）了解工程图的设计环境。

2）掌握生成视图的方法。

3）熟练编辑视图。

4）掌握自动生成与标注尺寸的方法。

5）灵活应用工程图功能，进一步提升读图能力，进一步拓展设计思路。

任务内容

1）学习 CAXA 3D 实体设计 2018 中工程图的设计方法。

2）完成轴承座的三维造型及创新设计。

3）生成零件工程图。

知识链接

CAXA 3D 实体设计 2018 提供了自动生成二维图的强大设计功能，能够快捷、方便地生成产品或三维零件图关联的二维工程图。在视图生成后还可根据实际情况对其进行修改。二维工程图汇集了与 CAXA 3D 实体设计 2018 在三维设计部分所创建的三维零件/装配的设计环境相关联的视图和注解。二维工程图可由一张图样构成，也可由多张图样构成；可包含一个视图，也可包含多个视图。

CAXA 3D 实体设计 2018 在三维设计环境中可直接读取工程图数据，使用二维界面强大的绘图功能绘制工程图，并在其中创建、编辑和维护现有的 DWG/DXF/EXB 等数据文件。拥有丰富的符合新国标的参数化标准零件库和构件库。支持多文件 BOM 的导入、合并、更新等操作；支持关联的三维和二维同步协作；支持零件序号自动生成、尺寸自动标注和尺寸关联，在 CAXA 3D 实体设计 2018 中支持零件序号的自动排序，并可快速检测失效的尺寸，支持三维数据和二维数据之间相互直接读取，不再需要任何中间格式的转换或数据接口；支持数据库文件分类记录常用的技术要求文本项，可以辅助生成技术要求文本插入工程图，也可对技术要求库的文本进行添加、删除和修改等。提供强大的二维工程图投影生成和绘制功能；支持定制符合国标的二维工程图模板、CAXA 电子图板与 AutoCAD 的二维工程图工具的接口集成等。

1. CAXA 3D 工程图环境的进入

（1）新建工程图

双击 CAXA 3D 实体设计 2018 图标，打开“欢迎”窗口，此时可以选择进入 3D 设计环境或者是图纸环境，如图 3-199 所示。单击“图纸”按钮，打开“新建”对话框，如图 3-200 所示。

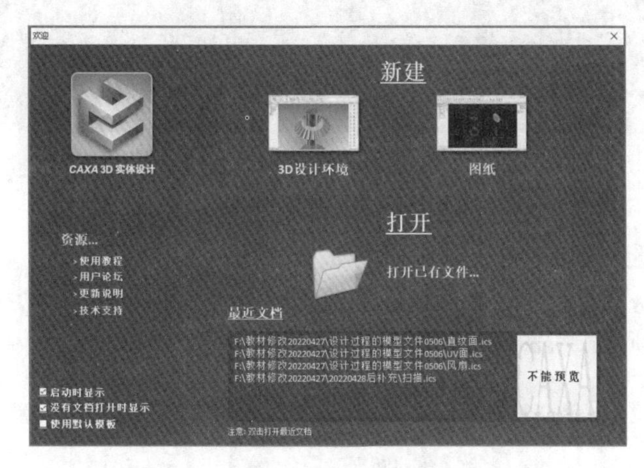

图 3-199　“欢迎”窗口

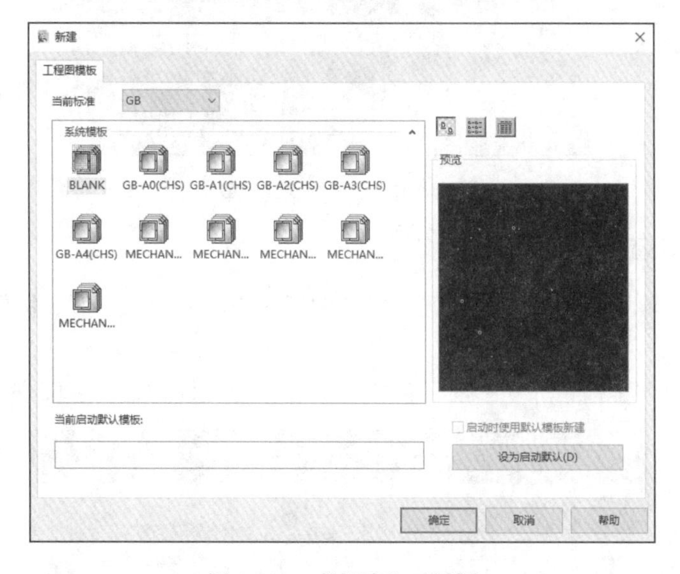

图 3-200　“新建”对话框

在“工程图模板”选项卡下选择需要的图幅模板，单击“确定”按钮，打开工程图中的设计环境，如图 3-201 所示。

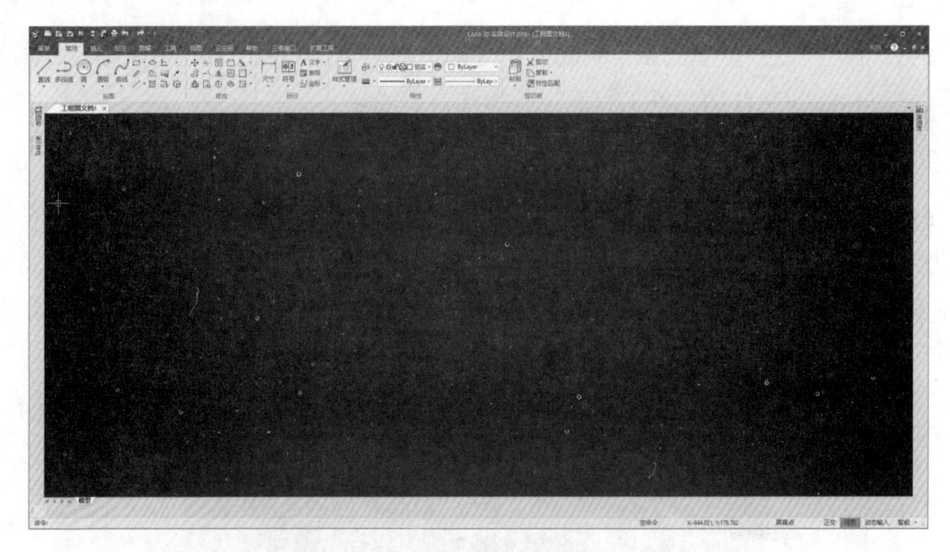

图 3-201　设计环境

（2）在 3D 设计环境下直接新建工程图

在打开的 3D 设计环境下，也可以直接单击新建工程图快速启动按钮，如图 3-202 所示，直接打开新建工程图设计环境。

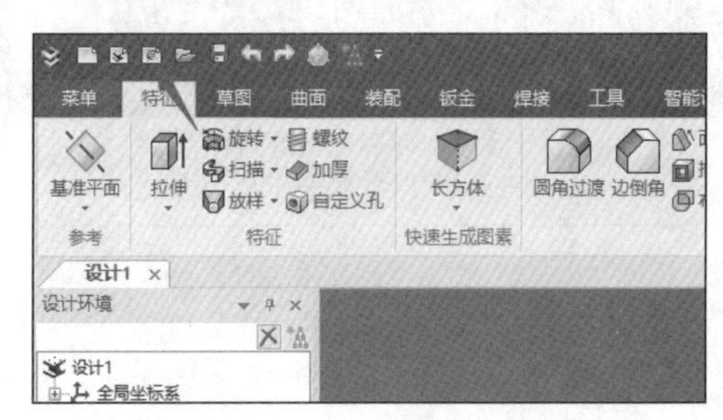

图 3-202　新建工程图图标

2. 图幅的设置

进入工程图环境后首先设置图幅，包括图纸大小、方向、比例、标题栏等信息，其操作步骤如下。

步骤① 单击“图幅”|“图幅”|“图幅设置”按钮，如图 3-203 所示。

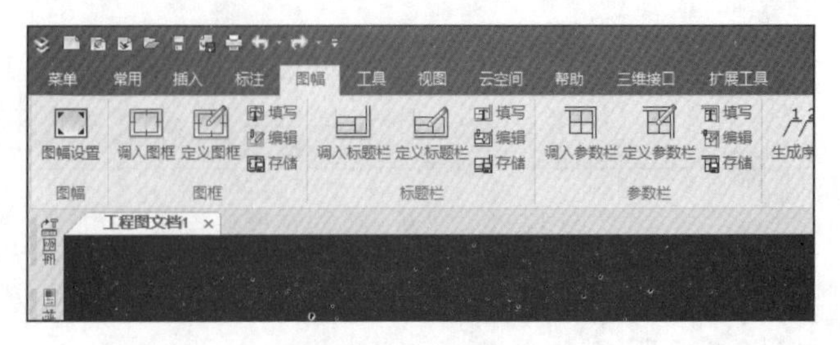

图 3-203　图幅设置

步骤② 在打开的“图幅设置”对话框中设置具体的参数。例如，设置图纸幅面为A4，绘图比例为 1∶1，图纸方向为横放，调入标题栏为 School，如图 3-204 所示。

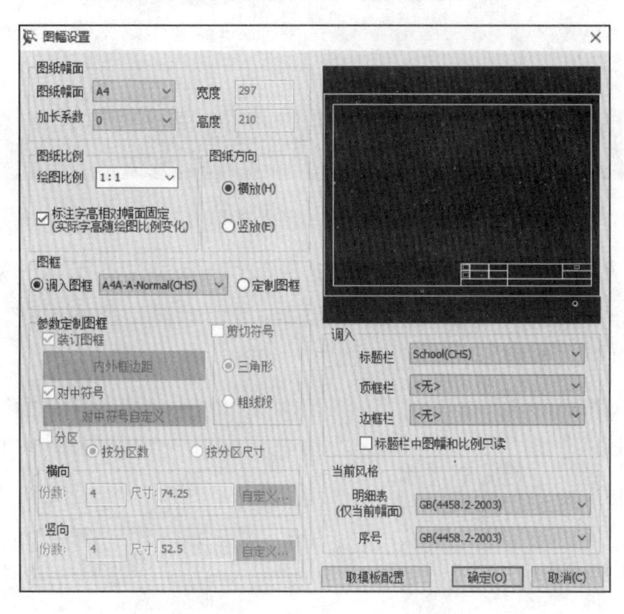

图 3-204　“图幅设置”对话框

步骤③ 单击“确定”按钮，生成图幅，如图 3-205 所示

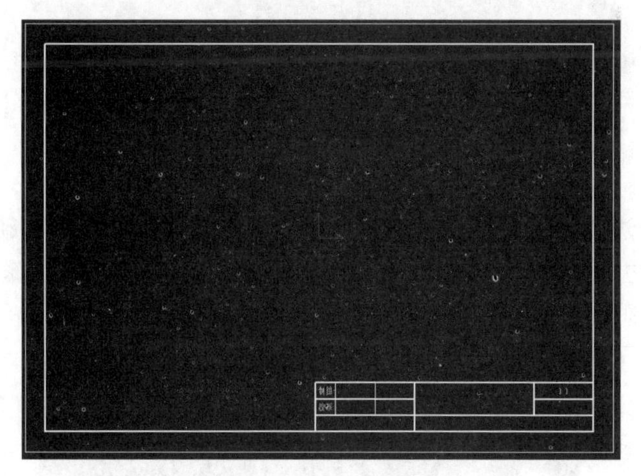

图 3-205　生成图幅

3. 视图的生成

(1) 生成标准视图

生成标准视图的具体操作步骤如下。

步骤① 在进入工程图设计环境后，单击“三维接口”|“视图生成”|“标准视图”按钮，如图 3-206 所示。

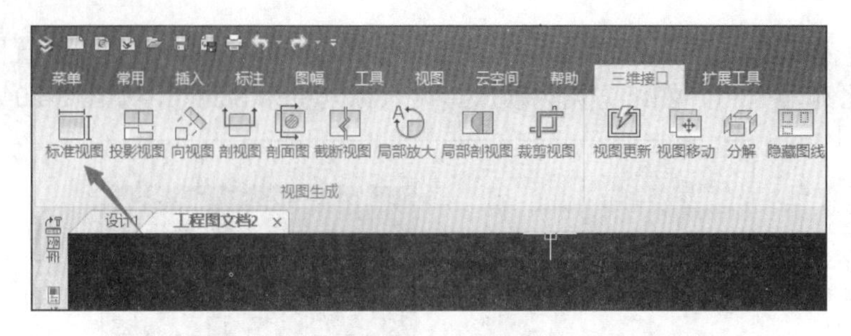

图 3-206　标准视图

步骤② 打开“标准视图输出”对话框，如图 3-207 所示，单击“浏览”按钮，选择已经建立好的三维实体造型文档。在此对话框中可以对模型进行旋转，选择输出的标准视图类型，如主视图、俯视图，单击“确定”按钮。

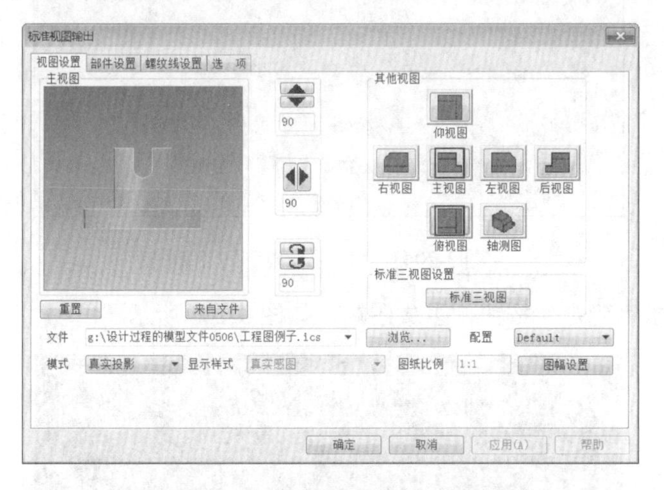

图 3-207　“标准视图输出”对话框

步骤③ 重新进入工程图环境，会有一个主视图跟随鼠标指针移动，此时需要在绘图区单击以确定主视图的位置，如图 3-208 所示。然后会有一个俯视图跟随鼠标指针移动，单击确定俯视图位置，完成标准视图的输出，如图 3-209 所示。

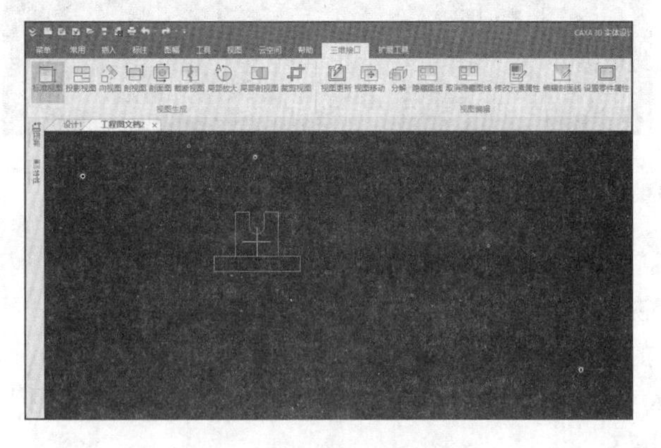

图 3-208　放置主视图

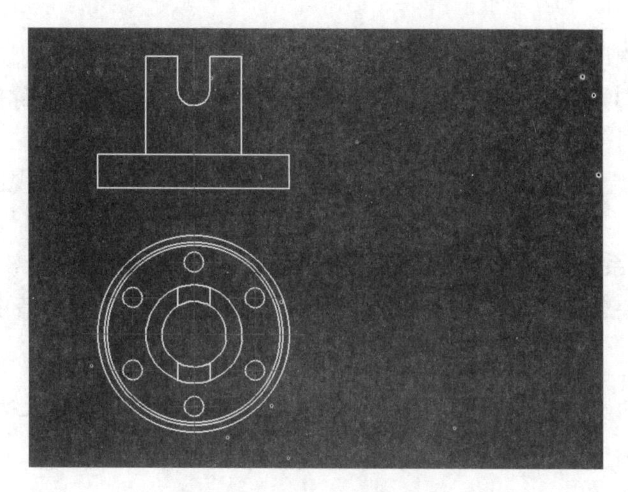

图 3-209　生成标准视图

（2）生成向视图

向视图是可以自由配置的视图。创建向视图的具体操作步骤如下。

步骤① 在已经创建好标准视图的情况下，单击“三维接口”|“视图生成”|“向视图”按钮。

步骤② 根据提示完成下列操作步骤：

① 选择一个视图作为父视图：在工程图中选择一个视图作为父视图。

② 选择向视图的方向：选择一条线决定投影方向，可选择视图上的轮廓线或者自己绘制的线。

③ 单击或输入视图的基点：在投影方向上的合适位置单击，生成向视图，如图 3-210 所示。

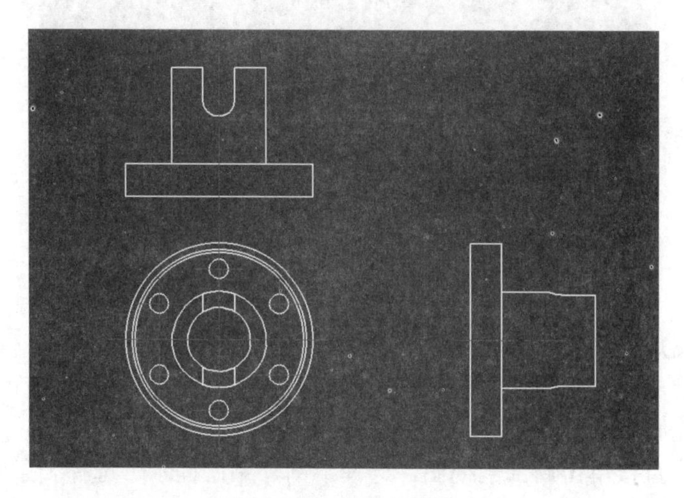

图 3-210　生成向视图

（3）生成剖视图

假想用一个剖切面（平面或曲面）剖开机件，将处在观察者和剖切面之间的部分移去，将其余部分向投影面上投射，这样得到的图形称为剖视图（简称剖视）。剖视图主要用于表达机件内部的结构。创建剖视图的操作步骤如下。

步骤① 在已经生成标准视图的情况下，单击“三维接口”|“视图生成”|“剖视图”按钮。

步骤② 根据系统提示绘制剖切轨迹，使用鼠标指针在视图上依次指定几个点来定义轨迹，可利用导航功能追踪捕捉特殊点确定剖切面，画好后右击结束操作。

注意：若画的剖切面是一条直线的单一剖切面，则可获得全剖视图；若画的剖切面是成角度的相交的两条直线，则可获得旋转剖视图；若画的剖切面是折线，则可获得阶梯剖视图。

步骤③ 此时出现两个方向的箭头，在所需箭头方向的一侧单击以确定选择剖切方向。

步骤④ 此时系统提示“指定剖面名称标注点”，可在菜单中修改视图名称，然后用鼠标指针选择剖视图名称标注点，完成后右击结束操作。

步骤⑤ 系统提示“请单击或输入视图的基点”，选择默认“导航”单选按钮，然后选择剖视图的放置位置，完成操作，如图 3-211 所示。

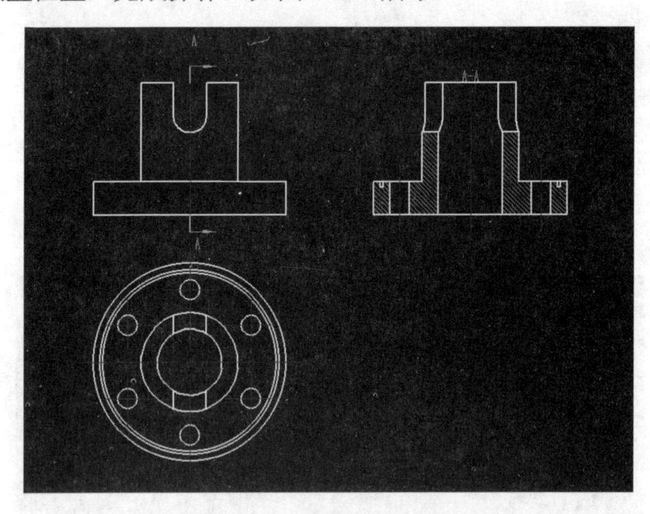

图 3-211　生成剖视图

局部剖视图是对某个存在的视图给定截断剖视的图，也可是半剖。做这个剖视图之前，需要先给定一个局部封闭区域（在要剖切的视图上），其剖切深度可动态选择（在俯视图上选择孔心等），也可直接输入深度。

半剖视图：直接单击局部剖视图，选择半剖，系统提示“选择一条中心线”，中心线必须先绘制好（在要剖切的视图上），选择半剖视图，选择剖切线位置（选择箭头方向，如左侧），指定深度即可完成（主视图中的孔心等）。

（4）生成局部放大图

局部放大图是将机件的部分结构用大于原图形所采用的比例画出的图形。创建局部放大视图的操作步骤如下。

步骤① 在已经生成标准视图的情况下，单击“三维接口”|“视图生成”|“局部放大”按钮，在界面下方的参数栏可以设置局部放大的参数，如图 3-212 所示。

将局部放大参数设置成如图 3-213 所示。

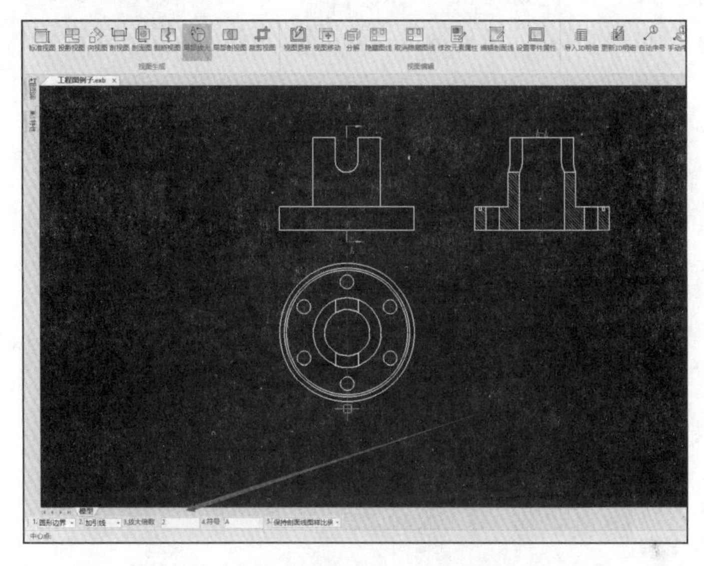

图 3-212　局部放大参数设置栏

图 3-213　局部放大参数设置

步骤② 根据提示确定局部放大的中心点，如图 3-214 所示。

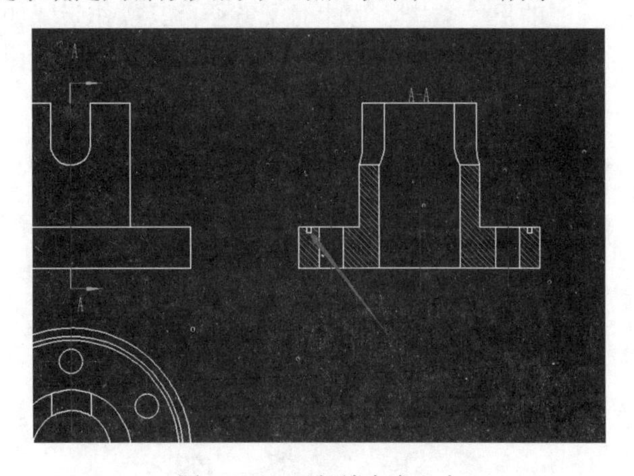

图 3-214　局部放大中心点

步骤③ 系统提示“输入半径或者圆上一点”，移动鼠标指针确定局部放大的范围并单击“确定”按钮。

步骤④ 系统提示“符号插入点”，在适当的位置单击，放置局部放大的符号。

步骤⑤ 系统提示“实体插入点”，会有一个局部放大视图跟随鼠标指针移动，在屏幕上适当的位置单击放置局部放大视图。

步骤⑥ 输入角度“0”，确定视图的旋转方向。

步骤⑦ 指定标注位置，完成局部放大视图的创建，如图 3-215 所示。

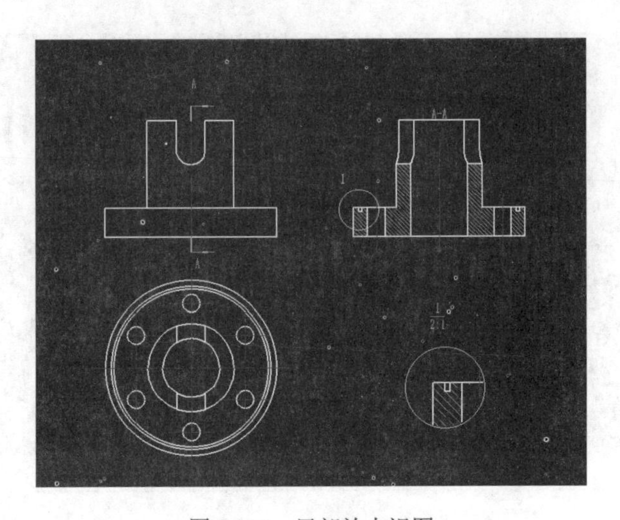

图 3-215 局部放大视图

4. 尺寸标注与技术要求

（1）基本尺寸标准

CAXA 3D 实体设计 2018 工程图模块可以快捷地标注零件的尺寸。智能标注命令可以快速生成线性尺寸、直径尺寸、半径尺寸、角度尺寸等基本类型的标注。它可以根据拾取对象自动判别要标注的尺寸类型，智能而又方便，其操作步骤如下。

步骤① 单击“标注”|“尺寸”|“智能标注”按钮，如图 3-216 所示。

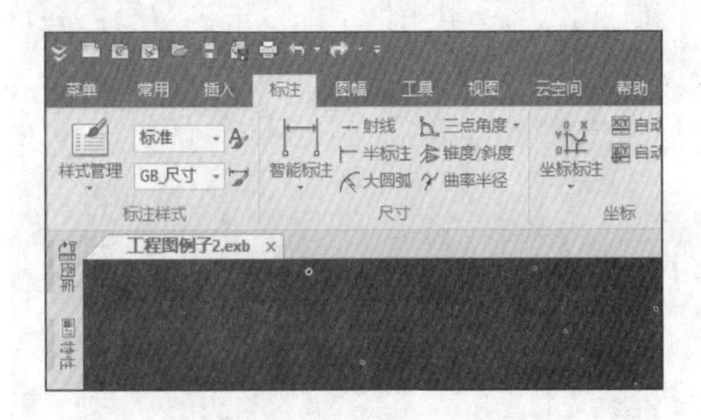

图 3-216 “智能标注”按钮

步骤② 选择需要标注的对象，可以是单一直线、两点、两条直线，或者是圆弧、圆等任意对象，系统自动判断需要标注的尺寸类型，如图 3-217 所示。

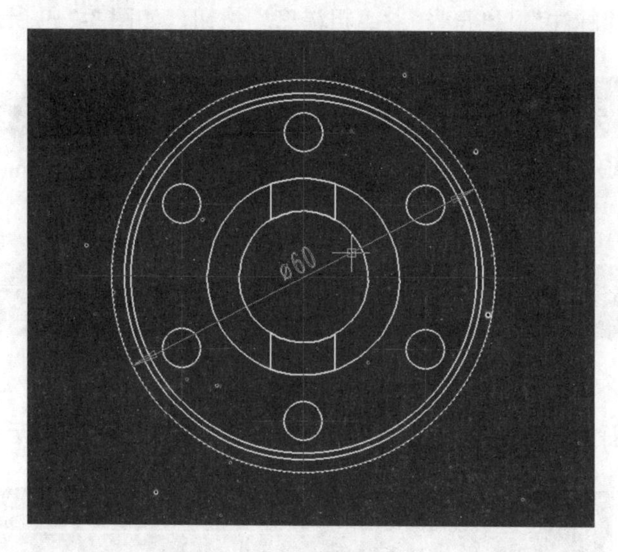

图 3-217 智能标注尺寸

步骤③ 自动生成的尺寸会跟随光标移动，此时在合适的位置单击，确定尺寸放置位置，完成标注。

步骤④ 如果需要继续标注尺寸，则可以重新拾取标注对象；若不再标注，则按 ESC 键退出尺寸标注。

注意：如果在步骤③中自动生成的尺寸与实际想要标注的尺寸存在差异，则可以在单击确定尺寸位置之前在界面的下部尺寸参数栏中做相应的修改，如图 3-218 所示。

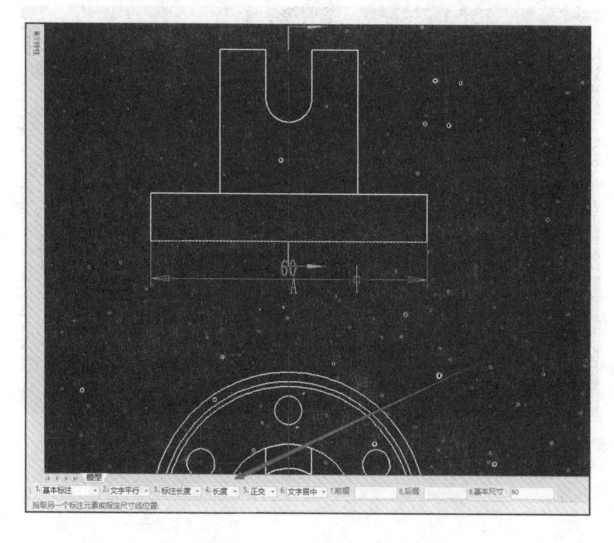

图 3-218 尺寸参数栏

（2）表面质量标注

通过使用粗糙度命令可以方便地标注零件的表面质量，其操作步骤如下。

步骤① 单击“标注”|“符号”|“粗糙度”按钮，如图 3-219 所示。

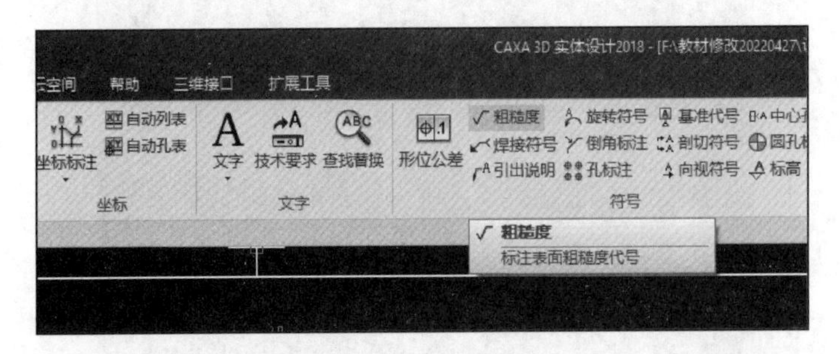

图 3-219 “粗糙度”按钮

步骤② 在界面的左下角修改粗糙度的对应参数，如图 3-220 所示。

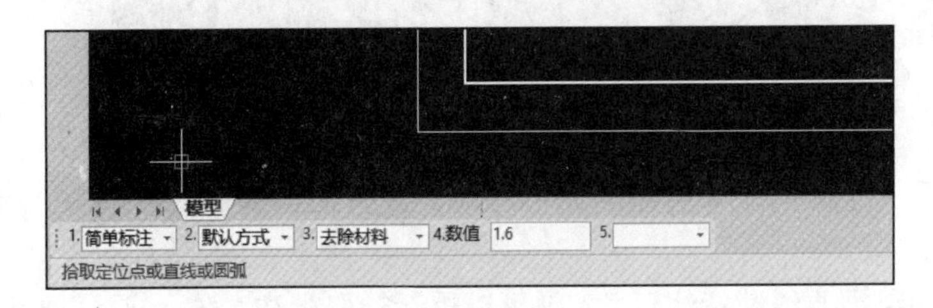

图 3-220 粗糙度参数栏

步骤③ 选取粗糙度的标注对象。

步骤④ 在合适的位置单击，确定粗糙度符号的放置位置，如图 3-221 所示。

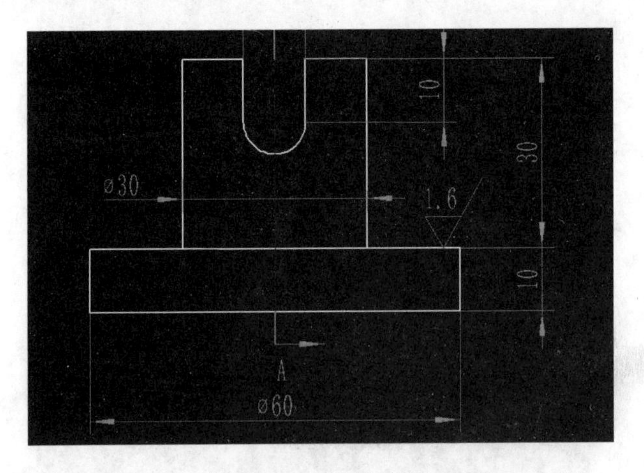

图 3-221 粗糙度标注

（3）形位公差标注

利用形位公差命令可以快速地标注零件的形位公差，其操作步骤如下。

步骤① 单击“标注”｜“符号”｜“形位公差”按钮，如图 3-222 所示。

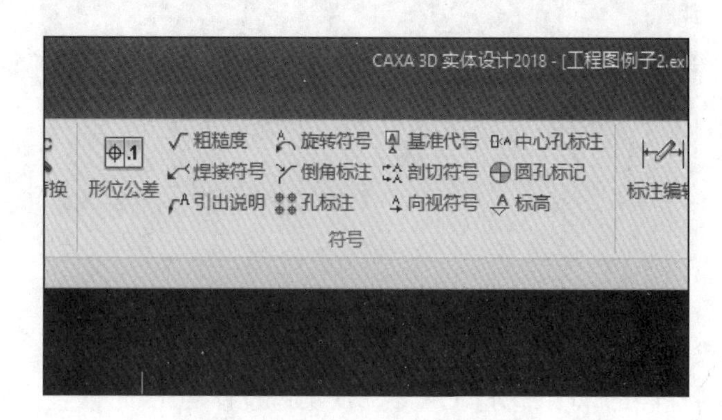

图 3-222 “形位公差”按钮

步骤② 在打开的“形位公差”对话框中设置相应的参数，并单击“确定”按钮。这里以平面度的标注为例，如图 3-223 所示。

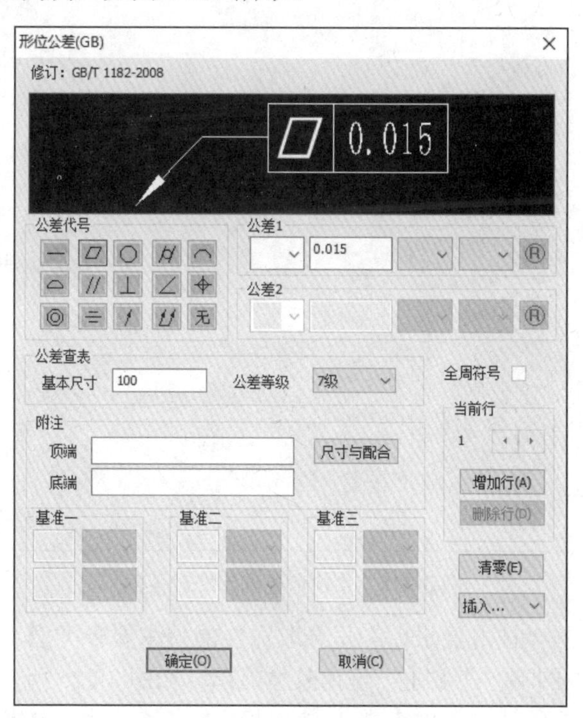

图 3-223 “形位公差”对话框

步骤③ 选取需要标注的对象。此时形位公差符号会随着光标移动。在合适的位置单击，确定形位公差的放置位置，再次单击确定折线位置，完成形位公差的标注，如图 3-224 所示。

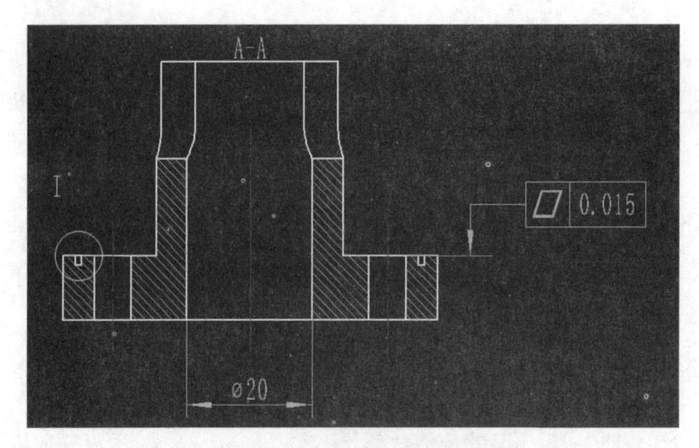

图 3-224　标注形位公差

（4）技术要求的标注

技术要求是零件图的重要部分，CAXA 3D 实体设计 2018 可以直接通过技术要求命令调取常用的技术要求，并且可以修改技术要求的内容，对技术要求进行自动排序，其操作步骤如下。

步骤① 单击“标注”|“文字”|“技术要求”按钮，打开“技术要求库”对话框，如图 3-225 所示。

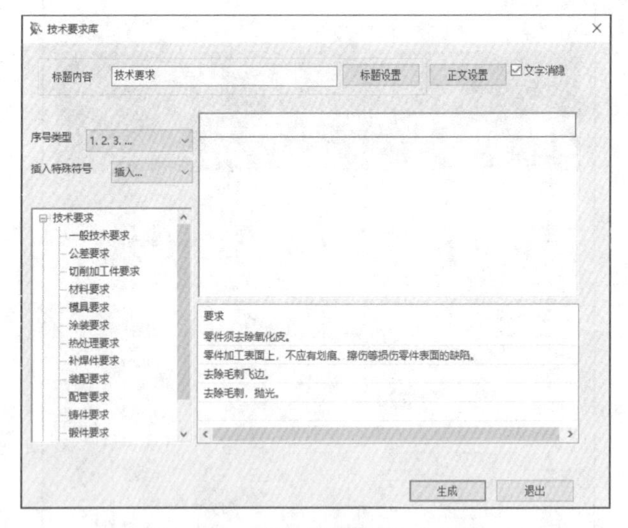

图 3-225　“技术要求库”对话框

步骤② 从左侧的“技术要求库”里选取需要的技术要求类型。该类型的技术要求具体内容会在设置框的下方“要求”框内具体显示，如图 3-226 所示。

步骤③ 在技术要求的具体内容中双击，即可选中该条技术要求，并且自动加入上方的技术要求表中，按照先后顺序自动加上序号。

步骤④ 单击“生成”按钮，即可生成技术要求，随后在确定技术要求摆放位置的左上角单击，移动鼠标指针确定摆放的长度，再次单击“确定”按钮完成技术要求的标注，如图 3-227 所示。

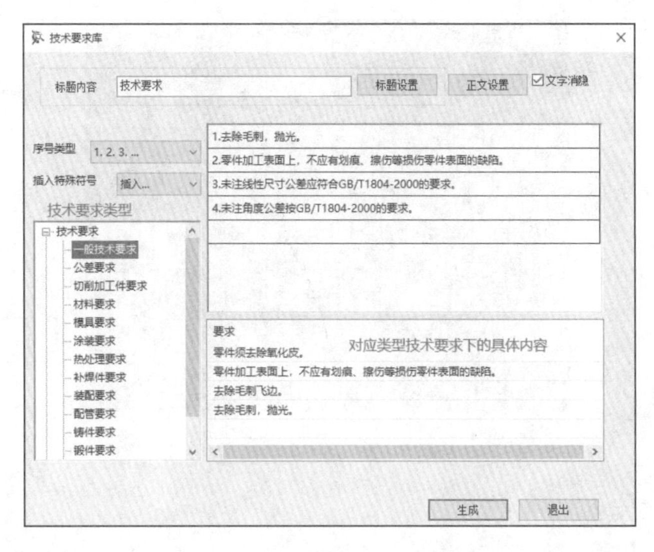

图 3-226　技术要求内容选取

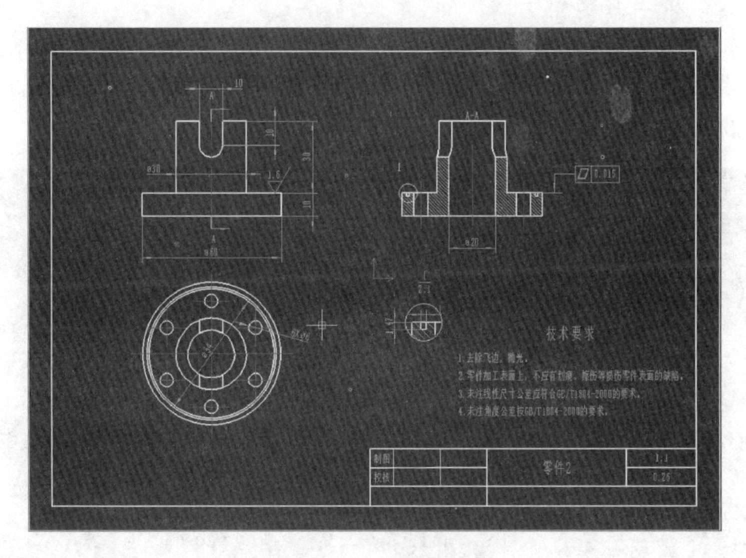

图 3-227　标注技术要求

任务实施

进入 CAXA 3D 实体设计 2018 工程图环境，导入轴承座 3D 模型（图 3-228），生成标准视图和剖视图，并标注尺寸、粗糙度、形位公差和技术要求，其操作步骤如下。

步骤① 打开 CAXA 3D 实体设计 2018，选择空白模板新建一个设计环境，导入 A4 图幅。

步骤② 利用标准视图命令导入轴承座的主视图和俯视图。

步骤③ 利用剖视图命令生成全剖左视图。

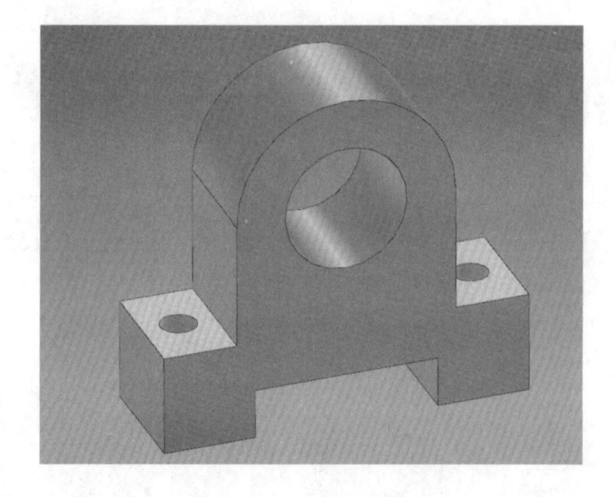

图 3-228　轴承座模型

步骤④ 标注尺寸。

步骤⑤ 标注粗糙度。

步骤⑥ 标注形位公差。

步骤⑦ 标注技术要求。

步骤⑧ 双击标题栏，在弹出的标题栏窗口中将零件名称改为轴承座。

步骤⑨ 保存轴承座工程图，如图 3-229 所示。

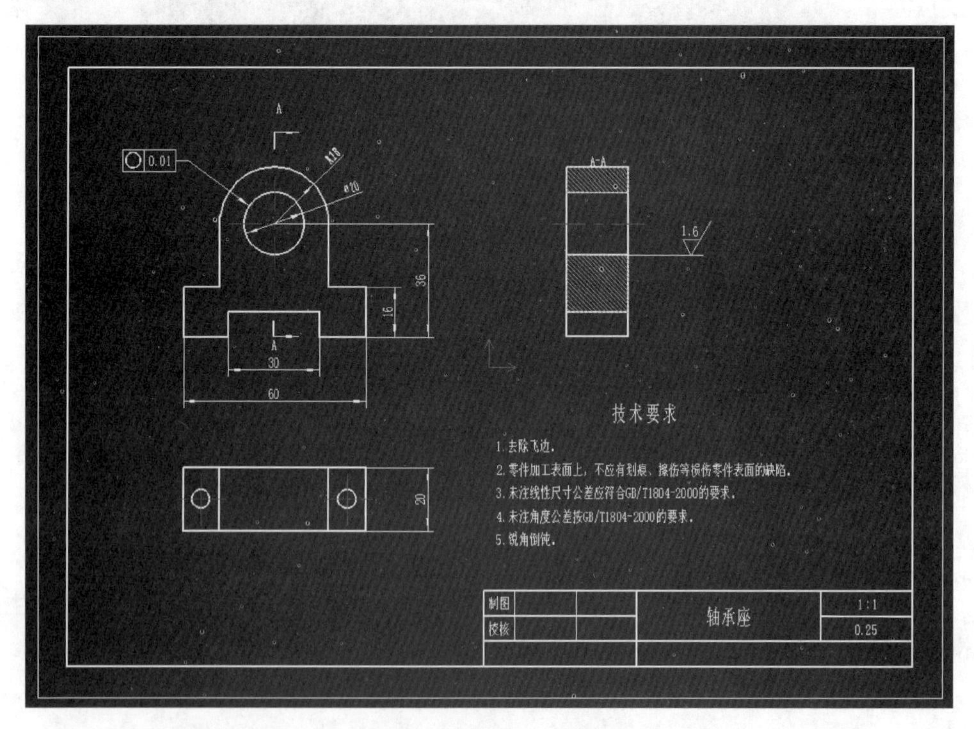

图 3-229　轴承座工程图

任务创新

请读者开动脑筋，发挥想象力与创造力，设计并制作一款个性化的轴承座，并输出其二维工程图。轴承座实例参考如图 3-230 所示。

图 3-230　轴承座实例参考

项目四　3D 造型的装配与运动仿真

在 CAXA 3D 实体设计 2018 中，可将若干个零件或部件（图 4-1）按照其规定的技术要求组装起来，形成装配体（图 4-2）。

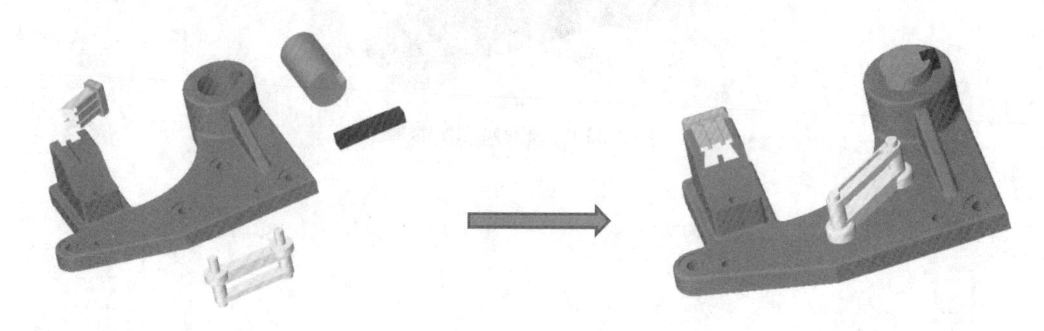

图 4-1　若干零部件　　图 4-2　装配体

利用 CAXA 3D 实体设计 2018 生成的装配件可以作为一个独立的组件来编辑其位置、运动，也可以重新把装配体解除装配，成为独立的零件。还可以利用显示选项卡中的智能动画编辑器对已经装配好的部件进行动画制作，利用工具选项卡中的机构仿真模式对装配机构进行机构运动仿真。

任务一　闹钟的设计与装配

任务导读

闹钟（图 4-3）是一种计时装置，也是计量和指示时间的精密仪器。它与人们的生活密切相关，能够按照人们预定的时刻发出音响信号或其他信号。

图 4-3　闹钟

本任务设计的闹钟实例如图 4-4 所示。

图 4-4　闹钟实例

任务目标

1）了解装配的基础知识。
2）熟悉装配的基本操作。
3）熟练掌握装配定位工具。
4）了解装配流程。

任务内容

1）学习 CAXA 3D 实体设计 2018 中装配的方法。
2）完成闹钟的三维造型及创新设计。

知识链接

1. 装入零部件

（1）创建零部件

如果没有已经绘制完成的零部件，就要创建零部件。创建零部件的方法很多，可拖放设计元素库中的图素，利用各种编辑方法进行修改。或者生成二维草图，再通过拉伸等特征功能生成三维图素。

单击“装配”|“生成”|“创建零件”按钮，打开“创建零件激活状态”对话框。若选择“是”单选按钮，则新建的零件默认为激活状态，此时添加的图素都会属于该零件。若选择“否”单选按钮，则新建的零件默认为非激活状态，此时添加的图素属于另外一个零件。

（2）插入零部件

在 CAXA 3D 实体设计 2018 中，可利用已有的零部件生成装配件。单击“装配”|“生成”|“零件/装配”按钮，打开“插入零件”对话框。在查找范围中选择零部件所在地址，选择文件名，然后单击“打开”按钮，零部件即可插入当前设计环境。在文件类型里可选择要插入的文件类型，插入零件支持很多三维软件的文件格式。选择“预显”复选框，可在界面右上方预览将要插入的零件，如图 4-5 所示。

图 4-5 “插入零件”对话框

（3）拷贝零部件

除了使用读入零件文件名插入零件的方法外，还可直观地从设计环境中拷贝插入零部件。

在设计环境中选择要装配的零部件，右击，在弹出的快捷菜单中选择“拷贝”命令

（图 4-6），然后在插入此零部件的设计环境中，选择“菜单”|“编辑”|“粘贴”命令；也可在选择某零部件后，右击，在弹出的快捷菜单中选择“粘贴”命令；还可直接按 Ctrl+V 快捷键粘贴零部件，所需的零部件就拷贝到当前设计环境中。

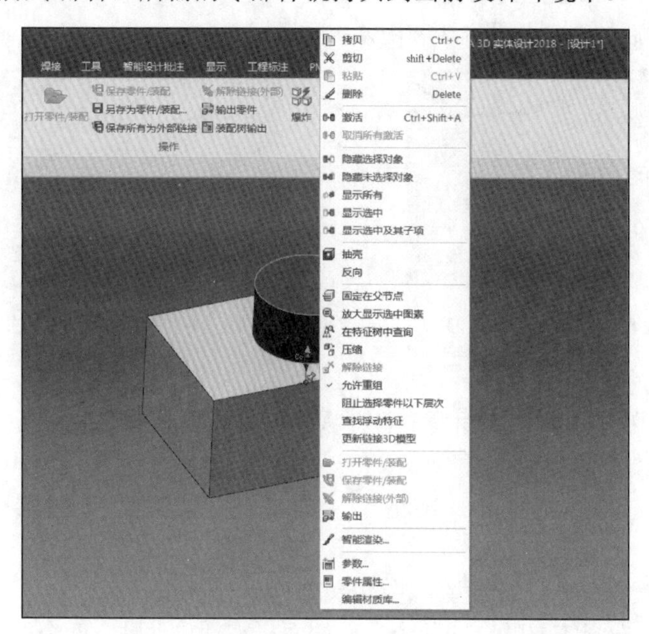

图 4-6　拷贝零部件

2. 定位约束

CAXA 3D 实体设计 2018 的“定位约束”工具采用约束条件的方法对零件和装配件进行定位和装配。利用“定位约束”工具可保留零件或装配件之间的空间关系。定位约束工具形成的装配关系是一种“永恒的”约束，当制作机构运动动画时，需要使用定位约束工具。

单击“装配”|“定位”|“定位约束”按钮，即可调出定位约束命令。定位约束根据不同几何元素之间的装配关系可以分为对齐、贴合、同轴、平行、相切、距离、角度等十大类，如图 4-7 所示。下面介绍一些常用的约束类型。

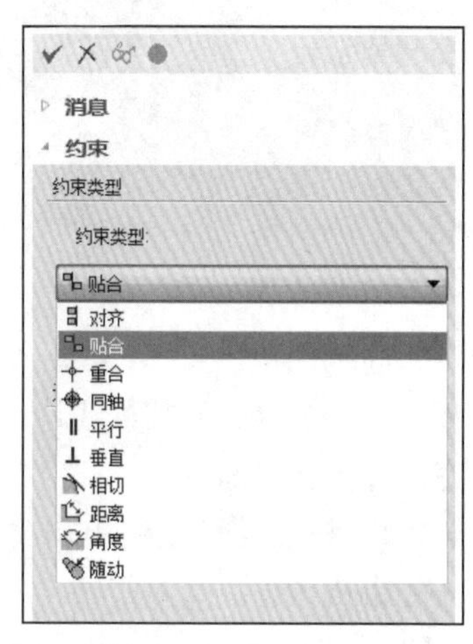

图 4-7　定位约束类型

（1）对齐约束

重定位源零件，使其平直面既与目标零件的平直面对齐（采用相同方向），又与其共面，其操作步骤如下。

步骤① 在设计环境中单击“装配”|“定位”|“定位约束”按钮，打开约束属性设置任务窗格。

步骤② 在左侧的“约束类型”选择“对齐”选项。

步骤③ 依次选择需要对齐的两个零件的面，零件自动对齐两个面。

步骤④ 单击✔按钮，约束完成定义。

对齐约束前后的对比如图 4-8 和图 4-9 所示。

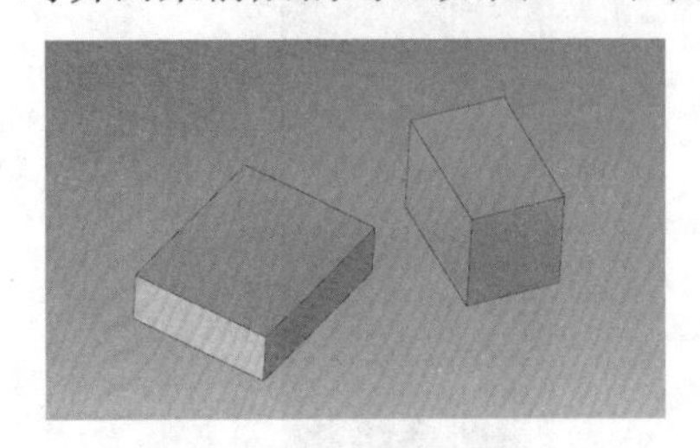

图 4-8　对齐约束前

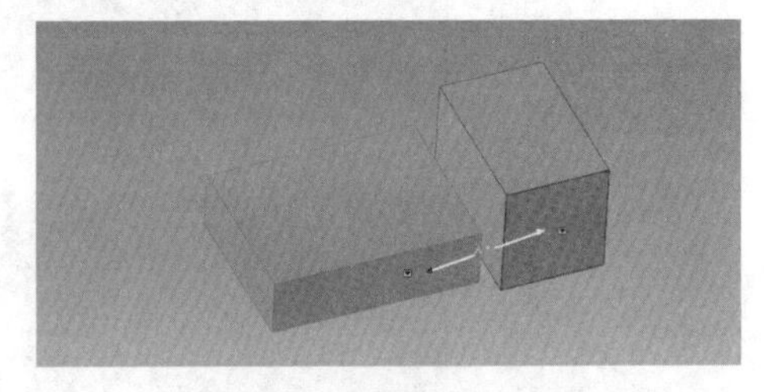

图 4-9　对齐约束后

（2）贴合约束

重定位源零件，使其平直面既与目标零件的平直面贴合（采用反方向），又与其共面，其操作步骤如下。

步骤① 在设计环境中单击“装配”|“定位”|“定位约束”按钮，打开约束属性设置任务窗格。

步骤② 在左侧的“约束类型”栏选择“贴合”选项。

步骤③ 依次选择需要贴合的两个零件的面，零件自动贴合两个面。

步骤④ 单击✔按钮，约束完成定义。

贴合约束前后的对比如图 4-10 和图 4-11 所示。

图 4-10　贴合约束前

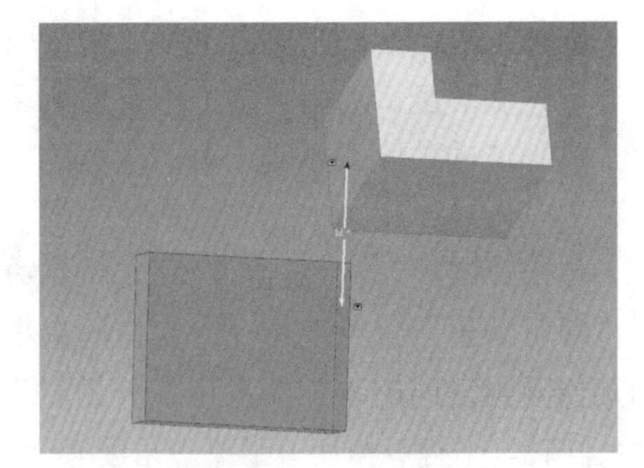

图 4-11　贴合约束后

（3）同轴约束

重定位源零件，使其直线边或轴在其中一个零件有旋转轴时与目标零件的直线边或轴对齐，其操作步骤如下。

步骤① 在设计环境中单击“装配”|“定位”|“定位约束”按钮，打开约束属性设置任务窗格。

步骤② 在左侧的“约束类型”栏选择“同轴”选项。

步骤③ 依次选择需要同轴的两个零件的圆柱面，两个圆柱面自动同轴。

步骤④ 单击✔按钮，约束完成定义。

同轴约束前后的对比如图 4-12 和图 4-13 所示。

图 4-12　同轴约束前

图 4-13　同轴约束后

（4）平行约束

重定位源零件，使其平直面或直线边与目标零件的平直面或直线边平行，其操作步骤如下。

步骤① 在设计环境中单击“装配”|“定位”|“定位约束”按钮，打开约束属性设置任务窗格。

步骤② 在左侧的“约束类型”栏选择“平行”选项。

步骤③ 依次选择需要平行的两个零件的平面或者直线，两个平面或者直线自动平行。

步骤④ 单击✔按钮，约束完成定义。

平行约束前后的对比如图 4-14 和图 4-15 所示。

图 4-14　平行约束前

图 4-15　平行约束后

（5）相切约束

重定位源零件，使其平直面或旋转面与目标零件的旋转面相切，其操作步骤如下。

步骤① 在设计环境中单击“装配”|“定位”|“定位约束”按钮，打开约束属性设置任务窗格。

步骤② 在左侧的“约束类型”栏选择“相切”选项。

步骤③ 依次选择需要相切的两个零件的平面或者曲面，两个平面或者曲面自动相切。

步骤④ 单击✔按钮，约束完成定义。

相切约束前后的对比如图 4-16 和图 4-17 所示。

图 4-16　相切约束前

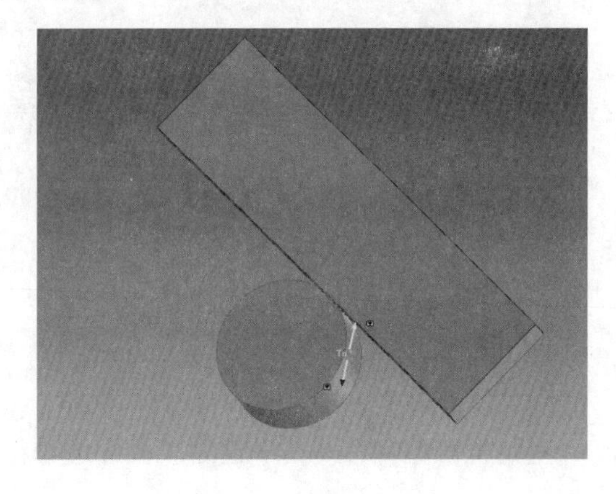

图 4-17　相切约束后

（6）距离约束

重定位源零件，使其与目标零件相距一定的距离，其操作步骤如下。

步骤① 在设计环境中单击“装配”|“定位”|“定位约束”按钮，打开约束属性设置任务窗格。

步骤② 在左侧的“约束类型”栏选择“距离”选项。

步骤③ 依次选择需要设定距离的两个零件的平面，两个平面自动平行且形成距离，可以通过双击距离尺寸来修改距离值。

步骤④ 单击✔按钮，约束完成定义。

距离约束前后的对比如图 4-18 和图 4-19 所示。

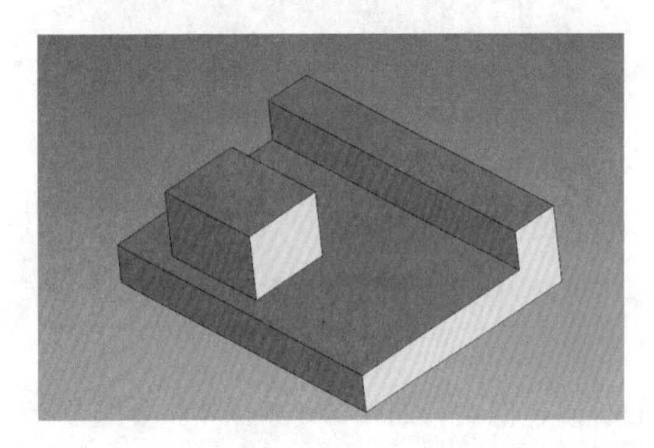

图 4-18　距离约束前

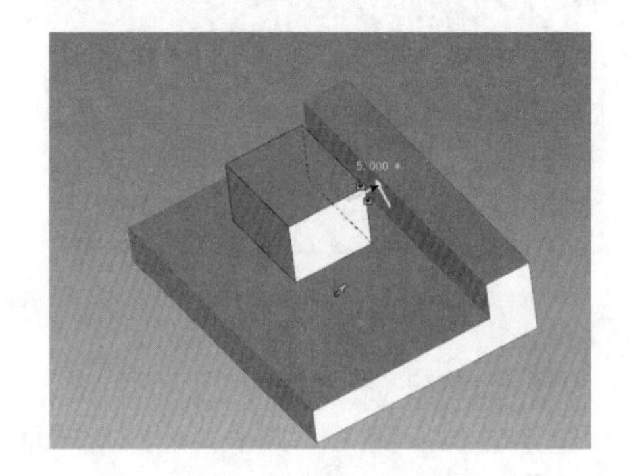

图 4-19　距离约束后

（7）角度约束

重定位源零件，使其与目标零件成一定的角度，其操作步骤如下。

步骤① 在设计环境中单击“装配”|“定位”|“定位约束”按钮，打开约束属性设置任务窗格。

步骤② 在左侧的“约束类型”栏选择“角度”选项。

步骤③ 依次选择需要设定角度的两个零件的平面，两个平面自动形成角度，可以通过双击角度尺寸来修改角度值。

步骤④ 单击✓按钮，约束完成定义。

角度约束前后的对比如图 4-20 和图 4-21 所示。

图 4-20　角度约束前

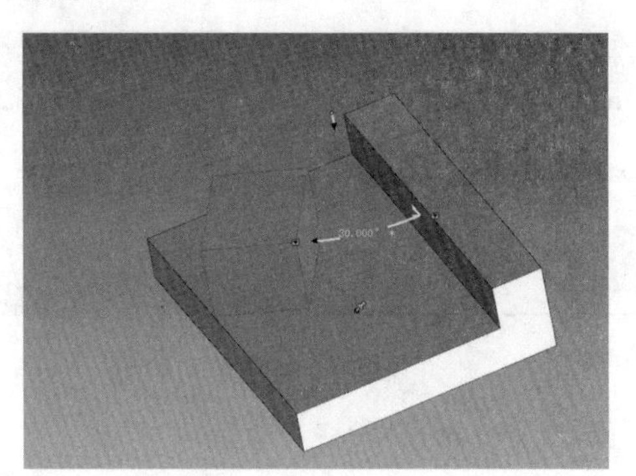

图 4-21　角度约束后

3. 装配的编辑

插入零部件且经过约束定位后，虽然从外观上看已形成了装配体，但是在打开设计树或者在设计环境中单击选择的零件时，就会发现这些零件依然是独立的个体，并没有真正形成上下级、装配体包含零件的关系，如图 4-22 所示。形成装配关系，需要使用装配工具。

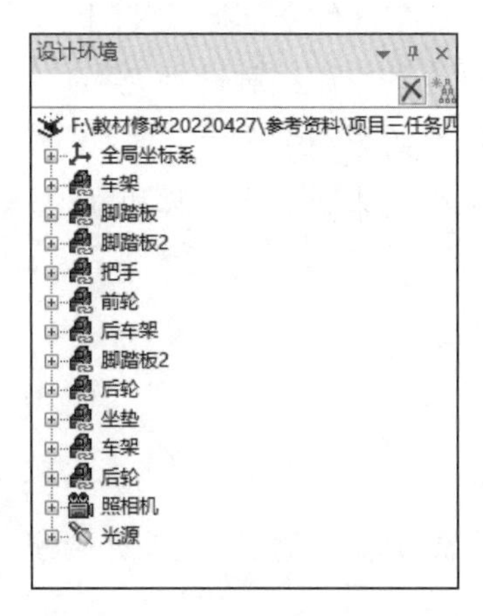

图 4-22　未装配前的树状目录

（1）生成装配体

选中需要生成装配的零件，单击“装配”|“生成”|“装配”按钮，如图 4-23 所示。所选中的零件会组合成一个装配体，并且以装配体加序号命名。单击装配体前的加号，可以展开装配体，并且看到装配体内部所含的零件，如图 4-24 所示。

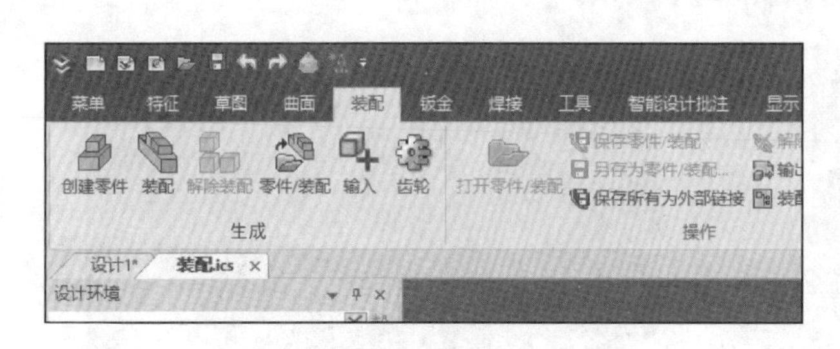

图 4-23　“装配”按钮

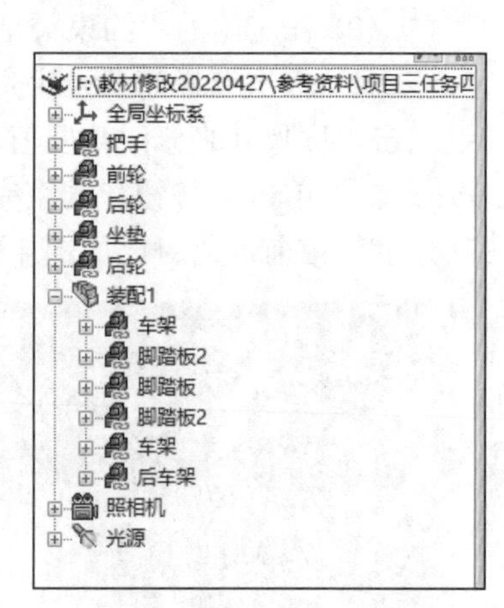

图 4-24　装配体内部的零件

（2）解除装配

只需要在设计环境中选择需要解除装配的装配体，单击“装配”|“生成”|“解除装配”按钮即可。此时设计树中的装配体图标会消失，重新恢复零件的图标。

任务实施

利用定位约束装配，将闹钟的各个零件组装完成，其操作步骤如下。

步骤① 插入零件。打开 CAXA 3D 实体设计 2018，单击“装配”|“生成”|“零件/装配”按钮，将设计好的闹钟零部件全部插入装配环境。

步骤② 利用同轴约束和贴合约束组装闹钟外壳和时针。

步骤③ 利用同轴约束和贴合约束组装分针和时针。

步骤④ 利用同轴约束和贴合约束组装支撑脚和闹钟外壳。

步骤⑤ 保存组装文件。

组装好的闹钟见图 4-4。

任务创新

请读者开动脑筋，发挥想象力与创造力，设计并装配一个彰显自己个性的闹钟。

任务二　曲 柄 滑 块

任务导读

曲柄滑块机构（图 4-25）是指用曲柄和滑块来实现转动和移动相互转换的平面连杆机构。曲柄滑块机构中与机架构成移动副的构件为滑块，通过转动副连接曲柄和滑块的构件为连杆。曲柄滑块机构广泛应用于往复活塞式发动机、压缩机、冲床等机械设备的主机构中，把往复移动转换为不整周或整周的回转运动。

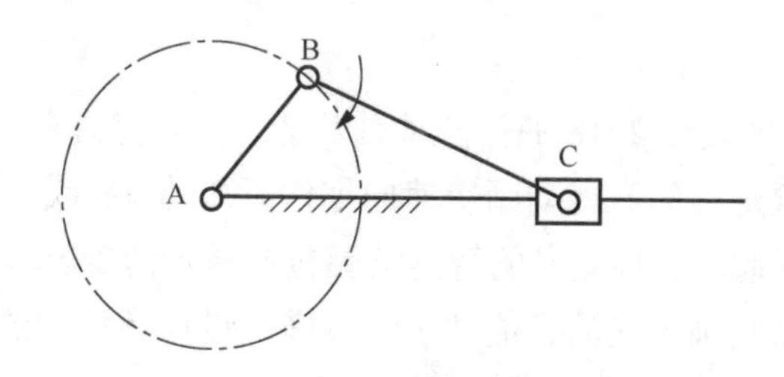

图 4-25　曲柄滑块机构结构图

本任务设计一个曲柄滑块机构，如图 4-26 所示。

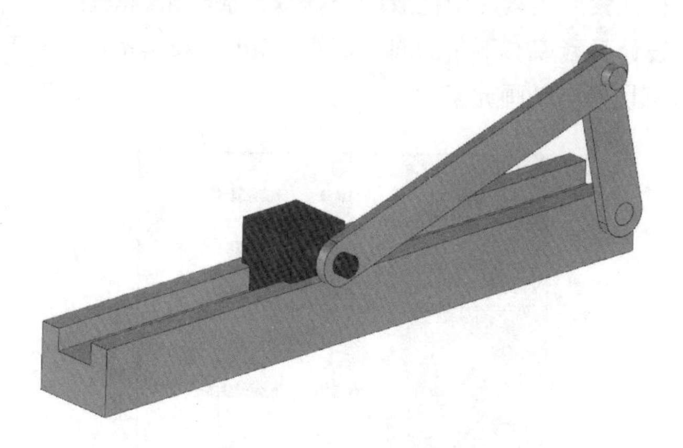

图 4-26　曲柄滑块机构

任务目标

1）掌握简单运动仿真及动画的制作方法。
2）灵活应用运动仿真功能，进一步提升实体设计能力，拓展设计思路。

任务内容

1）学习 CAXA 3D 实体设计 2018 中机构仿真动画的设计方法。

2）完成曲柄滑块的三维造型及创新设计。

知识链接

在 CAXA 3D 实体设计 2018 中，可将若干个零件或部件按照其规定的技术要求组装起来，形成装配体。任务 1 详细介绍了定位约束装配，本任务在此基础上介绍动画制作和机构仿真。

1. 动画

使用 CAXA 3D 实体设计 2018 的智能动画功能，可将静态景物转换成动画形式。

用户可使用这些预定义的智能动画快速向零件添加动画，或者将其作为经过编辑属性优化的自定义动画的起点。预定义的智能动画包括基本的旋转和直线动画，以及一些复杂动画，如弹跳。这些预定义的智能动画可以拖入设计环境中的任意对象上。

（1）通过设计元素库添加预定义的智能动画

具体操作步骤如下。

步骤① 从设计元素库图素库中拖放一个基本元素，如椭圆柱。

步骤② 单击设计元素库右下角的向下箭头，如图 4-27 所示，在打开的列表中选择“动画”命令，即可切换出动画元素库。

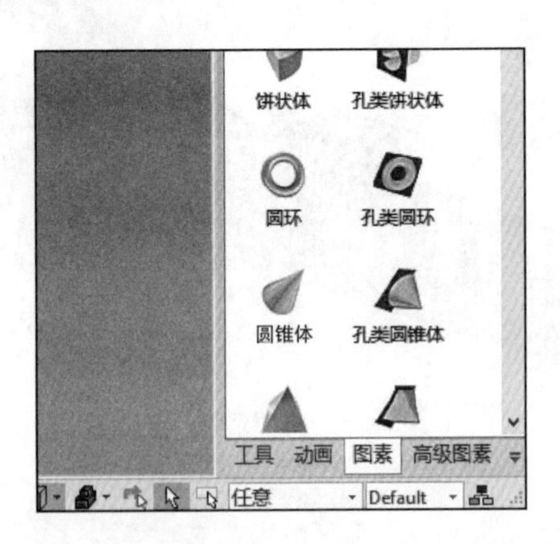

图 4-27 调出动画元素库

步骤③ 将动画元素库中的动画拖放至模型表面，即可自动给模型添加动画，如图 4-28 所示。

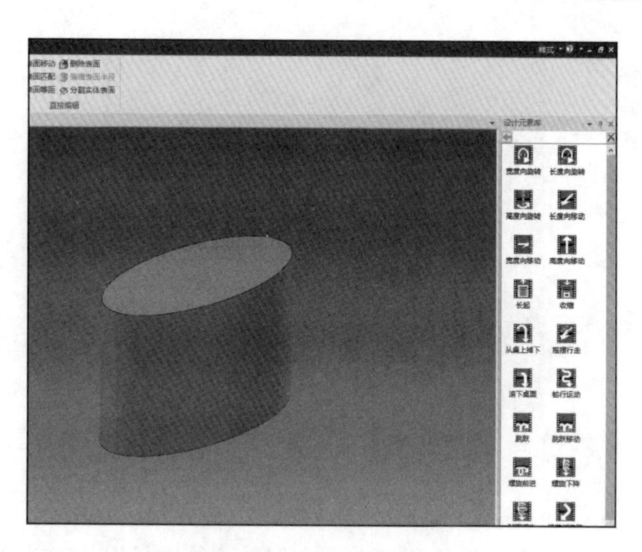

图 4-28　拖动动画元素

步骤④ 单击“显示”|“动画”|“打开”按钮，如图 4-29 所示，进入动画播放模式，此时“播放”和“回退”按钮才会允许使用。单击“播放”按钮，模型会按照拖放的动画元素进行动画显示。

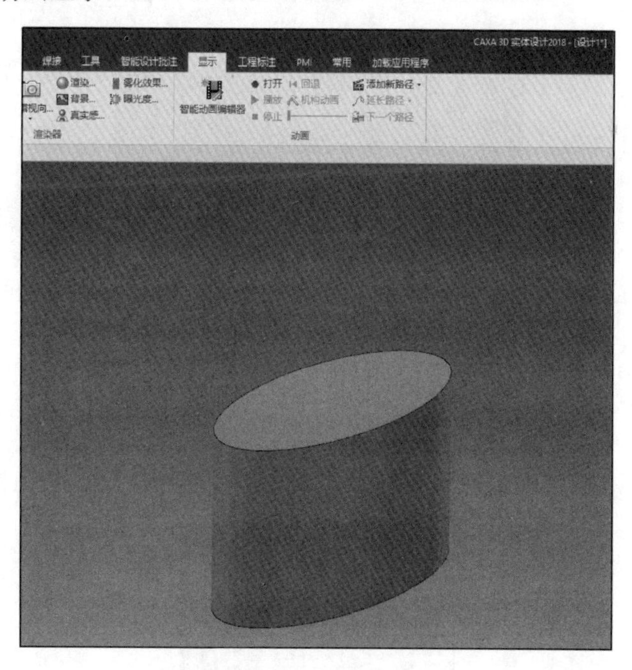

图 4-29　打开动画

注意： 如果需要删除已经添加的动画，则单击“打开”按钮，退出动画状态，然后单击模型，在模型的定位锚上会有动画路径图标，如图 4-30 所示，单击选中路径，按 Delete 键即可删除选中的动画。

图 4-30　动画路径图标

（2）使用添加新路径创建动画

利用动画元素库可以很便捷地添加动画，但是不能定量地修改动画的参数，CAXA 3D 实体设计 2018 还提供另一种动画创建方法，其操作步骤如下。

步骤① 单击“显示”|“动画”|“添加新路径”按钮，如图 4-31 所示。

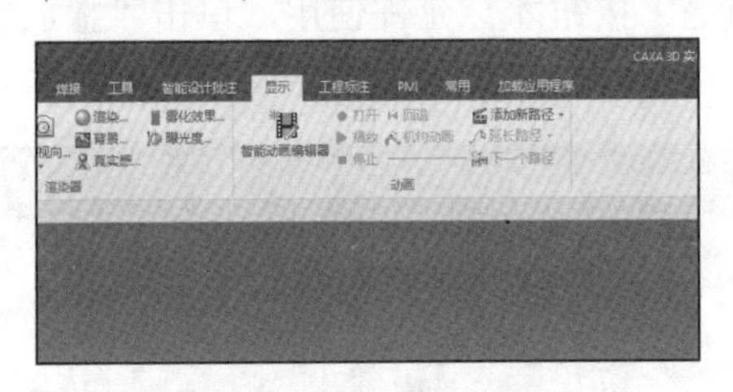

图 4-31　添加新路径

步骤② 在打开的新建动画路径属性设置任务窗格中定义相应的参数，如图 4-32 所示。在“几何选择”框中单击，再单击需要添加动画的零件，完成动画对象的选择。

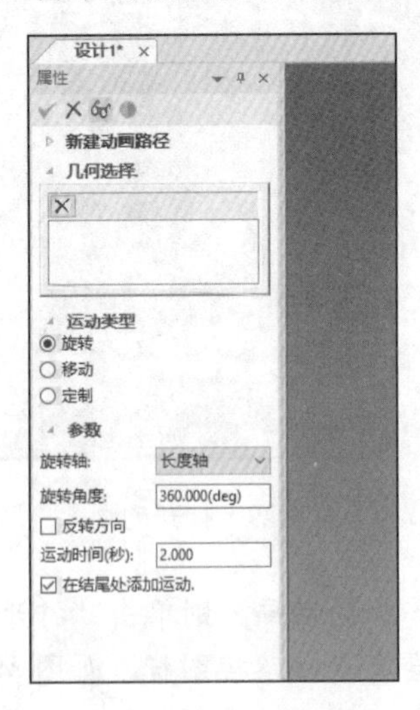

图 4-32　新建动画路径属性设置任务窗格

步骤③ 选择运动类型，定义旋转轴以及运动时间等参数来完成动画参数的设置，如图 4-33 所示。

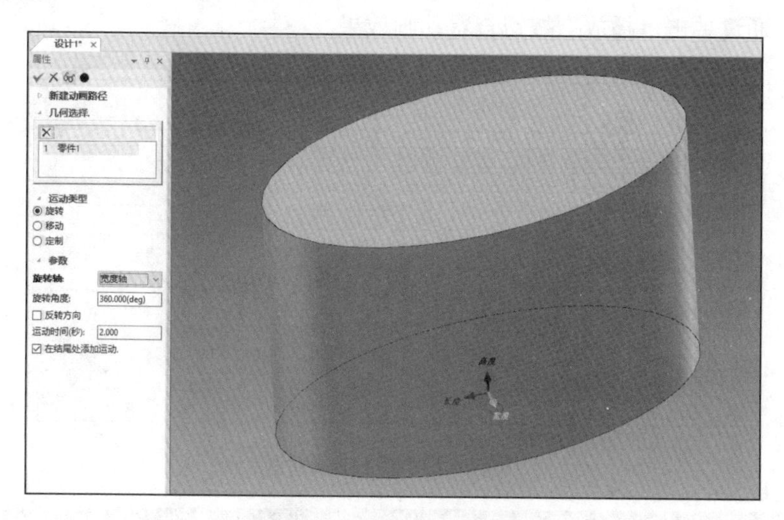

图 4-33　动画参数的设置

步骤④ 单击✔按钮，完成动画设置。

（3）智能动画编辑器

在添加零件的动画后，可以通过智能动画编辑器来调整动画的长度，使多个智能动画效果同步。也可使用智能动画编辑器访问动画轨迹和关键属性表，以便进行高级动画编辑。

单击“显示”|“动画”|“智能动画编辑器”按钮，弹出对应的编辑窗口，如图 4-34 所示

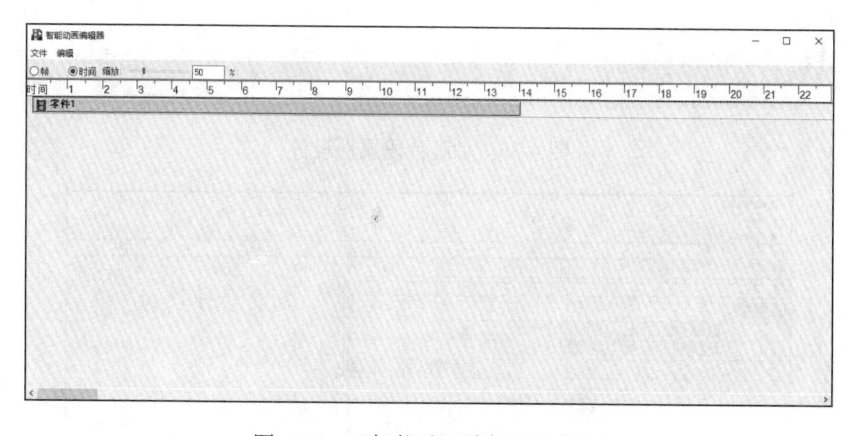

图 4-34　“智能动画编辑器”窗口

双击零件 1 的条形按钮，可以打开该零件所属的所有动画，如图 4-35 所示。从中可以看出零件 1 下有宽度旋转、高度旋转、长度方向移动和宽度旋转四个动画。可以通过拖动相应的动画按钮来改变其起始结束时间和时长，也可以直接右击该动画按钮，在

打开的“片段属性”对话框中进行定量的设置，如图 4-36 所示。例如，需要零件在沿着长度方向移动的同时绕着高度方向旋转，只需要将动画按钮拖放成如图 4-37 所示的状态即可。通过单击“播放”按钮查看动画效果。

图 4-35　零件 1 下属动画

图 4-36　动画片段属性设置

图 4-37　调整动画片段的时间

（4）动画视频的输出

当零件的动画设置完成后，可以选择“菜单”|“文件”|“输出”|“动画”|“输出动画”命令，输出动画效果，如图 4-38 所示。选择动画视频保存路径后在“动画帧尺寸”对话框（图 4-39）中可以设置相关的视频属性。单击“确定”按钮，完成动画视频输出参数设置，在“输出动画”窗口中单击“开始”按钮，等待动画视频输出完成，如图 4-40 所示。

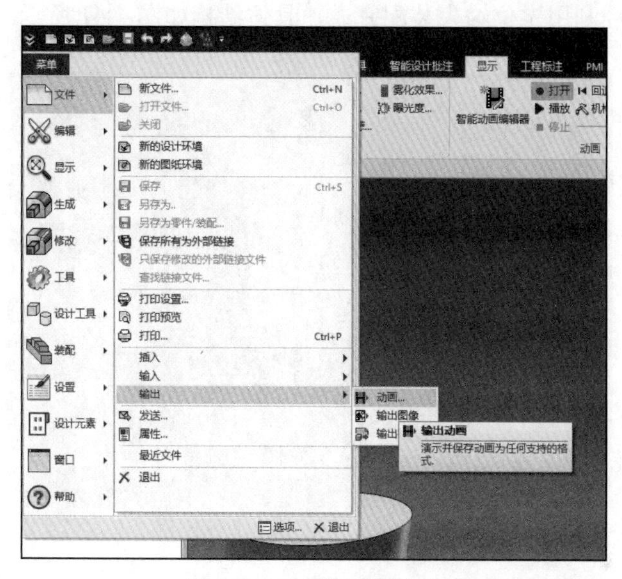

图 4-38　动画视频的输出

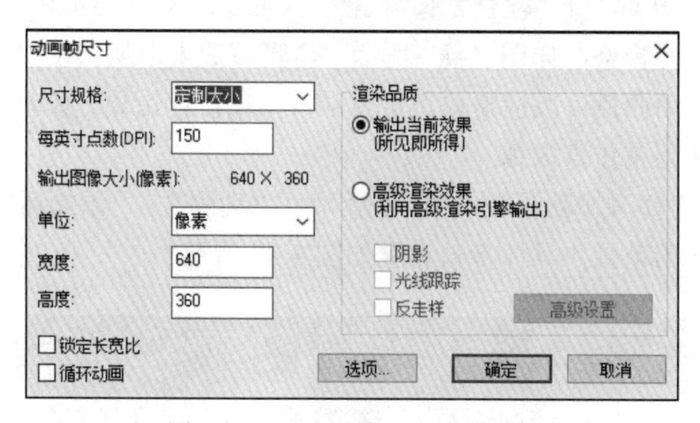

图 4-39　“动画帧尺寸”对话框

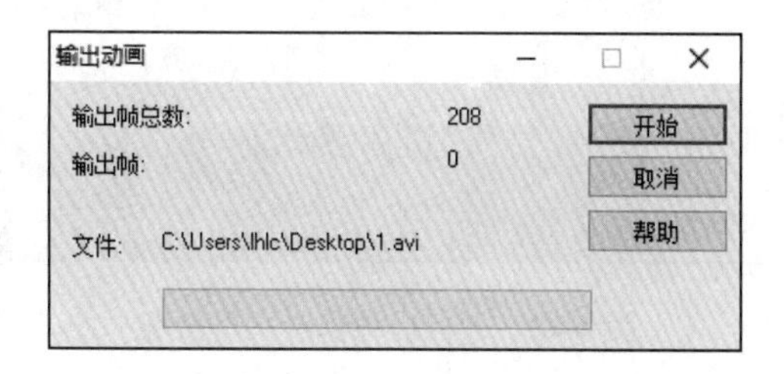

图 4-40　“输出动画”窗口

2. 机构仿真

在 CAXA 3D 实体设计 2018 中，不仅可以给零部件本身添加动画，还可以通过为零部件之间添加约束，然后为主动件添加动画，带动从动件运动，实现机构的运动仿真，其操作步骤如下。

步骤① 打开本书配套资源项目四任务二文件夹下的课程实例“曲柄滑块机构无动画.ICS”。实例已经利用定位约束装配完成，具体结构如图 4-41 所示。

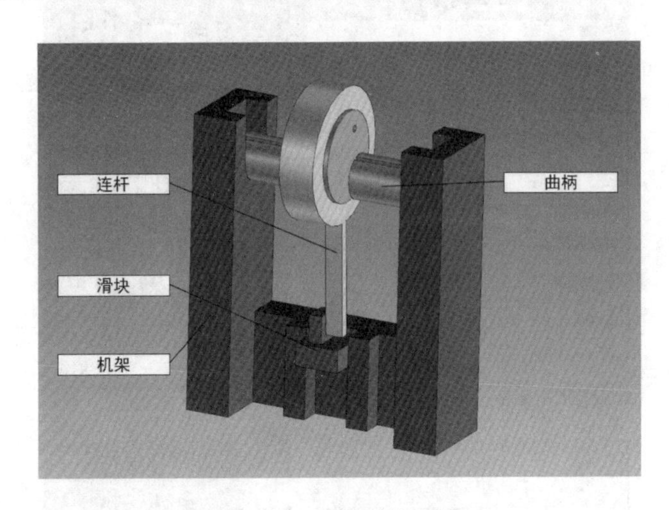

图 4-41　曲柄滑块机构

步骤② 单击“工具”|“检查”|“机构仿真模式”按钮，如图 4-42 所示，打开机构仿真属性设置任务窗格，如图 4-43 所示。仿真参数采用默认设置。如果机构设计正确，用鼠标指针拖动曲柄可以使滑块正常滑动。如果设计错误，如有干涉，或者约束不正确，机构将无法正常仿真模拟。

步骤③ 给主动件添加动画，单击“显示”|“动画”|“添加新路径”按钮，给曲柄添加绕轴线旋转的动画，具体参数设置如图 4-44 所示。

图 4-42　“机构仿真模式”按钮

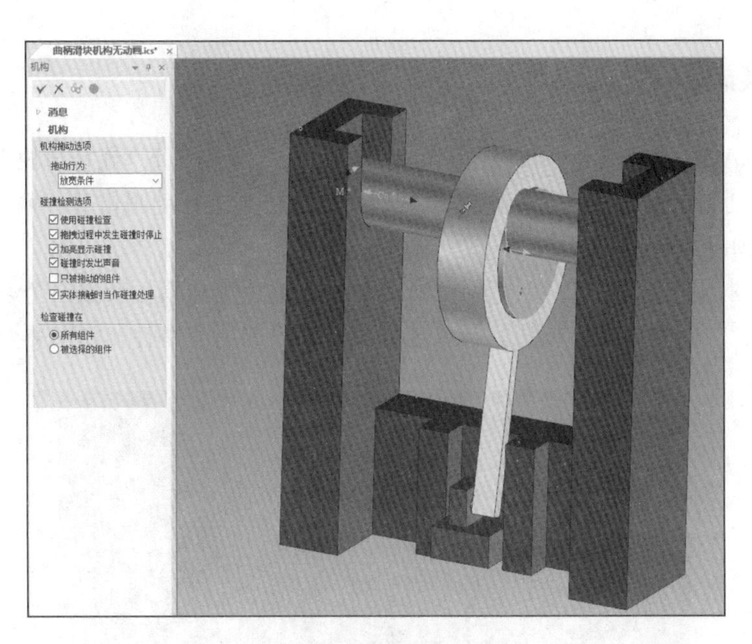

图 4-43　机构仿真窗格

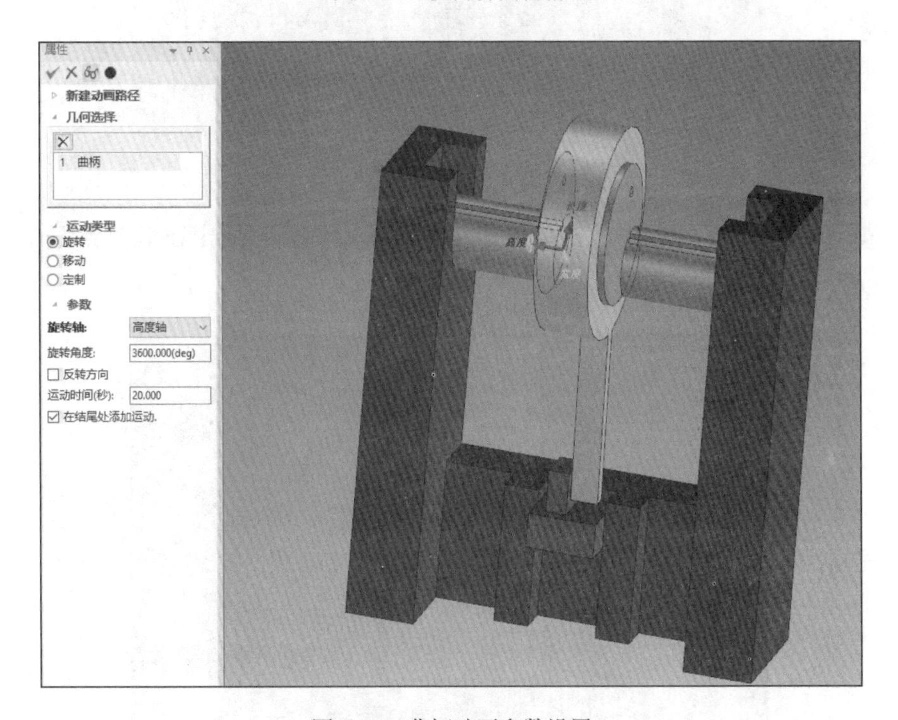

图 4-44　曲柄动画参数设置

步骤④ 给主动件添加动画后，单击“显示”|“动画”|“打开”和“播放”按钮，查看机构仿真动画，并输出仿真动画视频。

任务实施

在 CAXA 3D 实体设计 2018 中导入项目四任务二文件夹下“连杆滑块”文件夹内的所有零件，利用定位约束进行装配，最后利用机构仿真进行动画仿真，输出仿真动画，其操作步骤如下。

步骤① 打开 CAXA 3D 实体设计 2018 软件，选择空白模板新建一个设计环境，单击“装配”|“零件/装配”按钮。导入任务文件夹里的所有零件，如图 4-45 所示。

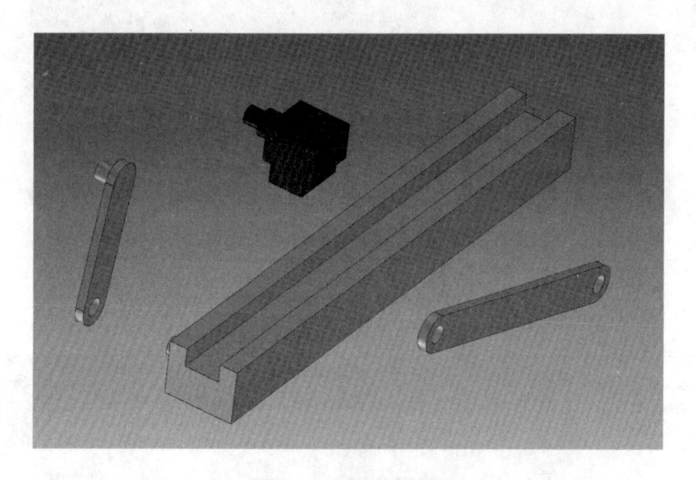

图 4-45　导入零件

步骤② 选中底座，右击，在弹出的快捷菜单中选择“固定在父节点”命令，如图 4-46 所示。

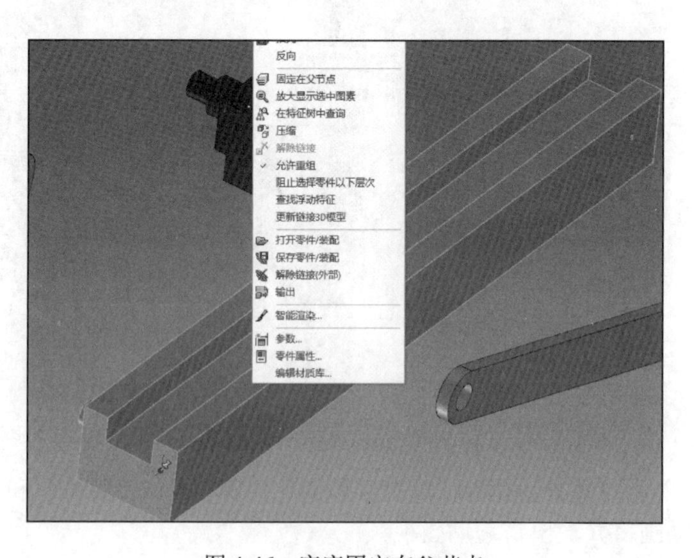

图 4-46　底座固定在父节点

步骤③ 根据各个零件的位置关系进行约束装配，底座槽底面与滑块底面贴合约束，底座槽侧面与滑块侧面贴合约束。底座的圆柱与短连杆的圆柱孔进行同轴约束。底座侧面和短连杆侧面贴合约束，长连杆和短连杆进行贴合和同轴约束，长连杆和滑块进行同轴约束。完成效果如图 4-47 所示。

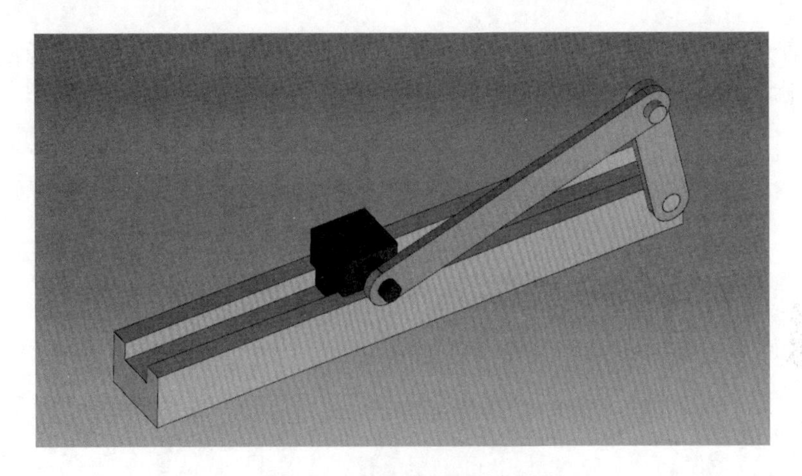

图 4-47　装配连杆滑块机构

步骤④ 给短连杆加上用 20 秒沿着高度轴方向旋转 3600° 的动画，如图 4-48 所示。

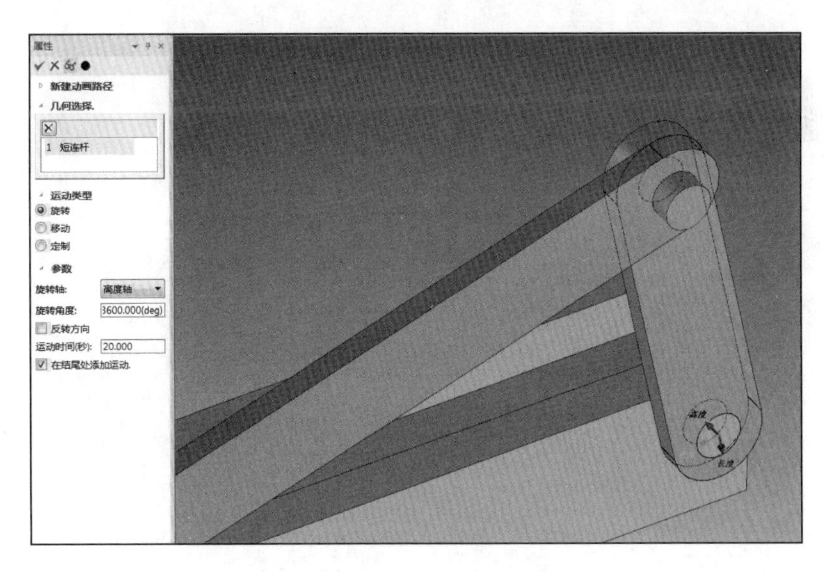

图 4-48　短连杆动画属性设置

步骤⑤ 预览动画和生产运动仿真视频。

步骤⑥ 保存“连杆滑块”各部分零件三维造型并输出 STL 文件，在切片软件中设置其 3D 打印参数。

步骤⑦ 利用 3D 打印机将绘制好的“连杆滑块”的所有模型打印成实物，并进行组装调试。

任务创新

请读者开动脑筋，发挥想象力与创造力，通过改变短连杆和长连杆的长度来设计另一个连杆滑块机构，并研究滑块的行程和速度会发生什么样的变化。

项目五　综合实践与创新

本项目为综合实践与创新，可根据前4个项目所学知识，按照任务实施的具体步骤，分别完成喷气式发动机和减速器的三维造型、装配和仿真，并对项目进行创新设计和个性化改造，利用3D打印机打印成实物。

任务一　喷气式发动机模型的设计

任务导读

现代飞机大多数使用喷气式发动机（图5-1），其原理是将空气吸入与燃油混合，点火爆炸膨胀后的空气向后喷出，其反作用力推动飞机向前运动。

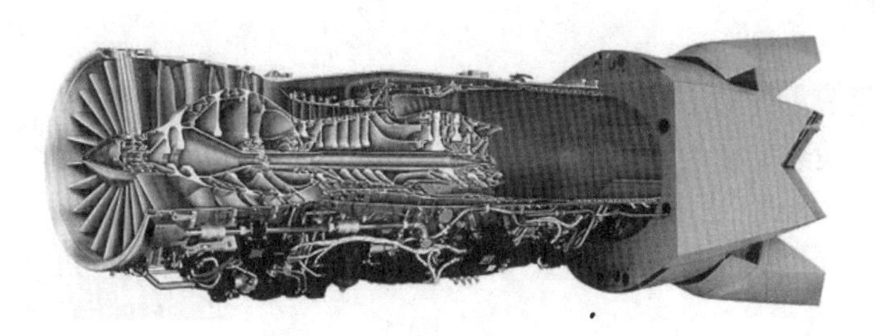

图5-1　喷气式发动机剖面图

为了便于设计和打印，这里把喷气式发动机的模型简化为如图5-2所示结构。它主要由发动机外壳、风扇、压气机、涡轮等零部件组成。

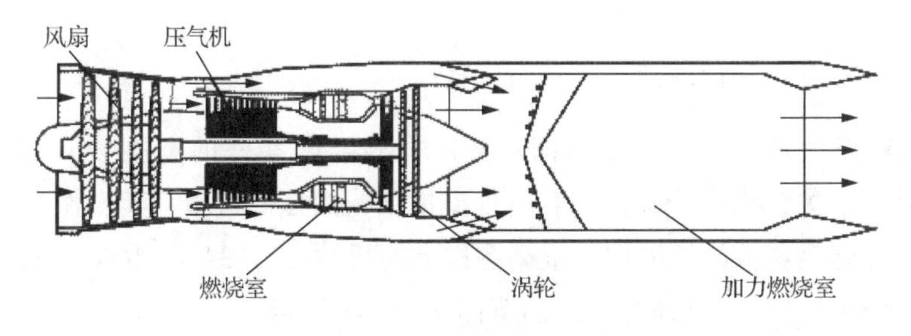

图5-2　喷气式发动机简化模型

根据发动机的简化模型，结合打印和组装要求，最终模型的零部件由图 5-3 所示 8 种零件组成。本任务请读者一起对发动机模型进行创新设计和个性化改造。

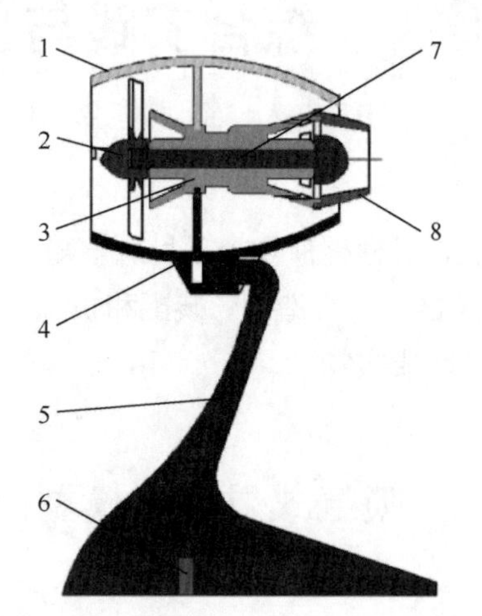

1—发动机外壳上部；2—风扇；3—压气机；4—发动机外壳下部；
5—模型支架立柱；6—模型支架底部；7—风扇主轴；8—尾椎。

图 5-3　喷气式发动机模型装配示意图

任务目标

1）练习复杂零件的造型。

2）练习复杂装配体的装配。

任务内容

1）完成喷气式发动机的三维实体造型与打印。

2）重新设计风扇的叶片数量和倾斜角度，比较不同参数下叶片旋转速度的变化。

任务实施

1. 发动机外壳上部的造型

发动机外壳上部的零件图样如图 5-4 所示。该零件的造型设计用到“旋转”“拉伸”等功能。关键点在于其内部有两处支撑结构的拉伸造型，其操作步骤如下。

步骤① 外壳毛坯的旋转造型。根据图样上的尺寸 26、34.5、106、*R*120、*R*124 完成外壳毛坯的旋转造型，毛坯旋转截面草图如图 5-5 所示。

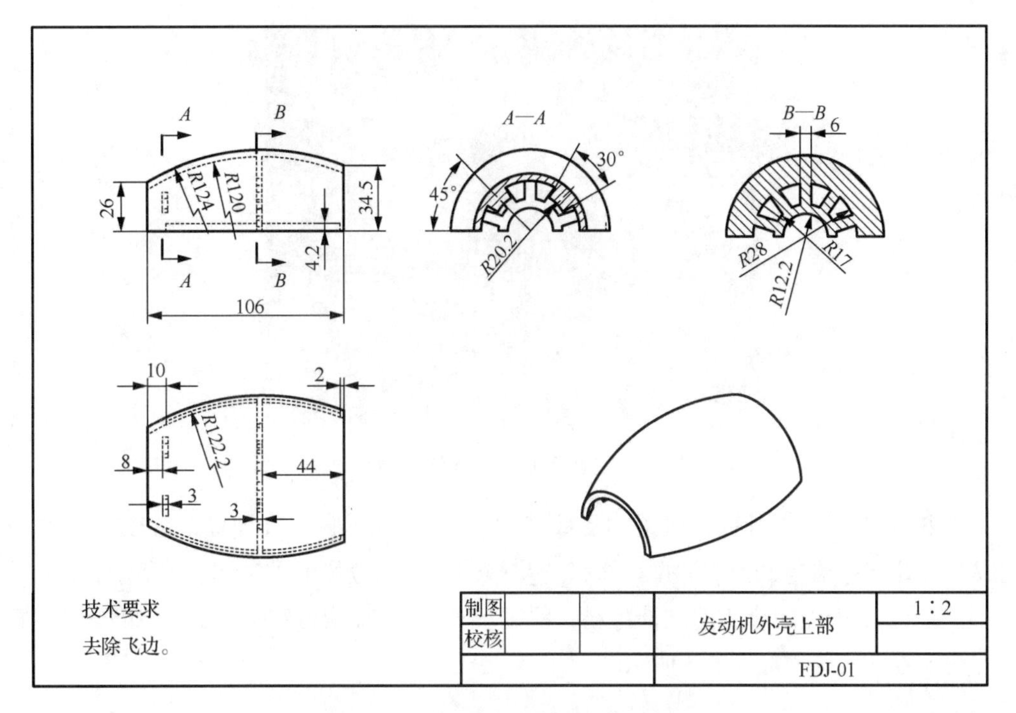

图 5-4　发动机外壳上部零件图样

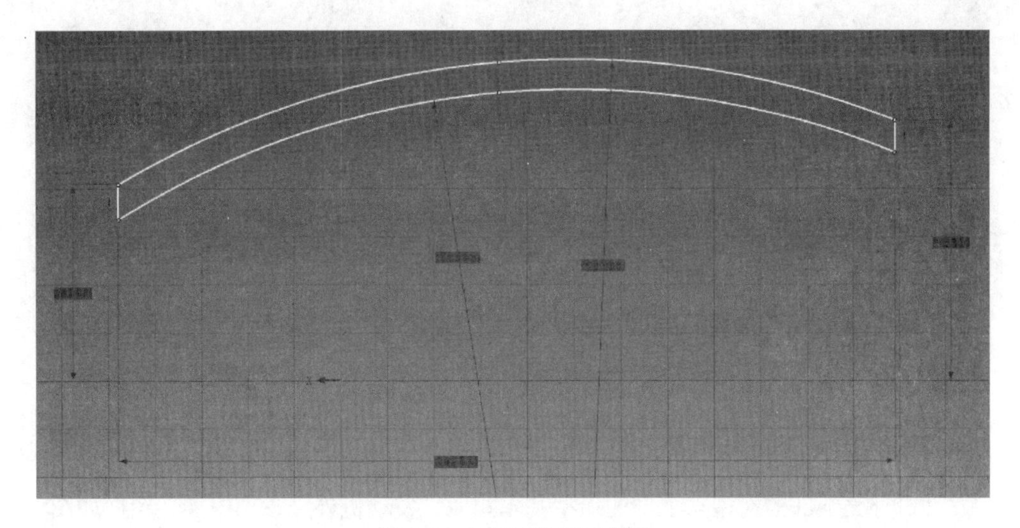

图 5-5　毛坯旋转截面草图

步骤② 完成第一处内部机构的支撑结构。根据尺寸 8、3、*R*20.2、45°、30° 完成支撑结构的拉伸增料。确保拉伸草图与外壳毛坯完全接触。拉伸结果如图 5-6 所示。

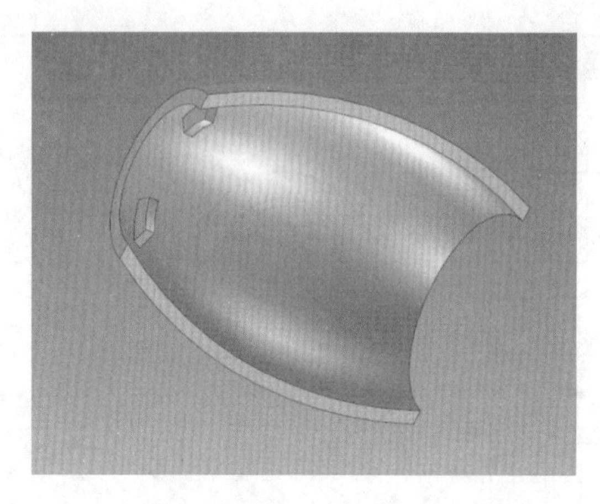

图 5-6　第一处内部机构的支撑结构拉伸结果

步骤③ 完成第二处内部机构的支撑结构。根据尺寸 44、3、*R*12.2、*R*17、*R*28、6 完成第二处支撑结构的拉伸造型，操作与步骤②类似。拉伸结果如图 5-7 所示。

步骤④ 上下壳配合槽的拉伸除料。根据尺寸 10、2、*R*122.2、4.2 完成配合槽的除料。整个零件的造型如图 5-8 所示。

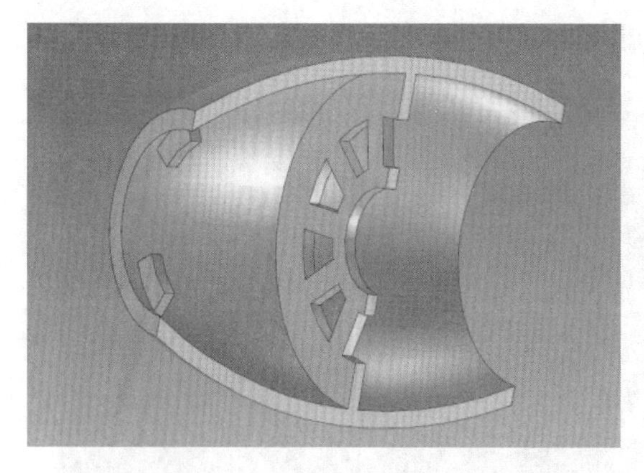

图 5-7　第二处内部机构的支撑结构拉伸结果

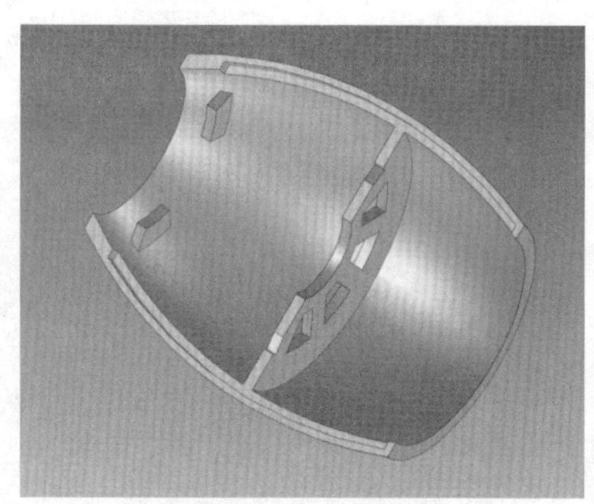

图 5-8　外壳上部零件造型

2. 发动机外壳下部的造型

发动机外壳下部的造型与上部的造型基本相似。发动机外壳下部的零件图样如图 5-9 所示。发动机外壳下部与外壳上部的配合处是凸起的。另外，外壳下部与模型支架的配合结构是利用“拔模”功能生成的，其体操作步骤如下。

步骤① 外壳下部主体的造型。与零件外壳上部的造型一样。

步骤② 卡槽凸起的造型（图 5-10）。根据图样尺寸 10、2、*R*122、4 完成凸起的拉伸增料。

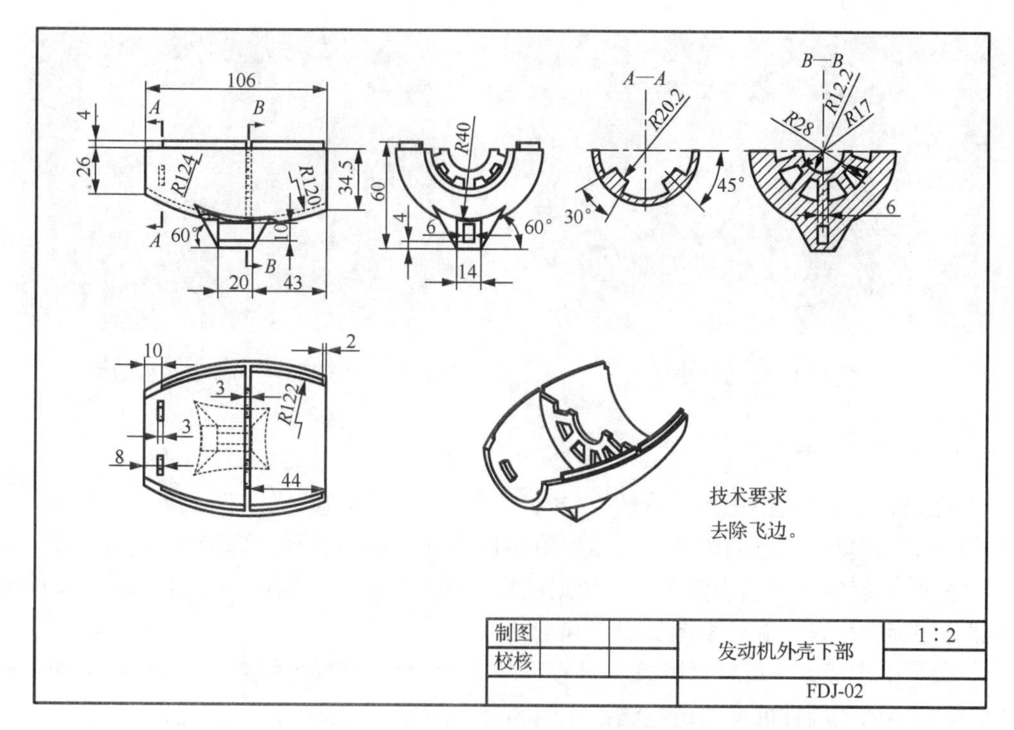

图 5-9　发动机外壳下部零件图样

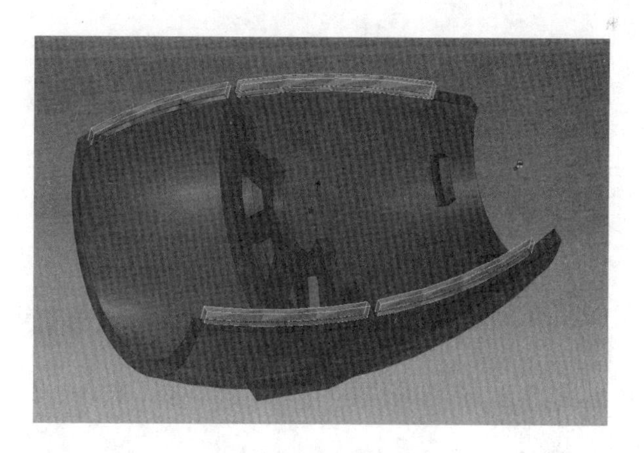

图 5-10　卡槽凸起部分

步骤③ 模型支撑架安装结构长方体的造型。利用尺寸 20、14、60、43 完成一个长方体的拉伸，使用“拉伸到面”功能。在拉伸特征属性设置任务窗格中取消选中“向内拔模”复选框，设置拔模角度为 30°。造型完成结果如图 5-11 所示。

步骤④ 长方体内部去除材料。最后利用尺寸 10、20、4、6、*R*40 拉伸除料去除长方体的内部材料，注意建立草图的位置。整个零件的造型如图 5-12 所示。

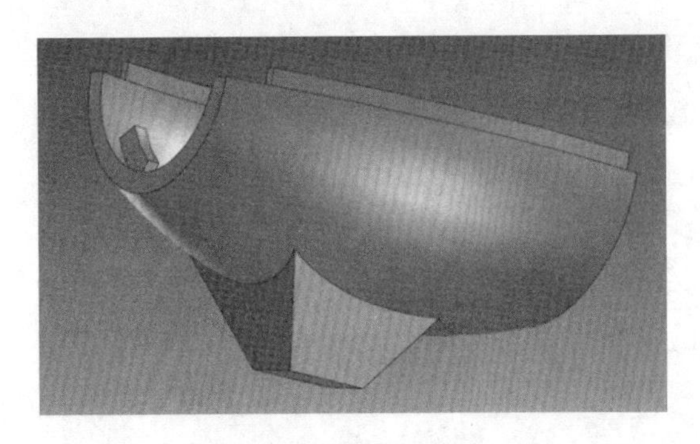

图 5-11　长方体造型

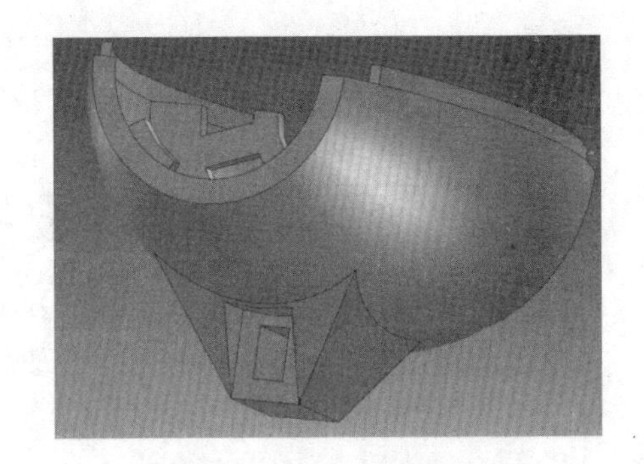

图 5-12　外壳下部零件造型

3. 发动机风扇的造型

发动机风扇的造型用到“旋转”“拉伸”等功能。造型的重点和难点在于生成单一叶片后的旋转复制。发动机风扇图样如图 5-13 所示。造型具体操作步骤如下。

步骤① 旋转风扇的中间部分。根据图样上的尺寸 ϕ16、ϕ8.4、8、20、*R*13 完成中间部分的旋转增料。旋转草图如图 5-14 所示。

步骤② 生成单一叶片。根据 ϕ68 在离中心 35 的平面新建草图，绘制叶片截面。拉伸增料到中间的圆柱曲面。造型结果如图 5-15 所示。

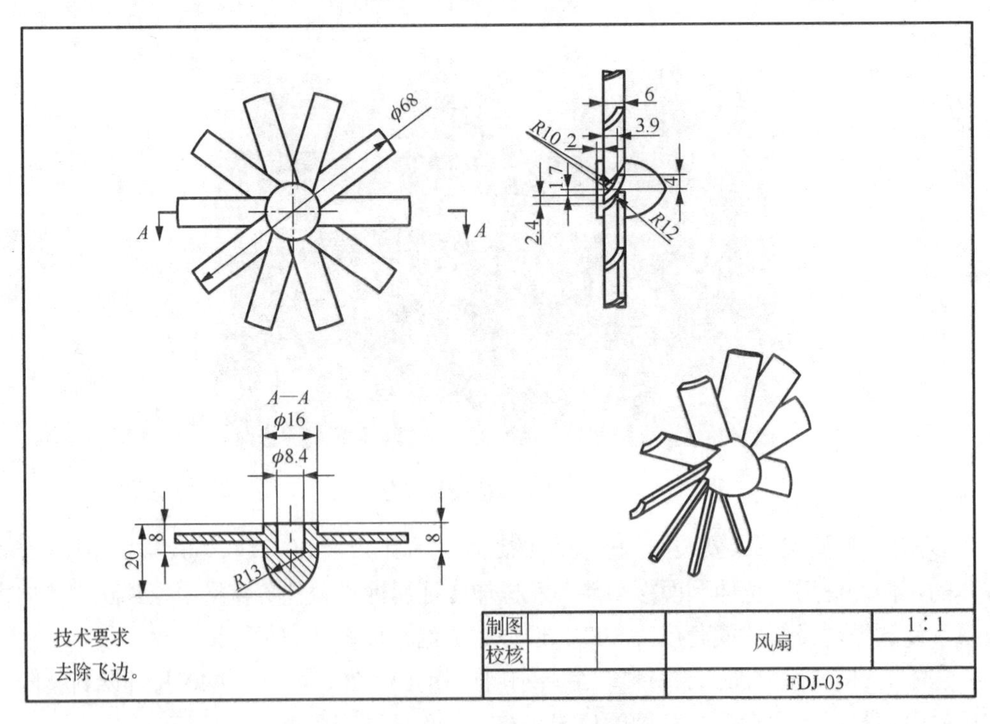

图 5-13　发动机风扇零件图样

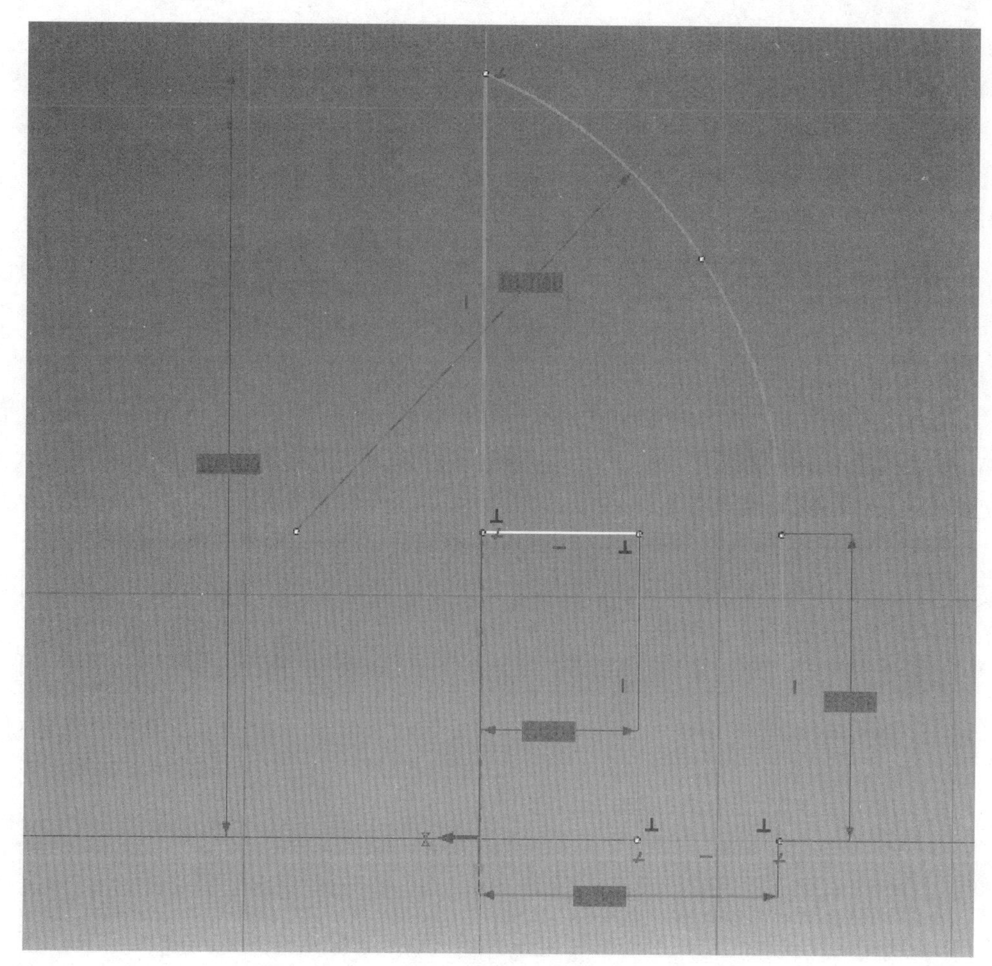

图 5-14　中间部分旋转草图

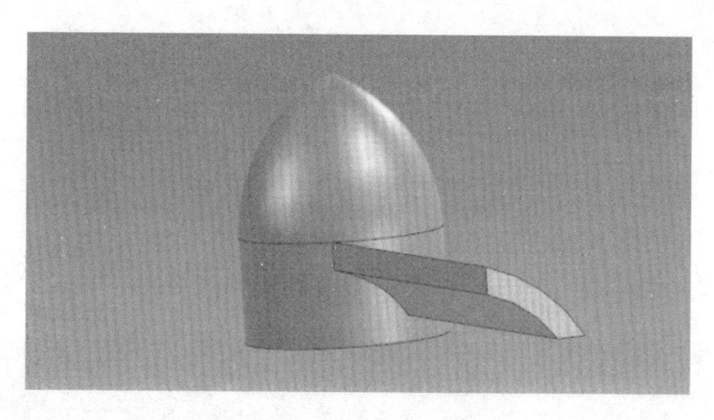

图 5-15　单一叶片造型

步骤③ 旋转复制叶片。利用阵列中的“圆型阵列”功能，复制 10 个叶片。复制结果如图 5-16 所示。

步骤④ 修整叶片。利用尺寸$\phi 68$，绘制草图旋转除料修整叶片，使叶片的外缘成圆周，完成风扇的造型。造型结果如图 5-17 所示。

图 5-16　圆型阵列叶片

图 5-17　风扇零件造型

4. 风扇主轴的造型

发动机风扇主轴的造型较简单，只需按照图样建立草图旋转增料即可一次成型。发动机风扇主轴零件图样如图 5-18 所示。

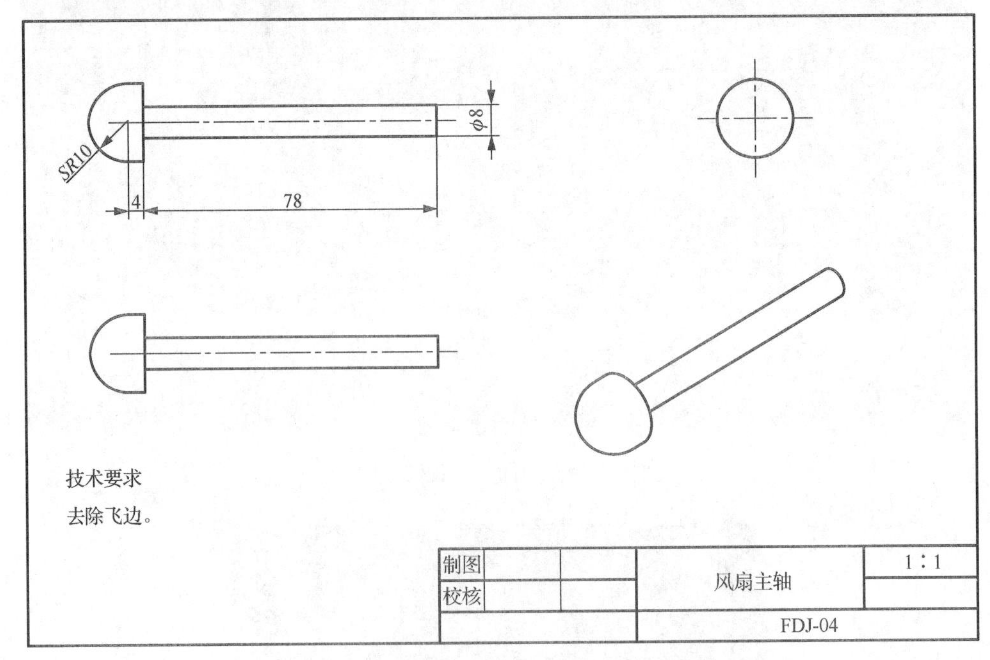

图 5-18　风扇主轴零件图样

旋转草图如图 5-19 所示。造型结果如图 5-20 所示。

图 5-19　旋转草图

图 5-20　风扇主轴三维造型图

5. *发动机压气机的造型*

发动机压气机的外形看似较复杂，其实它的造型比较简单。其主体部分采用旋转增料，长方形的槽利用拉伸除料即可完成整个零件的造型。发动机压气机的图样如图 5-21 所示。

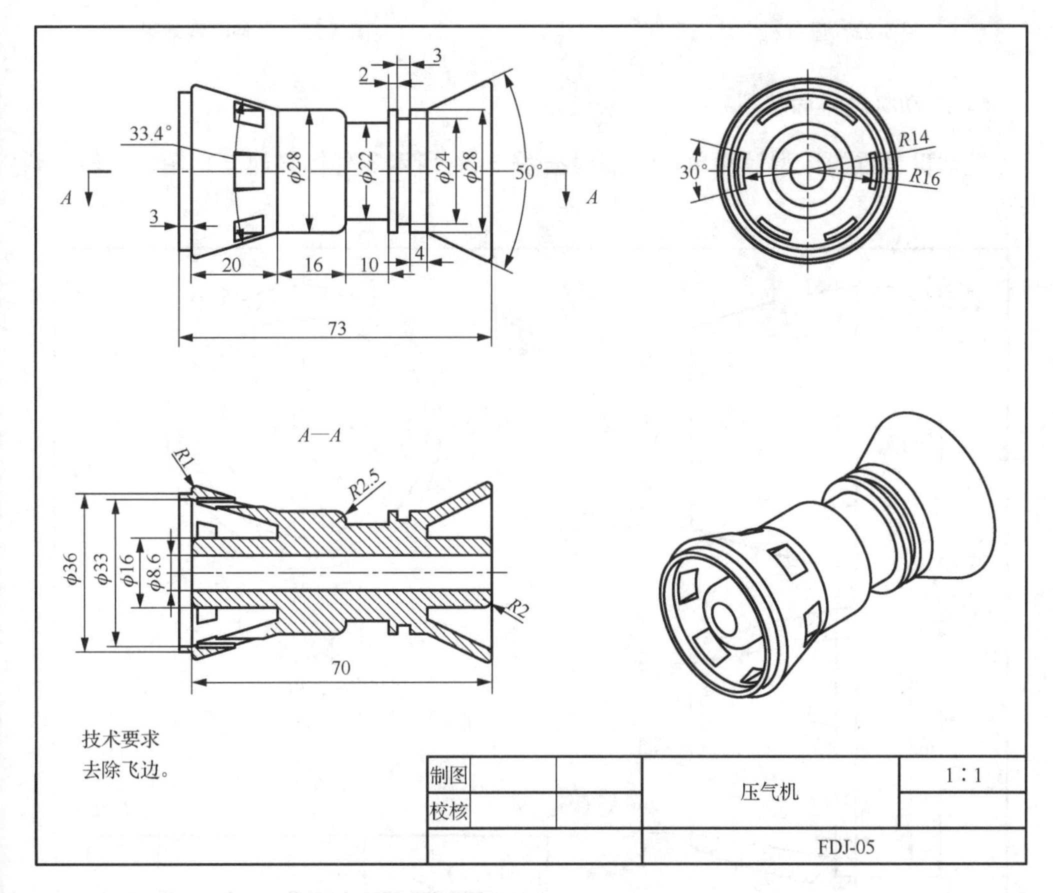

图 5-21　发动机压气机零件图样

具体操作步骤如下。

步骤① 主体的造型。根据图样上的各个轴的直径和长度，绘制旋转增料的截面图。然后绕着中心轴线旋转，截面绘制时必须是封闭图形。旋转结果如图 5-22 所示。

步骤② 长方形槽造型。在零件的左端面建立草图，利用左视图上的槽的尺寸绘制草图，拉伸除料即可完成整个零件的造型。拉伸除料效果如图 5-23 所示。

图 5-22　压气机主体造型图

图 5-23　拉伸除料效果

6. *发动机尾锥的造型*

发动机尾锥的造型较简单，只需根据图 5-24 所示零件图样建立草图，旋转增料即可。

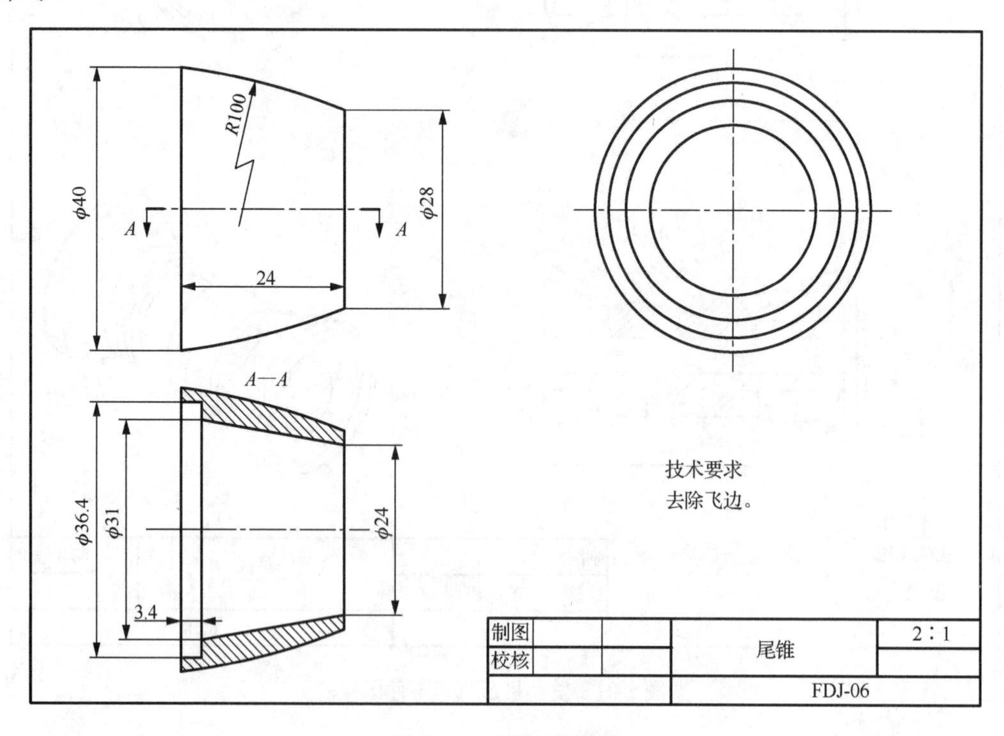

图 5-24　尾锥零件图样

旋转增料的草图如图 5-25 所示。造型效果如图 5-26 所示。

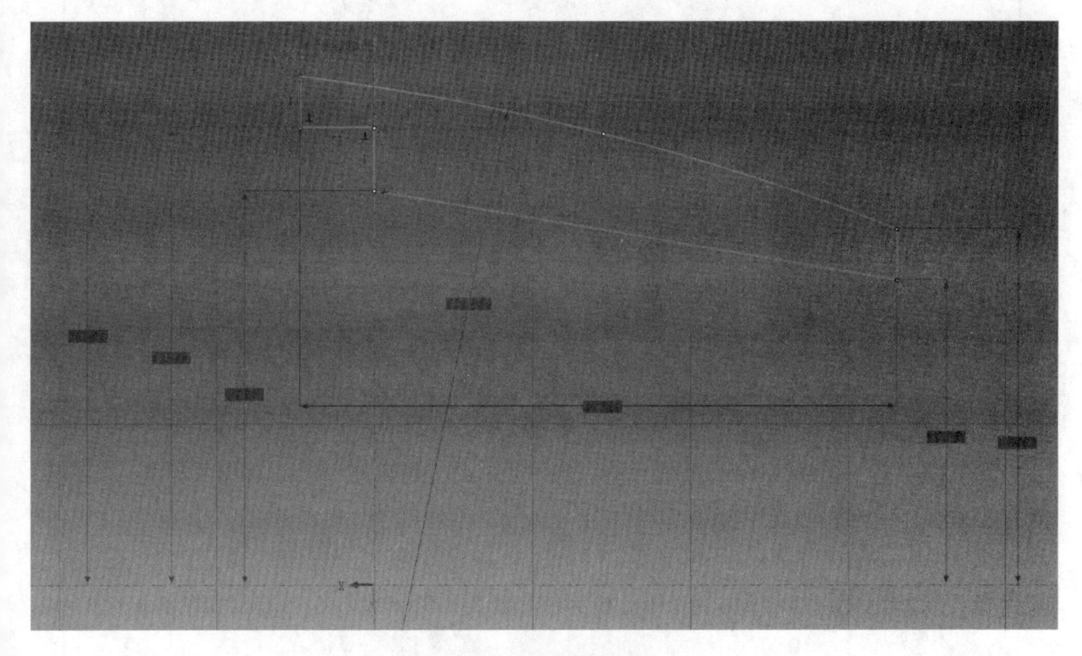

图 5-25　旋转增料的草图

图 5-26　尾锥三维造型图

7. 模型支架立柱的造型

模型支架立柱的造型较简单，按照图 5-27 所示零件图样建立草图，拉伸增料即可。

8. 模型支架底部的造型

模型支架底部的造型较简单，按照图 5-28 所示零件图样建立草图，拉伸增料即可。

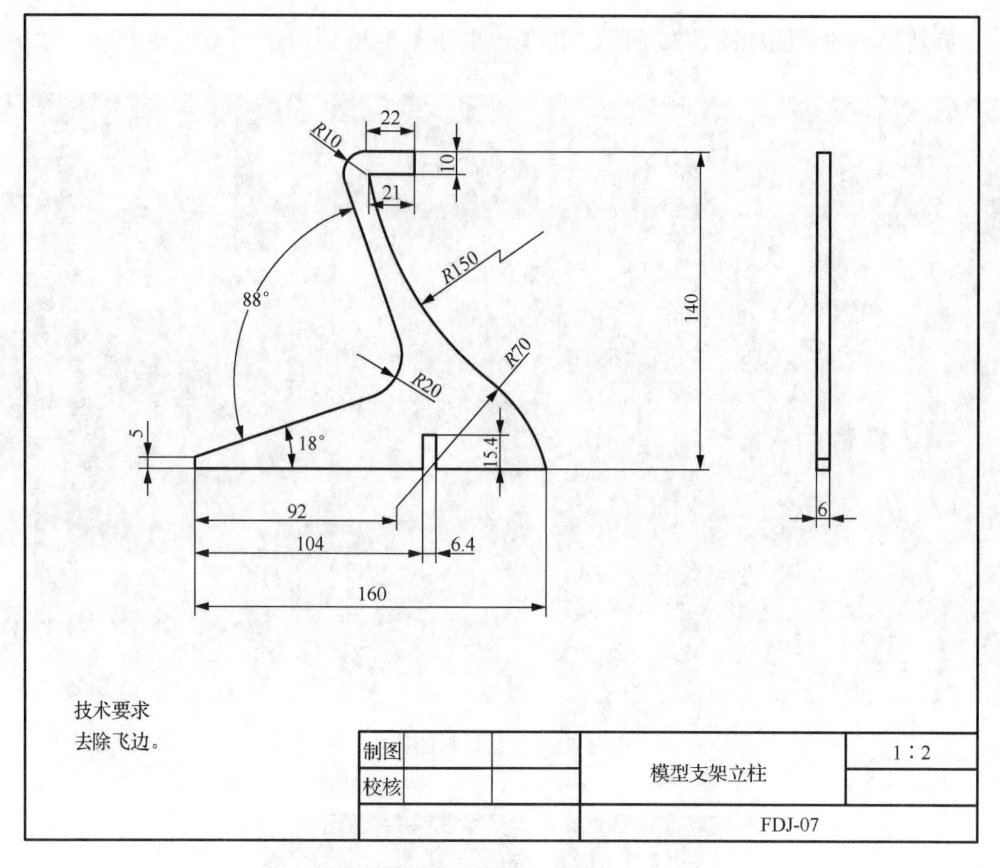

图 5-27 模型支架立柱零件图样

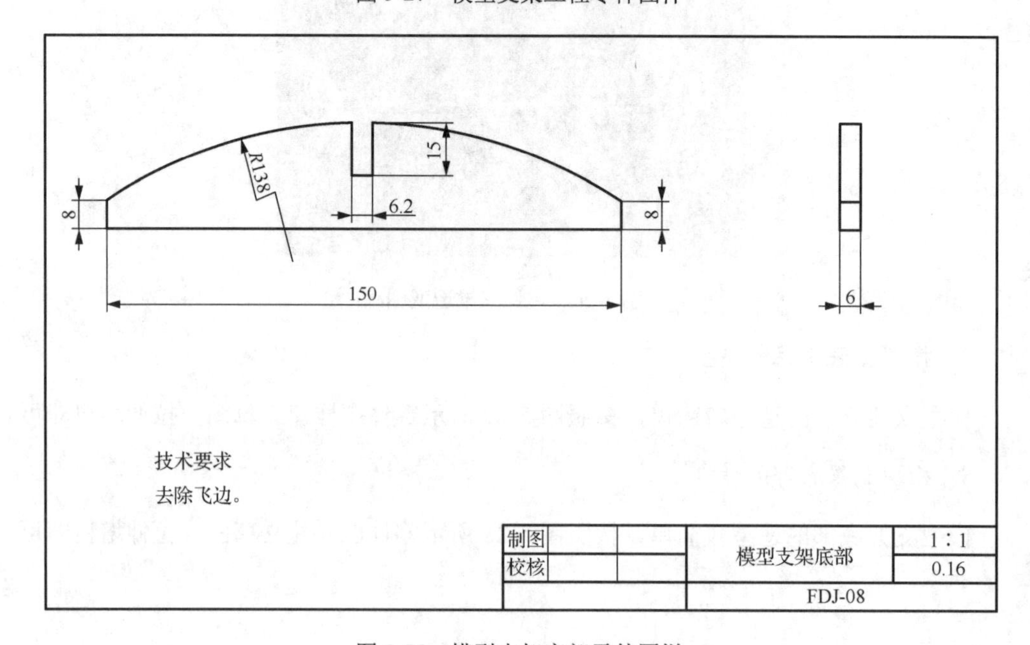

图 5-28 模型支架底部零件图样

9. 模型的装配

发动机模型的装配采用定位约束装配。装配完成后，应保证风扇和风扇主轴能够绕着压气机旋转，其操作步骤如下。

步骤① 装入模型支架底部。新建实体文档，按照实物的组装步骤，先在空白文档中装入模型支架底部。

步骤② 装入模型支架立柱。利用模型支架底部的卡槽与立柱卡槽的配合关系，装入模型支架的立柱。支架底部卡槽的底面与立柱卡槽的底面贴合约束，支架底部卡槽侧面与立柱的表面贴合，支架立柱卡槽侧面与支架底部的表面贴合，如图 5-29 所示。

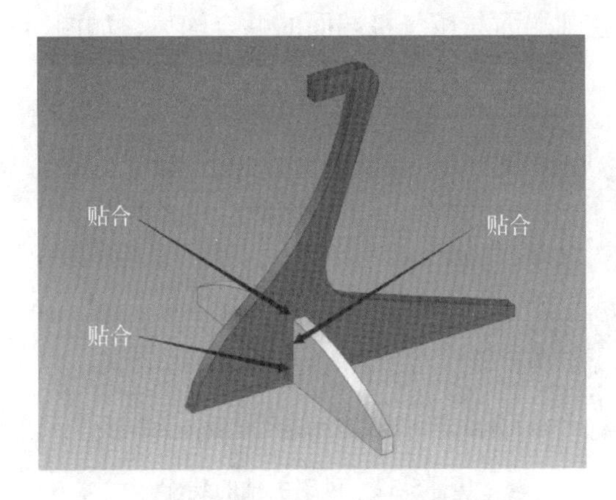

图 5-29　模型支架底部与立柱的装配

步骤③ 装入发动机外壳下部。发动机外壳下部中的立柱安装孔和立柱的上部装配。采用两个面的贴合约束，以及端面与槽底面的距离约束，距离可设置为 2，如图 5-30 所示。

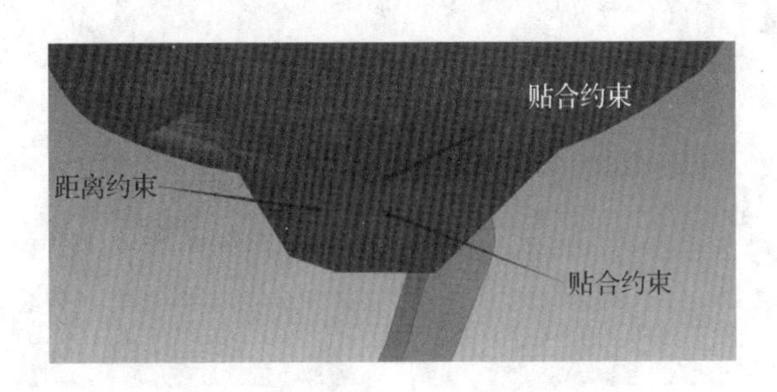

图 5-30　发动机外壳下部的装配

步骤④ 压气机的装配。利用压气机上卡槽和发动机外壳下部的支撑进行配合，需要用到压气机轴线和支撑圆柱面轴线的同轴配合，以及卡槽端面和支撑端面的贴合配合，如图 5-31 所示。

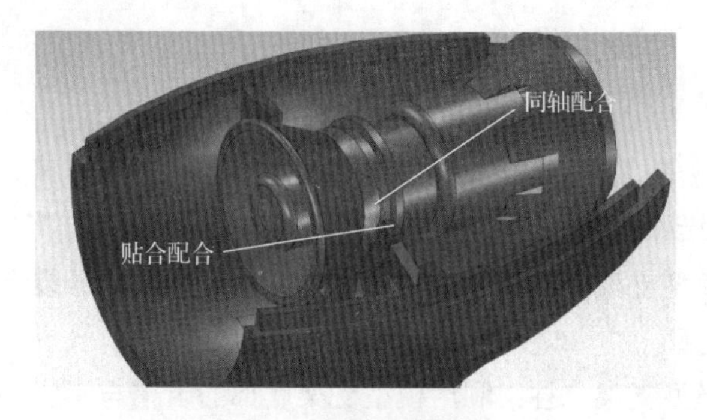

图 5-31　压气机的装配

步骤⑤ 风扇主轴的装配。主要采用风扇主轴圆柱中心线和压气机的通孔中心线的同轴约束，以及风扇主轴端面与压气机端面的贴合约束，如图 5-32 所示。

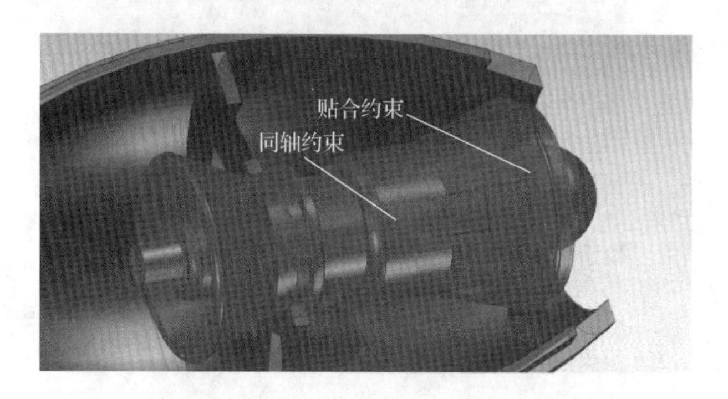

图 5-32　风扇主轴的装配

步骤⑥ 风扇的装配。风扇的装配关系是风扇中间安装孔轴线和风扇主轴轴线的同轴约束，以及主轴端面与风扇安装孔底面的贴合约束，如图 5-33 所示。

图 5-33　风扇的装配

步骤⑦ 尾锥的装配。尾锥的装配关系主要是尾锥的中心线与压气机中心线的同轴约束，以及尾锥的安装端面与压气机尾部的贴合约束，如图 5-34 所示。

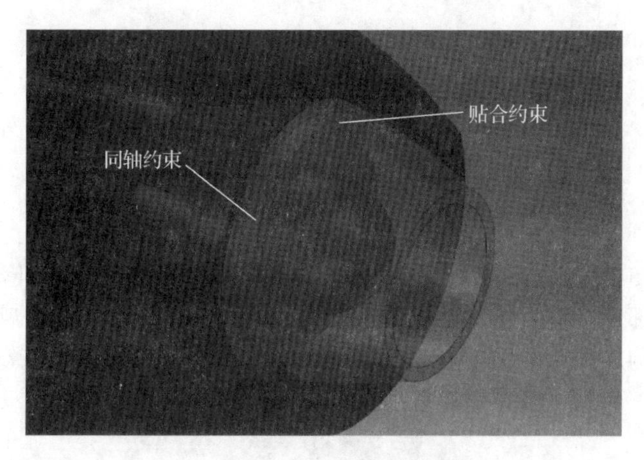

图 5-34　尾锥的装配

步骤⑧ 发动机外壳上部的装配。发动机外壳上部与外壳下部的安装表面是贴合约束，上下部分对应的支撑圆柱面的中心轴线是同轴约束，上下部的前部端面存在齐平约束，如图 5-35 所示。至此，喷气式发动机模型装配完成，如图 5-36 所示。

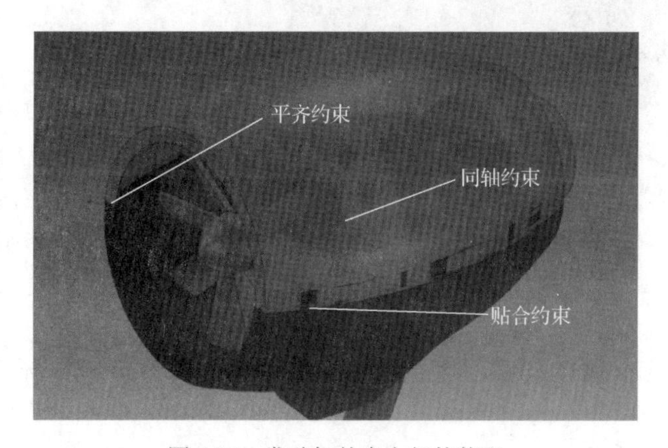

图 5-35　发动机外壳上部的装配

图 5-36　喷气式发动机总装图

任务创新

用 3D 打印机将喷气式发动机的所有零部件打印出来，并参考任务中的装配步骤组装喷气式发动机实物。只要对着发动机的风扇吹气，风扇就会高速地旋转。风扇的旋转速度与风扇叶片的数量、角度都有一定的关系。读者可以重新设置风扇叶片的数量和角度以提高风扇的旋转速度。

任务二　减速器的设计

任务导读

减速器（图 5-37）是一种由封闭在刚性壳体内的齿轮传动、蜗杆传动、齿轮-蜗杆传动组成的独立部件，常用作原动机与工作机之间的减速传动装置。减速器在原动机和工作机或执行机构之间起着匹配转速和传递转矩的作用，在现代机械设备中应用广泛。

图 5-37　减速器

任务目标

1）掌握减速器的三维造型。

2）灵活应用 CAXA 3D 实体设计 2018 的各项功能，进一步提升实体设计能力，拓展设计思路。

任务内容

根据图样完成减速器的三维造型及创新设计。

任务实施

减速器主要由箱体、传动轴、齿轮轴、直齿圆柱齿轮、端盖、油标尺等零件装配而成。各零件的图样详见项目五任务二下的零件图纸文件夹。

1. 减速器箱体造型

减速器箱体的零件图样如图 5-38 所示，箱体造型主要操作步骤如下。

步骤① 主体部分。零件图样如图 5-38 所示。打开 CAXA 3D 实体设计 2018，新建一个设计环境，从设计元素库中拖入“厚板”元素，设置长度为 370、宽度为 196、高度为 20，作为减速器箱体底板部分；从设计元素库中拖入“长方体”元素，将其放置于底板上表面中心位置，设置长度为 370、宽度为 122、高度为 158；从设计元素库中拖入“厚板”元素，将其放置于长方体上表面中心位置，设置长度为 425、宽度为 286、高度为 12，作为减速器箱体顶板。设置完成后，造型如图 5-39 所示。

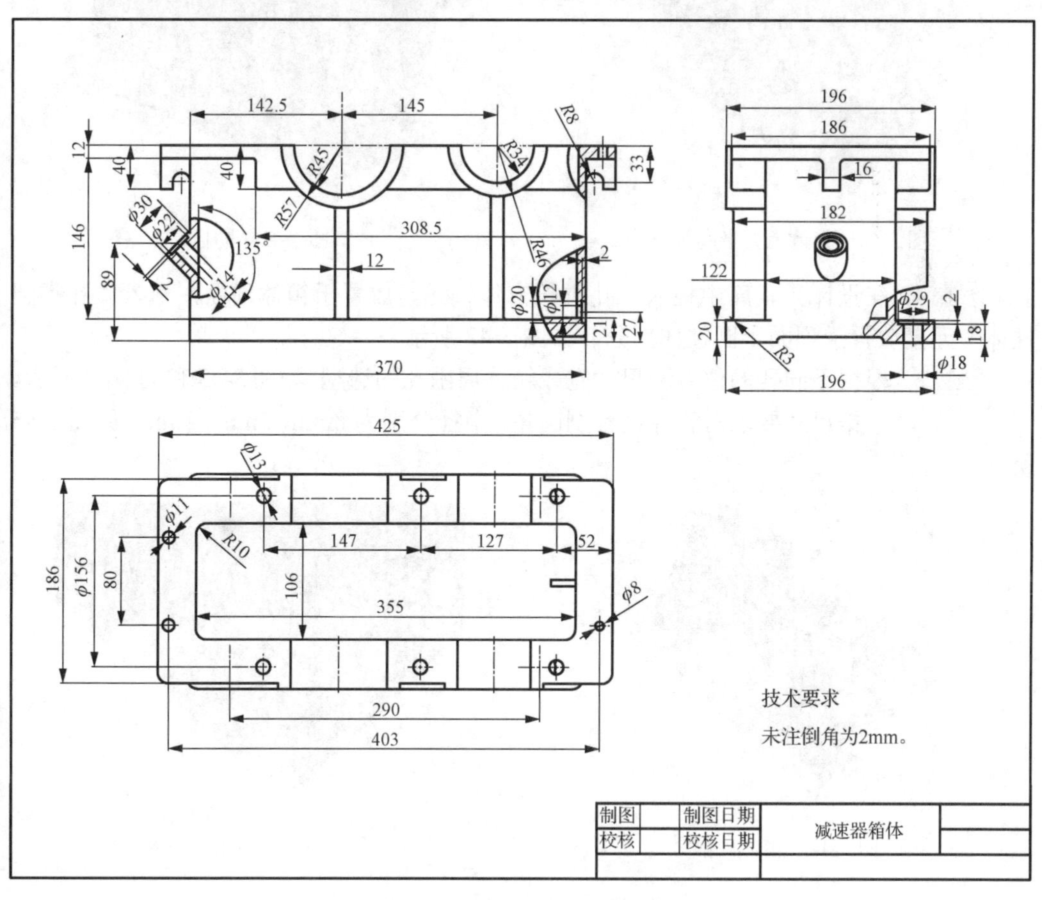

图 5-38 减速器箱体零件图样

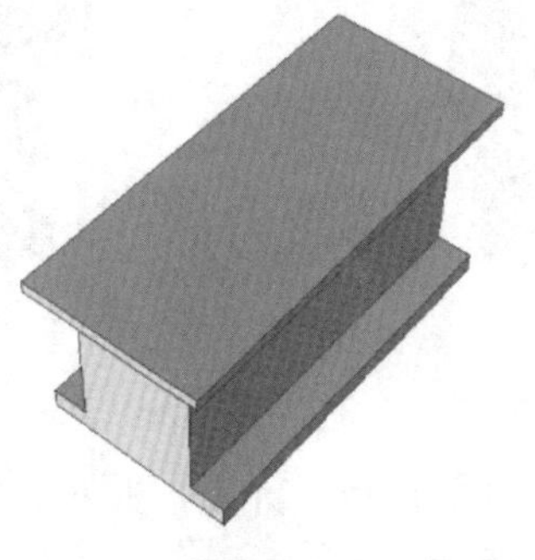

图 5-39 箱体主体部分造型

步骤② 利用“拉伸”功能在箱体上方绘制两个半圆柱体，如图 5-40 所示。

步骤③ 在设计元素库中拖入“长方体”元素放置于箱体侧面，并利用三维球使其分布在半圆柱体下方，如图 5-41 所示。

图 5-40 箱体上方半圆柱体

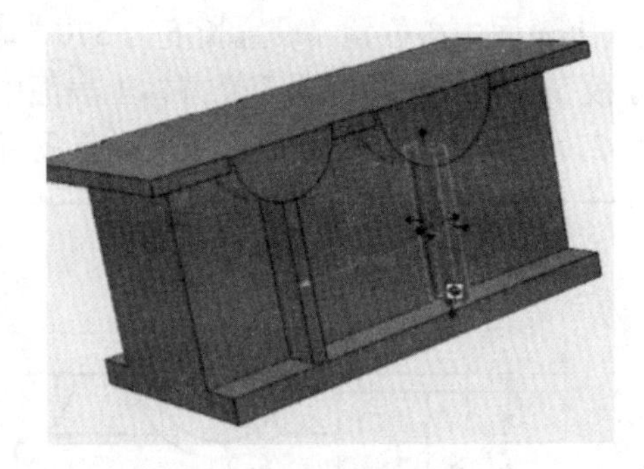

图 5-41 肋板

步骤④ 在设计元素库中拖入“孔类长方体”元素放置于箱体顶面，拖入“孔类圆柱体”元素放置于顶面半圆柱体部分，如图 5-42 所示。

步骤⑤ 根据不同孔的位置和尺寸完成箱体周围孔的造型，如图 5-43 和图 5-44 所示。

步骤⑥ 根据尺寸要求对箱体进行倒圆角，半径分别为 8mm、5mm、3mm，如图 5-45 所示。

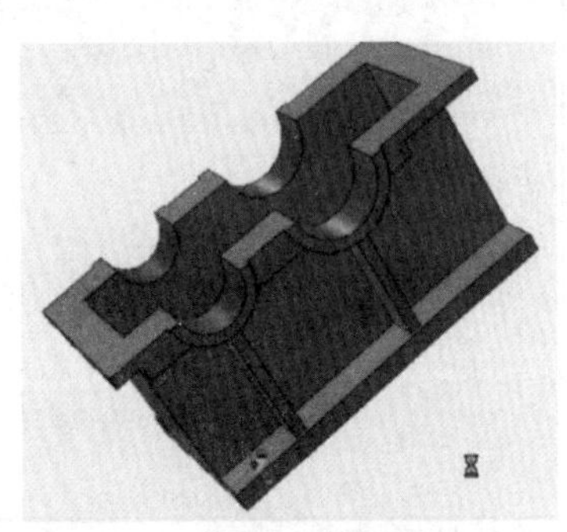

图 5-42 箱体内部

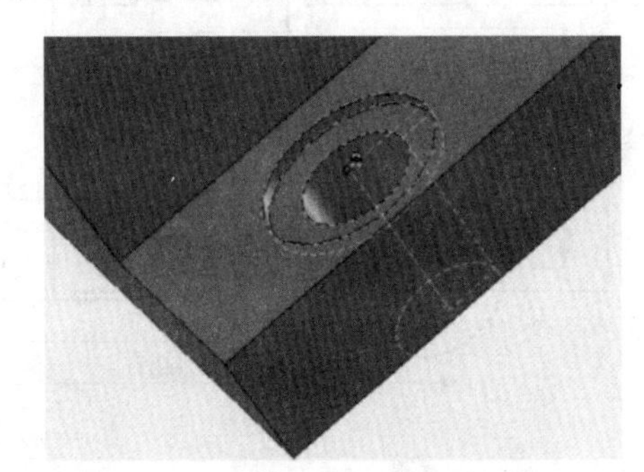

图 5-43 底板上的沉孔

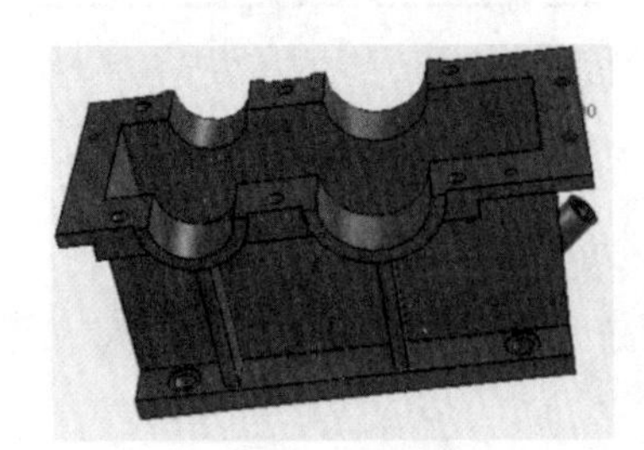

图 5-44 箱体上孔的造型

图 5-45 倒圆角

步骤⑦ 在底板底部拖入“孔类厚板”元素，并对其倒圆角，如图 5-46 所示。

完成的箱体造型如图 5-47 所示。

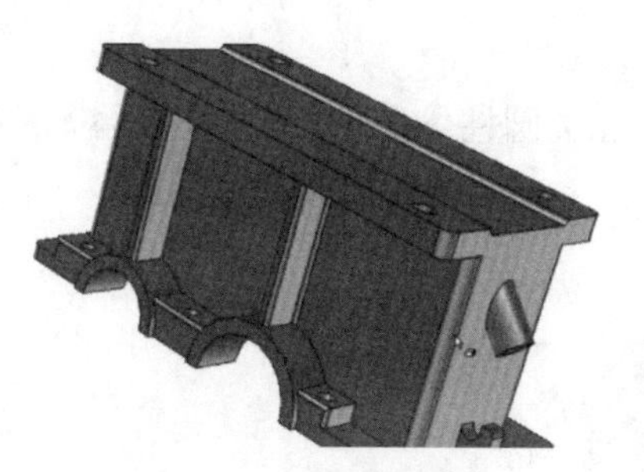
图 5-46　底部开槽

图 5-47　箱体造型

2. 端盖

端盖的造型较简单，零件图样如图 5-48 所示。主要用到设计元素库和“旋转除料”功能，以及“倒圆角”“边倒角”功能。端盖 1 具体操作步骤如下，其余端盖请读者根据项目五任务二的相关图纸资料自行设计。

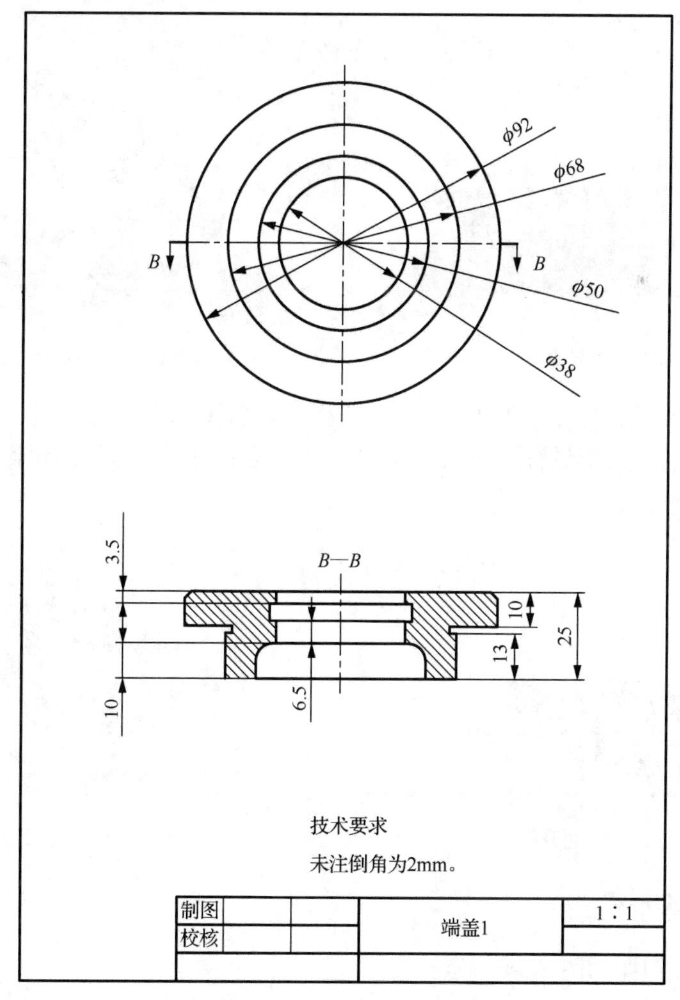

图 5-48　端盖零件图样

具体操作步骤如下。

步骤① 从设计元素库中拖入“圆柱体”及“孔类圆柱体”图素，如图 5-49 所示，根据图样设置尺寸。

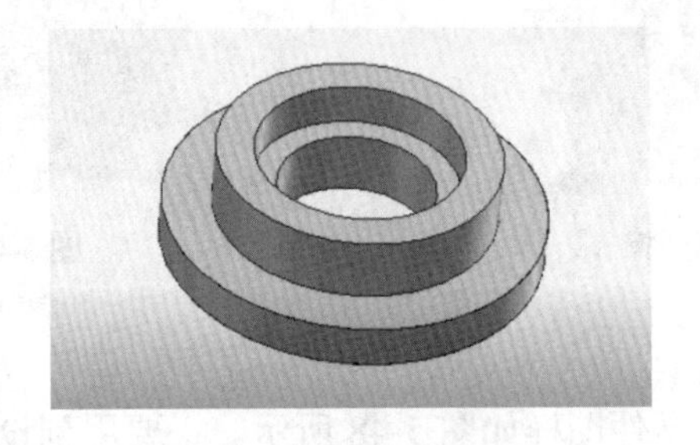

图 5-49 圆柱体图素

步骤② 利用“旋转”功能去除材料的方法，在内孔中间旋转出另一个槽孔，如图 5-50 和图 5-51 所示。

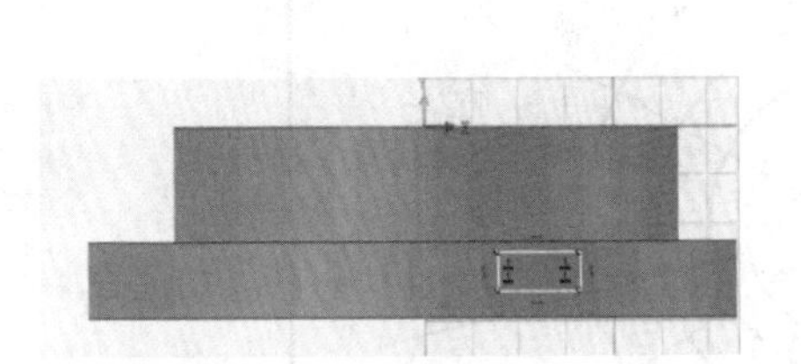

图 5-50 旋转草图

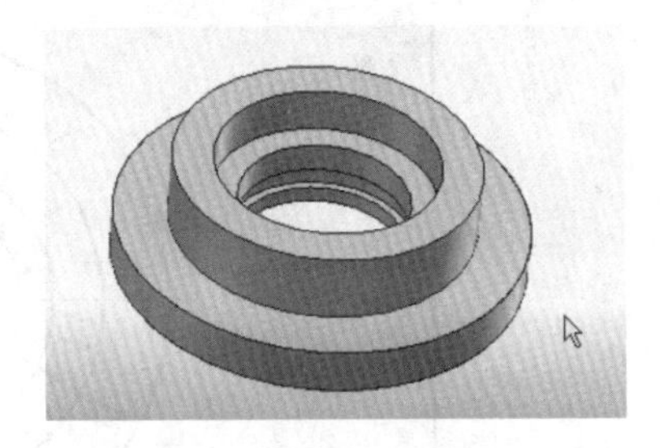

图 5-51 完成旋转操作

步骤③ 采用同样的方法在外侧旋转出一个槽，如图 5-52 所示。

步骤④ 对端盖内部进行圆角过渡操作，对端盖上边线进行边倒角操作，完成端盖造型，如图 5-53 所示。

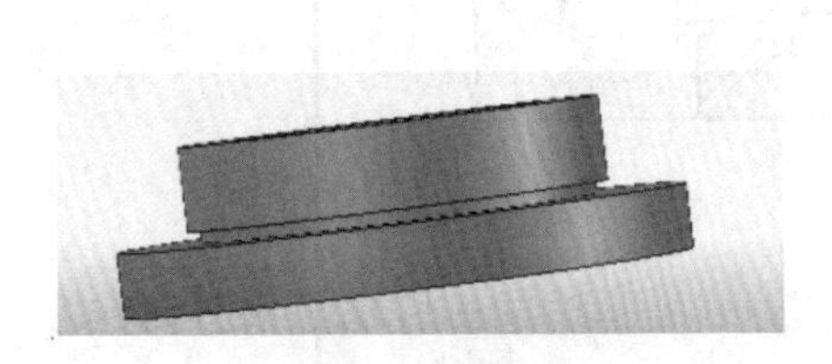

图 5-52 侧面开槽

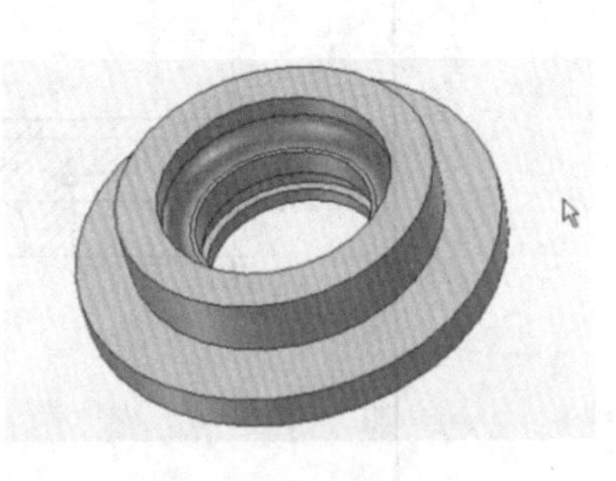

图 5-53 端盖造型

3. 传动轴造型

传动轴零件图样如图 5-54 所示。

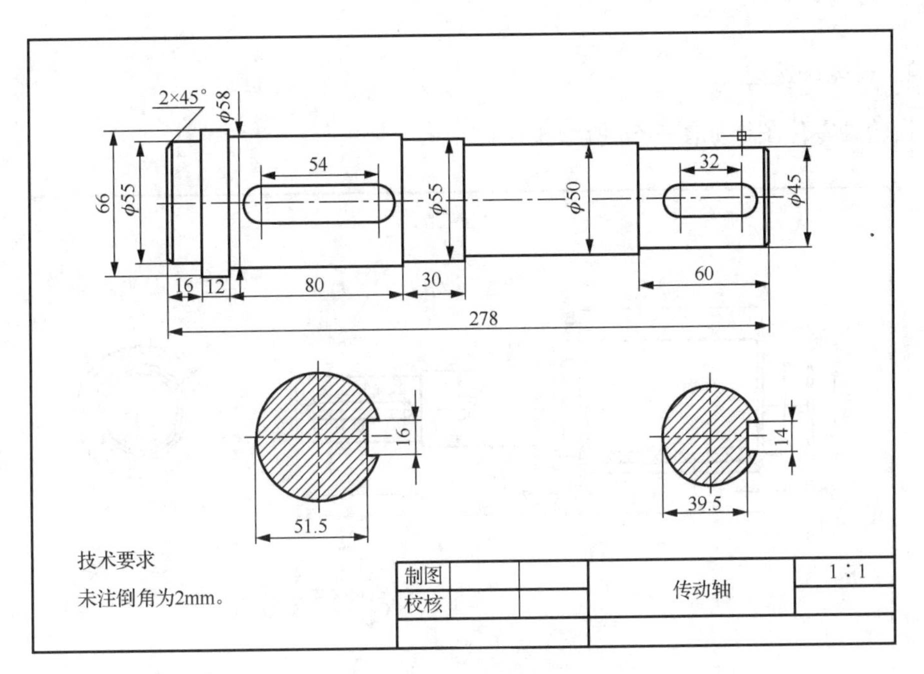

图 5-54　传动轴零件图样

具体操作步骤如下。

步骤① 在设计元素库中拖入“圆柱体”图素，并设置相应尺寸，如图 5-55 所示。

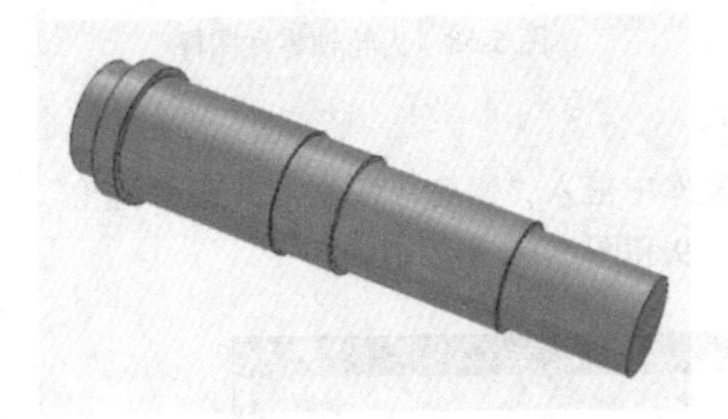

图 5-55　传动轴主体部分

步骤② 对轴进行边倒角及圆角过渡操作，如图 5-56 所示。

步骤③ 在设计元素库中拖入“孔类键”图素，设置相应尺寸，完成传动轴造型，如图 5-57 所示。

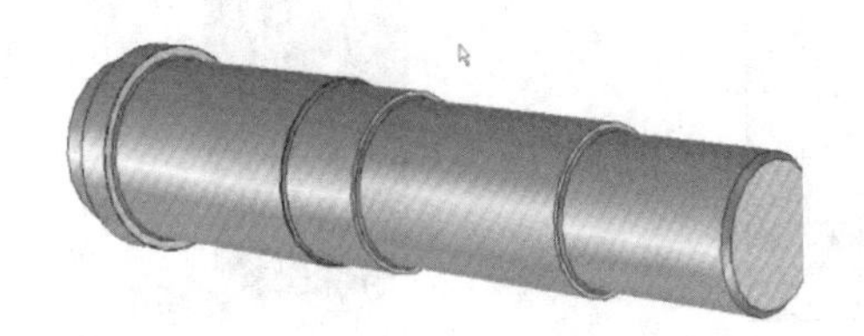

图 5-56　边倒角及圆角过渡操作

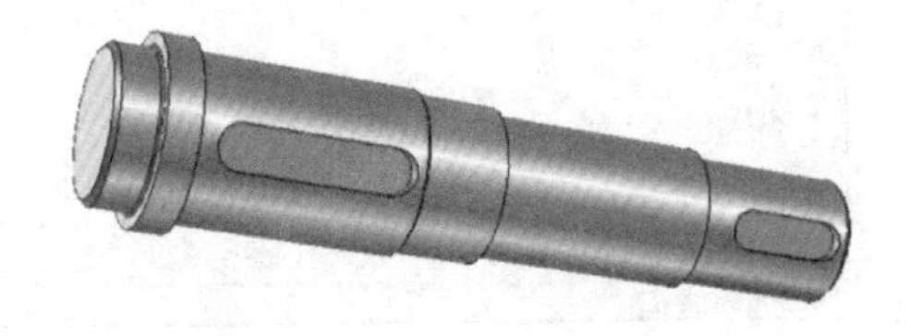

图 5-57　传动轴造型

4. 齿轮轴造型

齿轮轴零件图样如图 5-58 所示。

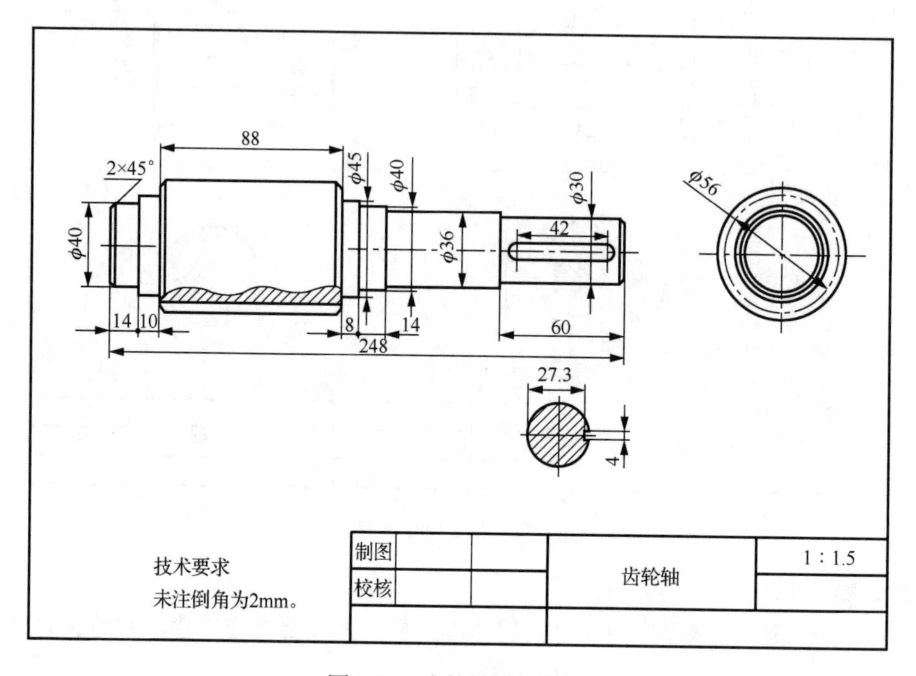

图 5-58　齿轮轴零件图样

具体操作步骤如下。

步骤① 在设计元素库中拖入“齿轮”图素，并在“齿轮”对话框中设置相应参数，完成齿轮造型，如图 5-59 和图 5-60 所示。

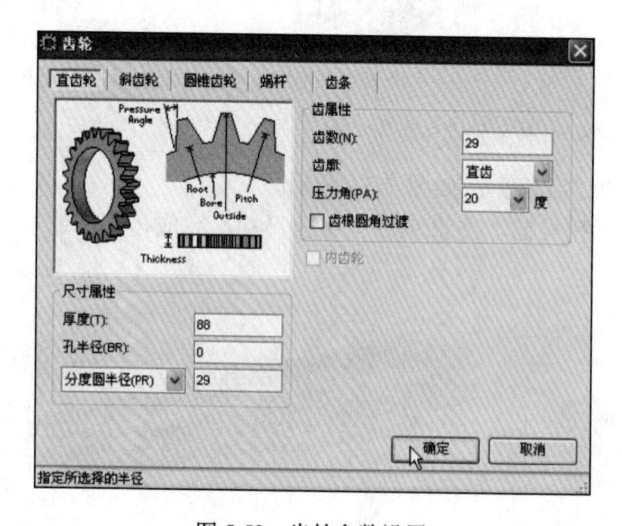

图 5-59　齿轮参数设置

图 5-60　齿轮造型

步骤② 单击“草图”|“草图”|“在 X-Y 基准面”按钮，在草图界面绘制二维草图为三角形，如图 5-61 所示。在齿轮轴线方向上绘制一条旋转轴，退出草图后进行旋转除料，操作后的造型如图 5-62 所示。利用“镜像”功能，在齿轮另一侧去除同样材料。

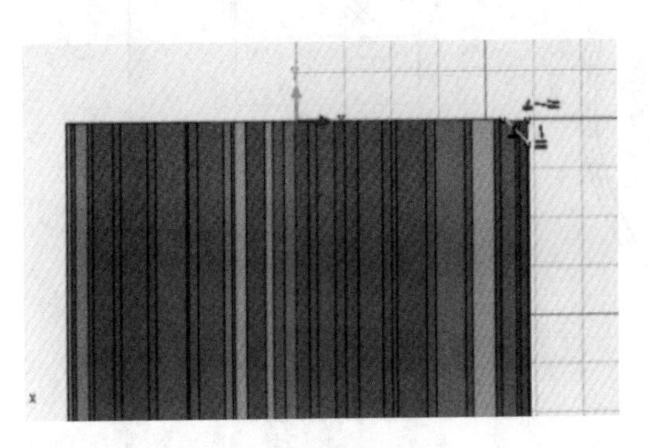

图 5-61　旋转草图

图 5-62　齿轮除料操作

步骤③ 在设计元素库中拖入“圆柱体”元素，并设置相应尺寸，完成齿轮轴段造型，如图 5-63 所示。

步骤④ 在设计元素库中拖入“孔类键”元素，并设置相应参数，完成齿轮轴造型，如图 5-64 所示。

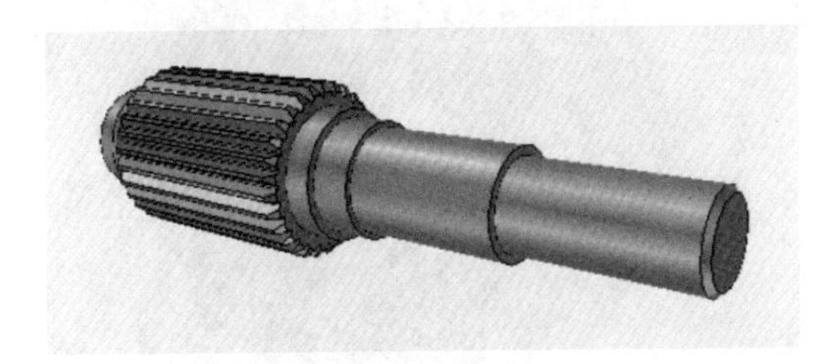

图 5-63　齿轮轴段造型

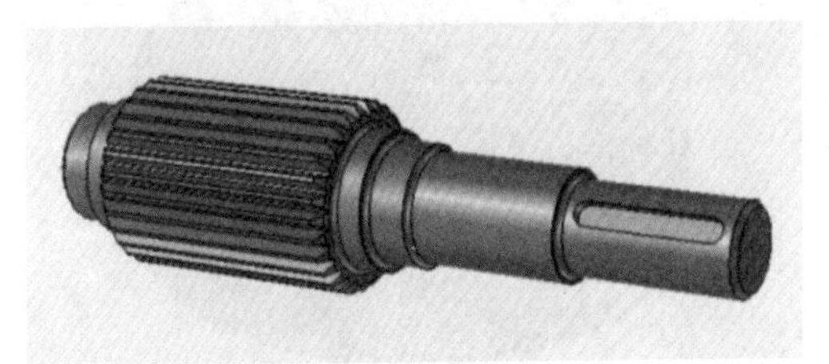

图 5-64　齿轮轴造型

5. 直齿圆柱齿轮造型

直齿圆柱大齿轮零件图样如图 5-65 所示。

具体操作步骤如下。

步骤① 齿轮的造型方法与齿轮轴中齿轮的造型方法相同，如图 5-66 所示。

步骤② 在齿轮中间利用“拉伸”功能，除料的方法是绘制中间带键槽的孔，如图 5-67 所示。

步骤③ 利用“拉伸向导”功能绘制环形槽，并利用“镜像”功能在另一侧也生成环形槽，如图 5-68 所示。

步骤④ 对环形槽进行拔模操作，拔模角度均为 10°，如图 5-69 所示。

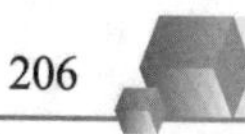

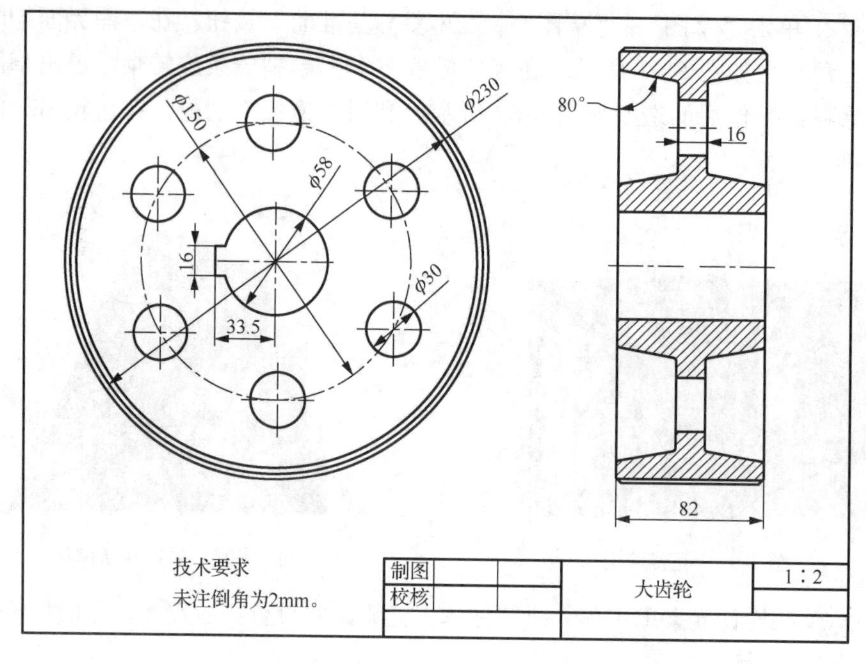

图 5-65 直齿圆柱大齿轮零件图样

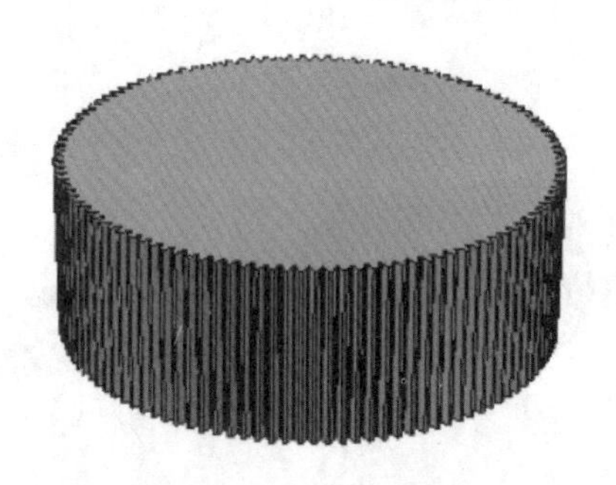

图 5-66 齿轮造型

图 5-67 拉伸操作

图 5-68 环形槽

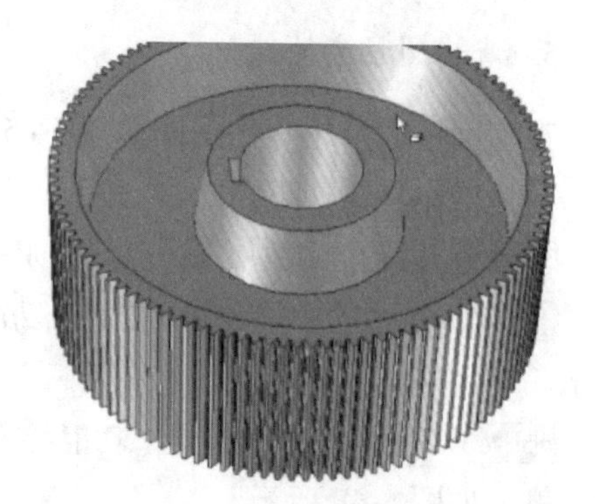

图 5-69 拔模操作

步骤⑤ 在环形槽中拖入“孔类圆柱体”元素，并利用“圆型阵列”功能生成 6 个孔，如图 5-70 所示。

步骤⑥ 对内部进行“圆角过渡”操作，完成直齿圆柱齿轮造型，如图 5-71 所示。

图 5-70　生成孔

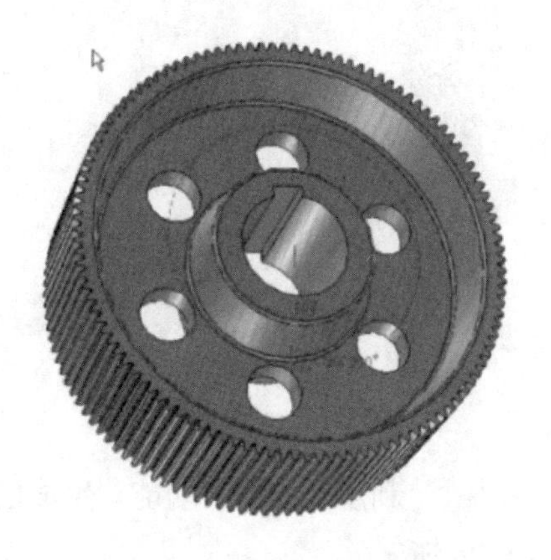

图 5-71　直齿圆柱齿轮造型

6. 油标尺造型

油标尺零件图样如图 5-72 所示。

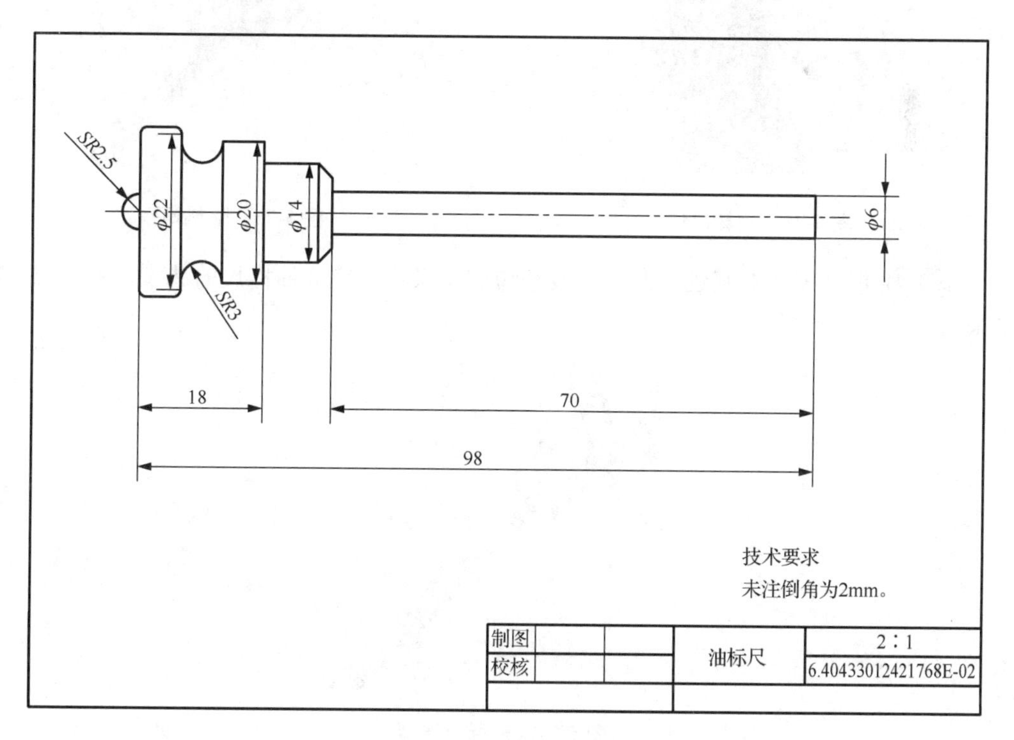

图 5-72　油标尺零件图样

具体操作步骤如下。

步骤① 在设计元素库中拖入“圆柱体”元素，并设置尺寸，如图 5-73 所示。

步骤② 在设计元素库中拖入“球体”元素，并设置尺寸，如图 5-74 所示。

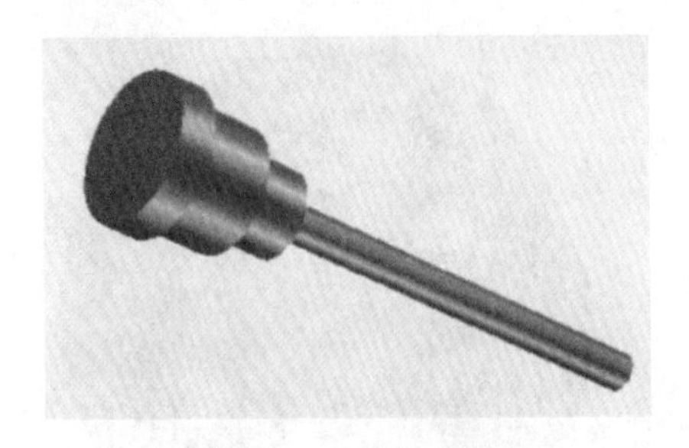

图 5-73 圆柱体造型

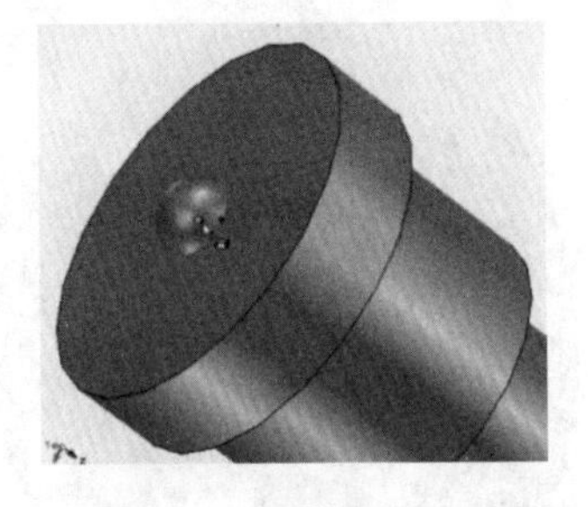

图 5-74 “球体”元素

步骤③ 利用“旋转”功能，生成的草图如图 5-75 所示，通过除料操作生成半圆槽，如图 5-76 所示。

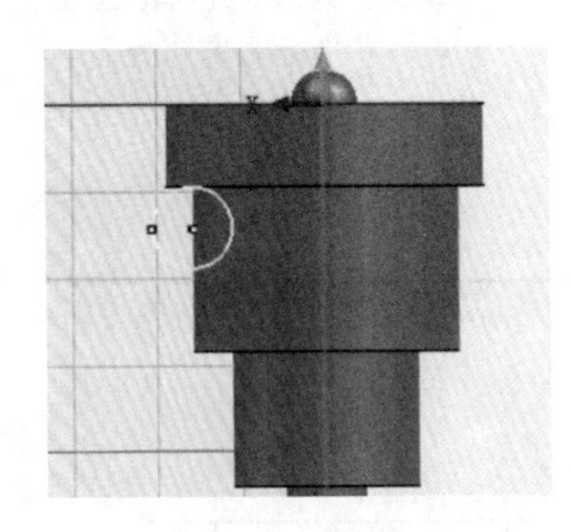

图 5-75 旋转操作

图 5-76 除料操作

步骤④ 根据图样对其进行圆角过渡和边倒角操作。完成油标尺的造型，如图 5-77 所示。

图 5-77 油标尺造型

7. 定距环的造型

根据图 5-78 所示的图样分别利用拉伸增料完成定距环的造型。

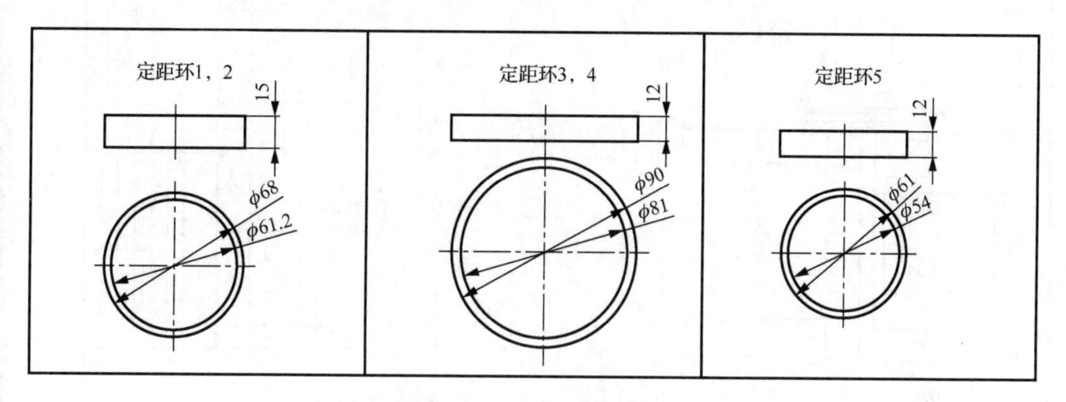

图 5-78 定距环图样

8. 减速器的装配

减速器模型装配采用定位约束装配，装配图样如图 5-79 所示。详见书本项目五任务二配套资源。装配完成后应保证传动轴和大齿轮均能够自由旋转。具体操作步骤如下。

步骤① 插入零件。打开 CAXA 3D 实体设计 2018，选择空白模板，新建一个设计环境，单击“装配”|“生成”|“零件/装配”按钮，将绘制好的零件插入设计环境中。

步骤② 齿轮轴部分装配。将轴承和定距环分别装入齿轮轴段的两侧。轴承调用设计元素库中的工具库里的轴承标准件，轴承类型为 BC，轴径为 40，外径为 68，高度为 15，如图 5-80 所示。轴承和定距环的轴线与齿轮轴的轴线为同轴约束，轴承的端面与齿轮轴阶梯面为贴合约束，定距环端面与轴承外圈端面贴合，装配后的效果如图 5-81 所示。

步骤③ 传动轴部分装配。按照步骤②的方法将轴承与定距环装入传动轴中，轴承为 BC 型，轴经为 55，外径为 90，高度为 18。将平键装入传动轴键槽中，平键调用设计元素库里的图素“键”，键宽 16、高 10、长 70。使平键底面与键槽底面为贴合约束，平键侧面与键槽侧面为贴合约束，其中一个半圆柱部分为同轴约束，如图 5-82 所示。

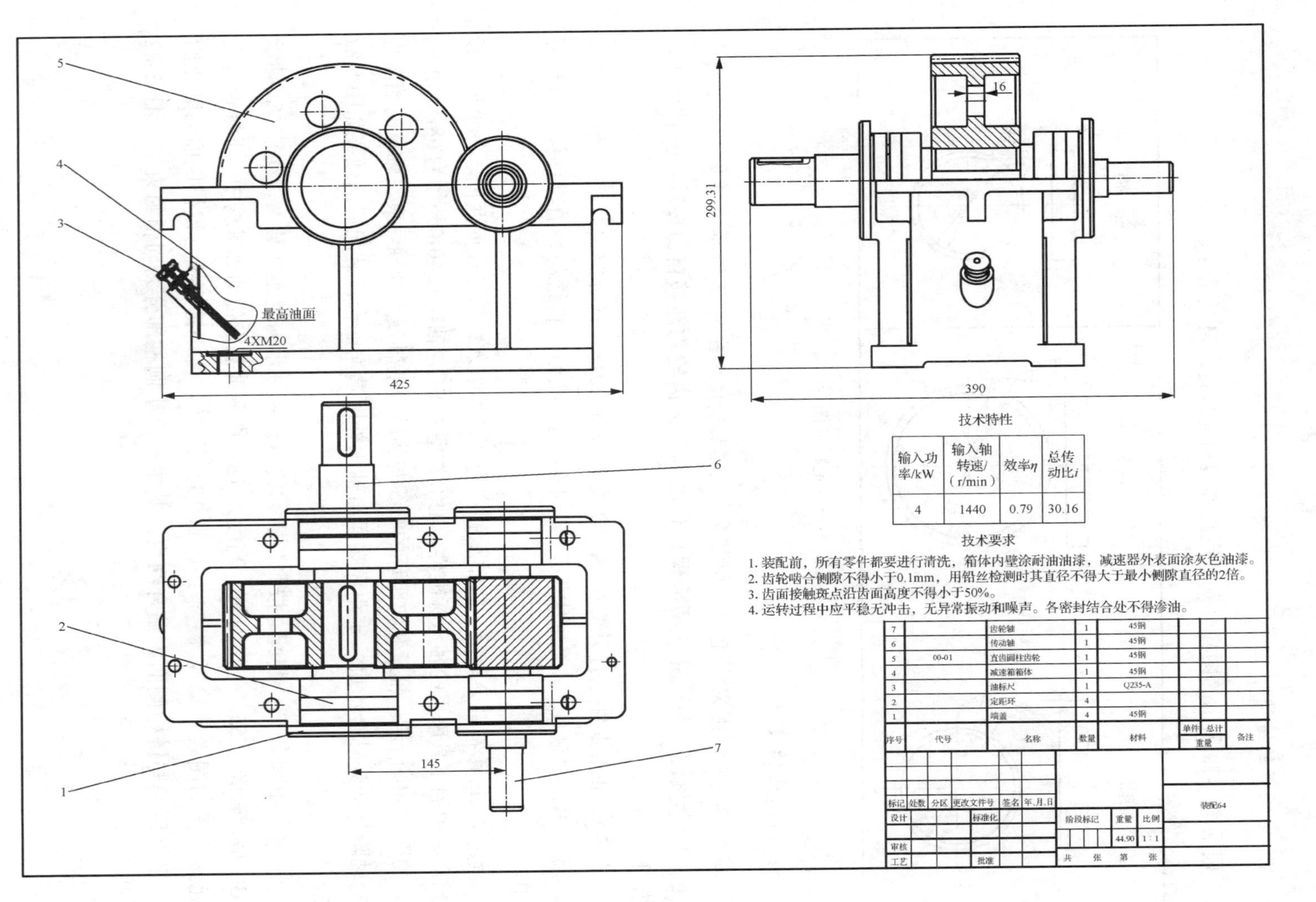
5
4
3
最高油面
4XM20
425
299.31
16
390
6
2
1
145
7
技术特性
输入功率/kW
输入轴转速/（r/min）
效率η
总传动比i
4
1440
0.79
30.16
技术要求
1. 装配前，所有零件都要进行清洗，箱体内壁涂耐油油漆，减速器外表面涂灰色油漆。
2. 齿轮啮合侧隙不得小于0.1mm，用铅丝检测时其直径不得大于最小侧隙直径的2倍。
3. 齿面接触斑点沿齿面高度不得小于50%。
4. 运转过程中应平稳无冲击，无异常振动和噪声。各密封结合处不得渗油。
7 齿轮轴 1 45钢
6 传动轴 1 45钢
5 00-01 直齿圆柱齿轮 1 45钢
4 减速箱箱体 1 45钢
3 油标尺 1 Q235-A
2 定距环 4
1 端盖 4 45钢
序号 代号 名称 数量 材料 单件 总计 重量 备注
标记 处数 分区 更改文件号 签名 年、月、日
设计 标准化
审核
工艺 批准
阶段标记 重量 比例
44.90 1∶1
共 张 第 张
装配64

图 5-79 装配图

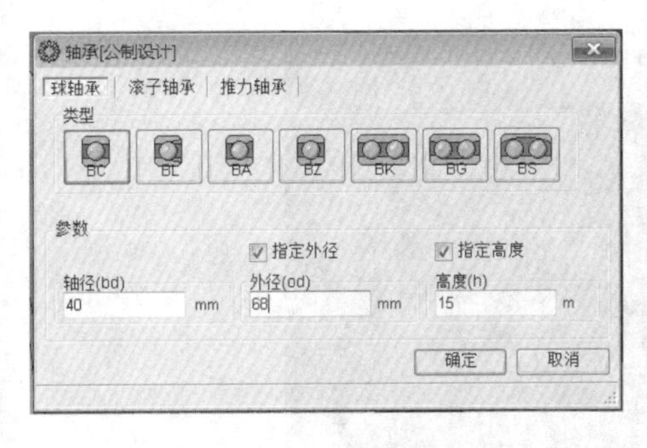

图 5-80　轴承参数

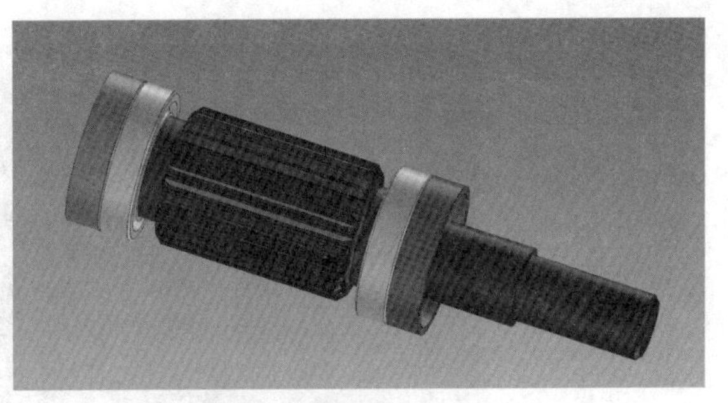

图 5-81　齿轮轴的装配效果

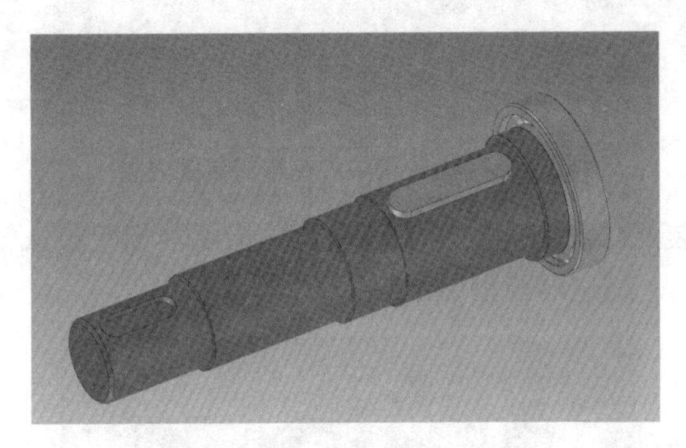

图 5-82　传动轴上键槽装配

步骤④ 直齿圆柱齿轮装配。将直齿圆柱齿轮装入传动轴中，首先将齿轮轴线与传动轴轴线同轴约束，然后将平键侧面与齿轮上键槽面贴合约束，最后将齿轮侧面与传动轴阶梯面贴合约束，直齿圆柱齿轮装配完成后如图 5-83 所示。将另一侧的轴承与定距环 5 利用同轴约束和贴合约束装配好，如图 5-84 所示。

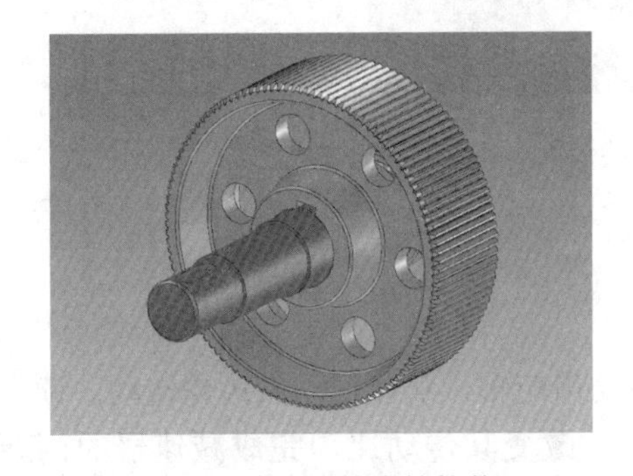

图 5-83　直齿圆柱齿轮的装配

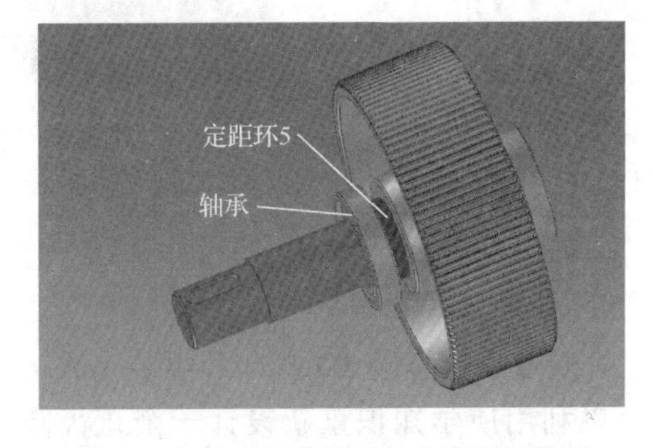

图 5-84　传动轴上轴承和定距环的装配

步骤⑤ 将装配好的传动轴与齿轮轴装入箱体中。同时在输出轴上装入定距环 3，装入相应的端盖，装配效果如图 5-85 所示。

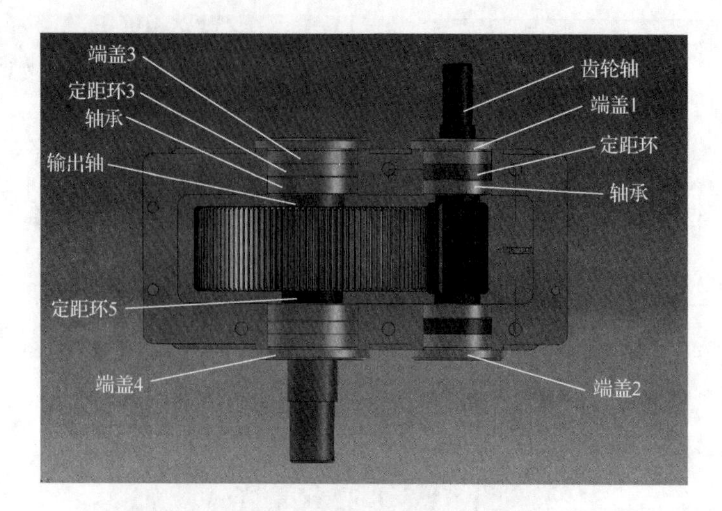

图 5-85　齿轮箱与齿轮轴的装配效果

步骤⑥ 油标尺装配。利用同轴约束和贴合约束将油标尺装入箱体侧面圆柱孔内，如图 5-86 所示。至此，减速器模型装配完成。

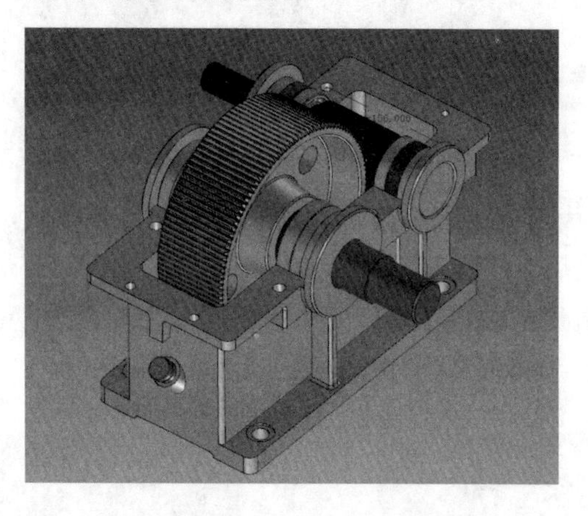

图 5-86　油标尺的装配

任务创新

减速器模型经 3D 打印和组装完成，可以转动齿轮轴，从而带动大齿轮转动。读者可以利用所学知识重新设计一个直齿圆柱齿轮，改变其传动比，完成减速器的创新设计。

参 考 文 献

汤爱君，2017．CAXA 3D 实体设计 2016 基础与实例教程[M]．北京：机械工业出版社．

王春玉，傅浩，于泓阳，2014．玩转 3D 打印[M]．北京：人民邮电出版社．

王铭，刘恩涛，刘海川，2016．三维设计与 3D 打印基础教程[M]．北京：人民邮电出版社．

袁莹莹，2013．CAXA 3D 实体设计 2013 应用教程[M]．北京：机械工业出版社．

Brian Evans，2013．解析 3D 打印机：3D 打印机的科学与艺术[M]．程晨，译．北京：机械工业出版社．

参考文献

[illegible]

[illegible]

[illegible]

[illegible]

[illegible]